技能名师传帮带

采油作业实用读本

何显斌　何振楠　主编

石油工业出版社

内 容 提 要

本书是油田采油作业方面的培训教材，主要介绍采油基础知识、油水井计量间常规技能、采油作业技能操作、巧计绝活与技术革新、常用工具、安全防护知识六方面内容。书中内容言简意赅，便于读者学习。

本书可作为油田开发系统采油工、集输工、维修工、电工等相关工种员工岗位培训、技能鉴定、技术大赛的参考教材，也可供相关专业技术人员及相关院校师生参考使用。

图书在版编目（CIP）数据

采油作业实用读本／何显斌，何振楠主编．—北京：石油工业出版社，2018.5

（技能名师传帮带）

ISBN 978-7-5183-2488-0

Ⅰ．①采… Ⅱ．①何… ②何… Ⅲ．①石油开采 Ⅳ．①TE35

中国版本图书馆CIP数据核字（2018）第049143号

出版发行：石油工业出版社

（北京安定门外安华里2区1号楼 100011）

网　址：www.petropub.com

发行部：（010）64523712

图书营销中心：（010）64523633

经　　销：全国新华书店

印　　刷：北京中石油彩色印刷有限责任公司

2018年5月第1版　2018年5月第1次印刷

880×1230毫米　开本：1/32　印张：12.75

字数：330千字

定价：60.00元

（如出现印装质量问题，我社图书营销中心负责调换）

《采油作业实用读本》

编 写 组

主　编：何显斌　何振楠

副主编：刘洪俊　孙福友

成　员：（以姓氏笔画为序）

丁战军　马占辉　马　庆　于丽丽　王金成
王运成　王淑宏　王晓伟　王庆波　王海锋
王志成　王　勋　王勇涛　冯国民　包金龙
任永庆　刘翠霞　刘蜀平　孙长海　庄立君
张朋娟　张希录　张有兴　张　勇　张　磊
张淑枝　沙　瀛　何志红　李润英　李印杰
李　历　李伟东　李　宏　李　吉　杨明志
杨丹丹　杨　曦　杨宏滨　宋亚杰　宋晶鑫
陈　龙　佟玉信　沈丽娟　邹宏刚　周敏杰
孟剑锋　罗海生　郑晓蕾　段庆斌　娄英波
赵金宝　宣　雨　高　程　徐　光　夏元林
梁　蕊　梁　丽　曹　辉　常会明　韩　青
蒋玉林　霍明生　鞠鑫烨

序

大国工匠，匠心筑梦；彰显大国风范，托起巨龙腾飞。2016年，“培育工匠精神”被写进《政府工作报告》，这说明“工匠精神”已经得到了党和国家的高度重视。“大国工匠”的感人故事、生动实践表明，只有那些热爱本职工作、脚踏实地、尽职尽责、精益求精的人，才可能成就一番事业，才可望拓展人生价值。

“工匠精神”是一种热爱工作的职业精神。工匠的工作不单是谋生，并且能从中获得成就感和快乐，这也是很少有工匠会去改变自己所从事职业的原因。这些工匠都能够耐得住清贫和寂寞，数十年如一日地追求着职业技能的极致化，靠着传承和钻研，凭着专注和坚守，去缔造一个又一个的奇迹。培育“工匠精神”重在弘扬精神，不仅限于物质生产，还需各行各业培育和弘扬精益求精、一丝不苟、追求卓越、爱岗敬业的品格，从而提供高品质产品和高水准服务。

中国石油把“石油精神”和“工匠精神”巧妙融合，在整个石油石化系统有序推进“石油名匠”培育计划。这些“大国工匠”，基本都是奋斗在生产第一线的杰出劳动者，他们行业不同，专业不同，岗位不同，但他们有着鲜明的共同之处，就是心有理想，身怀绝技，敬业爱岗。通过“石油名匠”培育为高技能人才搭建平台，让沉心干事的企业工匠，得到应有的尊重和待遇，不仅需要个人的匠心独运，更需要营造一个企业乃至社会大环境的文化氛围，需要打造一个讲究品质、尊重知识、尊重人才的氛围。

为了更好地发挥高技能人才的引领带动作用，推动企业基层员工素质的整体提升，石油工业出版社策划出版《石油名匠工作室》《技能名师传帮带》等系列丛书，通过总结、宣传石油技师等高技能人才在工作中的使用技巧、窍门以及技术革新的方式、方法，提高石油一线员工操作水平，激发广大基层工作者的劳动兴趣，并促使一线员工主动提高自身劳动技能，提高劳动效率。不断深化岗位练兵、劳动竞赛、技术革新等群众性经济技术活动，为广大职工立足岗位开源节流、降本增效建载体搭平台创条件。

本系列丛书是一批技艺精湛、业绩突出、德艺双馨的技能领军人才的多年工作心得、体会、成果的经验总结，有必要在各个专业一线员工中大力推广。通过在各个专业领域充分发挥引领、示范作用，加强优秀技能人才典型事迹宣传，展现良好形象，推进操作技能人才队伍素质整体提升，让“石油精神”焕发新的光芒。大国工匠彰显大国风范，石油名匠托起巨龙腾飞。

中国石油天然气集团公司人事部
中国石油天然气股份有限公司人事部 总经理 刘志华

前　言

为了提高油田广大员工的技能水平和综合技术素质，特著此书。本书共分为六章。

第一章采油基础知识，归纳了与生产密切相关的 45 条名词解释，91 道现场实用知识问答，其中部分内容为原创，填补以往教材中的空白。本章由何振楠、何显斌、张有兴、宣雨、杨曦、马占辉、于丽丽、王金成、张勇、张磊、李吉编写。

第二章油水井计量间常规技能，共收集 17 个与采油作业相关的操作实例，从工作内容、工作标准和风险提示三个方面对常规技能进行认真、细致、周到的讲解。本章由张朋娟、任永庆、王淑宏、王晓伟、王庆波、王海锋、王志成、王勋、王勇涛、包金龙、马庆、常会明、夏元林、高程编写。

第三章采油作业技能操作，以图文并茂的形式讲解技能操作的步骤和要领，内容丰富、直观，便于学员学习和掌握。本章由何显斌、刘洪俊、刘翠霞、杨明志、王运成、张淑枝、丁战军、李宏、韩青、刘蜀平、孙长海、赵金宝、庄立君、徐光、娄英波编写。

第四章巧计绝活与技术革新，主要内容是对收集的 30 个生产疑难问题，通过巧妙的生产绝活和技术革新进行有效解决，从而减轻员工劳动强度，提高工作效率，延长设备使用寿命，达到降本增效的目的。本章由何显斌、段庆斌、沙瀛、李润英、李印杰、李历、冯国民、杨宏滨、曹辉、何志红、周敏杰、孟剑锋、罗海生、郑晓蕾、杨丹丹编写。

第五章常用工具，主要介绍 6 大类常用工具，详细介绍工具的分类和使用方法以及在使用过程中的注意事项。本章由大庆油田技术培训中心孙福友编写。

第六章安全防护知识，重点讲解日常生产、油井、计量间以及电气设备安全常识，员工通过本章的学习，可提高安全意识，掌握安全技能，降低人员和设备的安全隐患。本章由张希录、陈龙、李伟东、宋亚杰、宋晶鑫、佟玉信、沈丽娟、邹宏刚、蒋玉林、霍明生、鞠鑫烨、梁蕊、梁丽编写。

书中内容简明扼要、通俗易懂，接地气，便于读者学习理解和掌握。

由于编者水平有限，书中难免存在疏漏之处，敬请广大读者提出宝贵意见。

目　　录

第一章　采油基础知识

第一节　名词解释

（1）什么是地质储量？

答：是指一个特定地质构造中所聚集的油气数量。

（2）什么是可采储量？

答：在现有工艺技术和经济条件下，从储油（气）层中所能采出的那部分油（气）储量。

（3）什么是采收率？

答：在某一经济极限内，利用现代工程技术，从油（气）藏原始地质储量中可以采出的油（气）地质储量的百分数。

（4）什么是原始地层压力？

答：油气藏开发以前，油层孔隙中流体所承受的压力。即油层在开采前，从探井中测得的油层中部压力，单位：MPa。

（5）什么是目前地层压力（静压）？

答：油田投入开发以后，在某一时刻关井稳定后测得的油层中部压力，单位：MPa。

（6）什么是流动压力（流压）？

答：油井正常生产时测得的油层中部压力，单位：MPa。

（7）什么是总压差？

答：目前地层压力与原始地层压力的差值，单位：MPa。

（8）什么是采油压差？

答：油井正常生产时地层压力与井底流动压力的差值，也称生产压差，单位：MPa。

（9）什么是饱和压力？

答：在地层条件下，天然气开始从原油中分离时的压力，单位：MPa。

(10) 什么是原油体积系数?

答：在地层条件下，单位体积原油与它在地面标准条件下脱气后的体积之比。

(11) 什么是产量递减率?

答：单位时间的产量变化率或单位时间内产量递减的百分数。

(12) 什么是综合递减率?

答：是指没有新井投产，老井在措施增产情况下的产量递减率。

(13) 什么是自然递减率?

答：是指没有新井投产及各种增产措施情况下的产量递减率。

(14) 什么是采油速度?

答：年产油量与动用地质储量比值的百分数。

(15) 什么是采出程度?

答：油田开采到某一时刻，累积从地下采出的油量与动用地质储量比值的百分数。

(16) 什么是采油强度?

答：单位油层有效厚度的日产油量，单位：t/(d·m)。

(17) 什么是采油指数?

答：单位生产压差下的日产油量，单位：t/ (d·MPa)。

(18) 什么是含水率?

答：油井日产水量与日产液量之比的百分数。

(19) 什么是含水上升率?

答：每采出1%的地质储量含水率上升的百分数。

(20) 什么是动液面?

答：抽油机井正常生产时，油套环形空间的液面深度，单位：m。

(21) 什么是静液面?

答：油井关井后，油套管环形空间中的液面逐渐上升到一定位置，并且稳定下来时的液面深度，单位：m。

(22) 什么是沉没度?

答：抽油泵沉没到动液面以下的深度，其大小等于泵挂深度减去油井动液面深度，单位：m。

（23）什么是抽油机冲程？

答：抽油机工作时，光杆在驴头的带动下做上、下往复运动，光杆运动的最高点和最低点之间的距离，单位：m。

（24）什么是抽油机冲次？

答：抽油泵活塞在工作筒内每分钟往复运动的次数。

（25）什么是抽油机平衡率？

答：抽油机下冲程电流与上冲程电流之比的百分数。

（26）什么是抽油机井示功图？

答：描绘抽油机井驴头悬点载荷与光杆位移的关系曲线。

（27）什么是抽油泵泵径？

答：井下抽油泵活塞截面积的直径，单位：mm。

（28）什么是抽油泵泵效？

答：油井的实际产液量与泵的理论排量比值的百分数。

（29）什么是抽油泵充满系数？

答：抽油泵活塞完成一个冲程时，泵内进入液体的体积与活塞让出体积的比值。

（30）什么是抽油泵防冲距？

答：抽油泵活塞运行到最低点时，活塞最下端和固定阀之间的距离。

（31）什么是电动潜油泵排量？

答：单位时间内电动潜油泵排出液体的体积。

（32）什么是螺杆泵反转？

答：由于转矩和流体势能的释放，螺杆泵、驱动杆柱和动力链的工作转向朝相反方向旋转的过程。

（33）什么是笼统注水？

答：注水井不分层段，在同一压力下注水的方式。

（34）什么是分层注水？

答：根据油层的性质及特点，把性质相近的油层合为一个注水层段，应用以封隔器、配水器等为主组成的分层配水管柱，将不同性质的油层分隔开来，用不同压力对不同层段定量注水的方式。

（35）什么是注水井正注？

答：注水井从油管向油层内注水的方法。

（36）什么是注水井反注？

答：注水井从套管向油层内注水的方法。

（37）什么是注水井合注？

答：注水井从油管、套管一起向油层内注水的方法。

（38）什么是注水井注水压力？

答：注水井注水时的井底压力，单位：MPa。

（39）什么是注水井启动压力？

答：注水井油层开始吸水时的注水压力，单位：MPa。

（40）什么是注水井注水压差？

答：注水井注水时的井底压力与地层压力的差值，单位：MPa。

（41）什么是注水井注水量？

答：注水井单位时间内向油层中注入的水量，单位：m^3/d。

（42）什么是注水井配注？

答：对于注水开发的油田，为了保持地下流体处于合理状态，根据注采平衡、减缓含水率上升速度等，对注水井确定合理的注水量。

（43）什么是注水井吸水指数？

答：注水井在单位注水压差下的日注水量，单位：$m^3/(d \cdot MPa)$。

（44）什么是注采比？

答：注入剂（如水）在地下所占的体积与采出物（油、气、水）在地下所占的体积之比。

（45）什么是注采平衡？

答：注入油层水量与采出液量的地下体积相等，注采比为1。

第二节　采油现场知识问答

（1）什么是抽油机井油压和回压？

答：抽油机井正常生产时，抽油杆柱带动井下抽油泵活塞上、下运动，不断将井底流体（油、气、水）举升到井口后的剩余压力叫油压，单位：MPa。当抽油机井井口不安装限产装置（油嘴）时，油压也可称为井口回压。

（2）什么是抽油机井套压？

答：是指抽油机井油套环形空间内的流体（油、气、水）在井口的剩余压力，单位：MPa。

（3）如何准确录取抽油机井油压？

答：抽油机带动抽油泵正常工作时，油压一般随着驴头上、下往复运动而波动变化，在驴头上行程时油压相对上升，在驴头下行程时油压相对下降。现场录取油压值时，一般以驴头上行程过程中压力的峰值为油压，同时在读取压力值时，眼睛、表针和表上刻度三点要在一条直线上，且视线要垂直于表盘，以确保读数准确。

（4）抽油机井油压变化原因有哪些？

答：抽油机井油压变化原因有以下10种。

①油井出油管线结垢、结蜡或堵塞会造成油压上升。

②出油管线穿孔漏失会造成油压下降。

③井口出油阀打开程度不够或闸板脱落会造成油压上升。

④单井回油温度控制得过高或过低会影响井口油压的变化。一般回油温度较高时油压相对下降，回油温度较低时油压相对上升。

⑤对于同一口抽油机井，油压随着抽油机井工作制度的改变而变化。一般抽油机工作参数（冲程、冲次和泵径）调大时油压相对上升，参数调小时油压相对下降。

⑥抽油杆、油管断脱或抽油泵、油管漏失严重会造成井口油压下降。

⑦井筒内抽油杆、油管或抽油泵结蜡严重会造成油压下降。

⑧出油管线冲洗后，管线畅通，流动阻力降低，井口油压相对下降。

⑨计量间回油总汇管压力波动会引起井口油压上升或下降。

⑩地层供液能力的变化会引起井口油压的波动。

（5）抽油机井套压变化的原因有哪些？

答：抽油机井套压变化的原因有以下 6 种。

①套管定压放气阀堵塞会造成套压上升。

②套管定压放气阀进口或出口管线冻结会造成套压上升。

③抽油机井工作参数（冲程、冲次和泵径）的改变会造成套压波动。

④油井出油管线结蜡、结垢或堵塞会造成井口油压升高，从而间接导致套压相应升高。

⑤抽油机井洗井后套压为零，一般要 1~3 天后套压才能恢复到正常值。

⑥地层供液能力的变化会造成套压波动。

（6）抽油机井录取油压和套压的目的是什么？

答：准确录取油压、套压，将其与前期压力资料对比，及时了解压力变化情况。再通过其他相关资料综合分析，就能间接地判断井下设备的工作状况，为下一步工作制度的调整提供可靠的依据。

（7）抽油机井测取工作电流的目的是什么？

答：抽油机工作电流是指抽油机正常运行时，测取的电动机在抽油机上、下冲程中的电流峰值（单位：A）。现场测取的电动机工作电流能够反映出电动机做功的变化，而电动机做功的变化是油井工况变化的直接表现。因此把录取的电流与前期电流资料进行对比，再通过相关资料综合分析，就可以准确判断井下设备的运行状况，同时还可以了解电动机工作状况。

（8）抽油机井井口为什么会发生倒灌？

答：如果井下抽油杆柱、油管断脱或抽油泵、油管漏失严重，那么井口油管内压力就会下降。当井口油管内压力小于出油管线压力时，出油管线内部分掺水液会经过生产阀门和总阀门倒流到油管内发生倒灌。此时会出现生产阀门和总阀门发热、密封圈带水现象。

(9) 抽油机井在什么情况下进行井口憋压验证?

答：抽油机井憋压验证一般在以下两种情况下进行：一是井下作业完接井前，要憋压验证作业质量，达到要求后才能接井投产；二是抽油机井生产一段时期后井下泵况异常，要进行憋压验证抽油杆、油管和抽油泵等工具的工作状况，为下一步制订措施提供依据。

(10) 抽油机井井下作业后憋压验证方法是什么?

答：先在井口安装压力表，关闭来水阀门，再缓慢关闭出油阀门观察井口是否有渗漏，如无渗漏将出油阀门关严。待油压上升到 3.0~5.0MPa 时停抽，记录停抽时间并观察压降变化情况。一般规定停机验证时间在 10~15min，压降小于 0.1MPa 为合格。憋压结束后先开出油阀门泄压，卸下压力表，打开来水阀门，再启动抽油机投产运行。

(11) 抽油机井泵况异常憋压验证方法是什么?

答：先在井口安装压力表，关来水阀门，再缓慢关出油阀门，观察井口是否有渗漏，如无渗漏将出油阀门关严，记录憋压时间和油压上升情况。憋压结束后先开出油阀门泄压，卸下压力表，再打开来水阀门，启机恢复生产。

泵况异常时进行憋压，大多数情况下压力上升较慢或不上升。一般启抽憋压 3~5min，如果压力不上升，可初步判断为抽油杆或油管断脱；如果压力上升慢，停抽稳压时压力很快下降，可初步判断为油管或抽油泵漏失。

(12) 抽油机光杆上安装防掉卡子的作用是什么?

答：安装防掉卡子有以下 4 个作用。

①当方卡子松动脱落时，防掉卡子可落到密封盒上平面，便于重新调整防冲距。

②当光杆断裂时，防掉卡子可落到密封盒上平面，防止光杆掉到井内。

③可方便井口测试示功图。

④可方便各项卸载维修工作。

(13) 抽油机驴头上安装顶丝的作用是什么?

答:抽油机驴头上安装顶丝的作用是,当驴头与井口左右不对中时,现场可卸掉驴头载荷,通过调整驴头上的两条顶丝使驴头位置左右移动实现驴头、毛辫子与井口对中。

(14) 什么是抽油泵气锁现象?

答:抽油泵气锁是指气体充满了抽油泵工作筒,封锁了井液进入抽油泵的通路,抽油泵活塞在上、下冲程中只对气体进行压缩和膨胀,此时固定阀和游动阀不能打开,油井不排液。当油套环形空间液面上升恢复到一定位置时,气锁现象就会自行解除。但当液面降低到泵吸入口附近时,气锁现象又会发生。气锁现象一般发生在沉没度小,供液能力差的低产井。

(15) 如何防治抽油泵气锁现象?

答:防治抽油泵气锁有以下 6 种方法。

①井下作业时加深泵挂,提高抽油泵吸入口压力。

②在泵尾部接气锚减少气体对泵的影响。

③调小防冲距使余隙容积缩小。

④采用间歇抽油方式,使油层压力得到恢复,确保抽油泵在一定液面深度下工作。

⑤在井口安装套管定压放气阀控制套压,使动液面恢复到合理区间。

⑥调小抽油参数恢复动液面,使沉没度达到合理范围。

(16) 在抽油机设备固定螺栓上画防松线的目的是什么?

答:用彩漆在设备易松动部位的螺栓上画一条细线连接设备上的静点和螺栓上的动点。当螺栓发生松动时,这条防松线上的动点就会相对于静点产生位移,巡检人员就能及时发现,从而提高巡检质量,确保抽油机设备的安全运行。注意:动点是指螺栓上的螺帽和螺杆;静点是指被螺栓固定的设备。

(17) 抽油机设备固定螺栓松动都有哪些现象?

答:抽油机设备固定螺栓松动有以下 5 种现象。

①设备固定螺栓断裂或脱落。

②设备和固定螺栓上有铁屑。

③设备和固定螺栓上有锈迹。

④设备与固定螺栓上的防松线错位。

⑤设备运行时发出异常声响。

（18）抽油机工作原理是什么？

答：变压器将网络高压电降压到电动机工作电压（一般在380V），通过电缆经过低压控制柜后传输到抽油机配电箱。经配电箱调控后，电动机将电能转变成皮带轮的高速旋转，再经皮带传输动力给减速箱输入轮。通过减速箱输入轴、中间轴和输出轴三轴两级减速后，转变为输出轴的低速转动。输出轴带动曲柄、连杆、横梁和游梁四连杆机构，将输出轴低速转动改变为驴头上、下往复运动。驴头带动抽油杆柱和抽油泵活塞做上、下往复运动，将井底的流体（油、气、水）不断举升到地面。

（19）指针式钳型电流表使用前应如何检查？

答：指针式钳型电流表使用前必须进行以下几个方面的检查。

①电流表必须有校验合格证，且在有效期内。

②电流表钳口完好无油污，表盘无破损，电流表挡位调节旋钮要灵活好用，且要调整在 A 或 ACA 交流挡位。

③电流表指针要归零，如不归零可用螺丝刀对零位旋钮进行左、右调节使指针归零。

（20）指针式钳型电流表刻度数与电流值如何进行换算？

答：指针式钳型电流表刻度盘上所显示的刻度数值不是电流数值，必须经过换算才能得出刻度数值所表示的电流值。

①电流表刻度盘上 ACA 表示用于测量交流电的标识，其刻度被均分为 5 大份、25 小等份。

②当选择 25A 量程挡位测量时，每等份数据表示：25A÷25＝1A；最大可测电流 25A。

③当选择 100A 量程挡位测量时，每等份数据表示：100A÷25＝4A；最大可测电流 100A。

（21）如何用指针式钳型电流表测量抽油机电流？

答：测量前要按要求对钳型电流表进行检查。

①用试电笔对配电箱进行验电，检查是否漏电，以防漏电伤人。

②将挡位调节旋钮调至 A 或 ACA 交流挡位中最大挡，将被测导线垂直卡入表钳中央。观察电流表指针波动情况，根据实测电流的大小情况，将电流表脱离导线后再调整量程挡位，使指针波动在电流表量程的 1/3~2/3 之间为最佳选择。

③测量时眼睛、指针和刻度应在一条垂直于表盘的直线上。分别测 A、B、C 三条导线在抽油机上、下冲程过程中的电流峰值，然后计算三条导线的平均值。一般取其中一条接近平均值导线的数值，记录并换算出电流值。

④记录相关数据，收拾工具清洁操作现场。

（22）怎样计算抽油机平衡率？

答：依据抽油机上、下冲程电流峰值计算平衡率公式：

$$平衡率=（下冲程电流峰值\div上冲程电流峰值）\times 100\%$$

油田现场管理规定，一般要求上冲程电流要不小于下冲程电流，抽油机平衡率在 85%~100%之间为合格。

（23）指针式钳型电流表测电流的技术要求是什么？

答：钳型电流表测电流时技术要求有以下几个方面。

①在不确定所测电流数值范围时要从最大挡位选起，每次换挡前要先将电流表脱离导线，再进行换挡调整。

②测量时指针应位于电流表量程的 1/3~2/3 之间，在此范围内测量的电流值精度高。

③测量时导线必须垂直卡入表钳中央以减少测量误差。

④读电流值时眼睛、指针和刻度应在一条直线上且垂直于表盘。

⑤录取的电流值必须分别是抽油机上、下冲程时的峰值。

⑥要分别测取 A、B、C 三条导线的电流，且三相电流不平衡度要小于±5%，一般取接近平均值那条导线的电流值。

（24）用指针式钳型电流表测电流有哪些安全注意事项？

①电流表要轻拿轻放，避免振动、击打，也不能随意拆卸。

②雨天操作时要带好防护用具，以防触电。

③开控制箱门前要用试电笔进行验电，以防触电。

④测量过程中要平稳操作，注意不要接触电器设备裸露部位，以防止触电。

⑤操作人员必须穿戴好劳保用品。

（25）如何依据抽油机上、下冲程电流值判断平衡块调整方向？

答：现场测取的抽油机上、下冲程电流有两种情况：一种是上冲程电流大、下冲程电流小；另一种是上冲程电流小、下冲程电流大。

①当抽油机上冲程电流大、下冲程电流小，且平衡率没有达到85%~100%之间时，说明平衡块在上冲程时做功少，电动机费力。调平衡时可将平衡块在曲柄上向远离减速箱输出轴方向调整，使动力臂的长度增加，帮助电动机在上冲程时克服阻力，降低上冲程电流。调整后上冲程电流会相应下降，同时下冲程电流会相应增加，从而使抽油机上、下冲程电流达到平衡要求。

②当抽油机上冲程电流小、下冲程电流大，平衡率不合格，需按要求进行调整。这种情况说明抽油机平衡块在上冲程时做功多，电动机省力。调平衡时可将平衡块在曲柄上向输出轴方向调整，使动力臂的长度减少。调整后上冲程电流会相应增加，同时下冲程电流会相应减少，从而使抽油机上、下冲程电流达到平衡要求。

（26）抽油机调平衡的目的是什么？

答：通过调整抽油机上、下冲程电流，使抽油机平衡率达到规定要求。这样抽油机在生产运行过程中，既能节约电能，又能延长电动机的使用寿命，同时还能够确保抽油机的平稳运行。

（27）什么是抽油杆柱滞后现象？

答：抽油杆柱滞后是指抽油机在生产运行过程中，由于抽油杆柱下行速度小于驴头下行速度，致使悬绳器与方卡子之间产生相对位移，发生悬绳器与方卡子撞击的现象。滞后现象严重时，抽油杆柱会卡死在井筒中。

(28) 抽油杆柱产生滞后现象的原因有哪些?

答:抽油杆柱产生滞后现象的原因有以下3种。

①抽油杆和油管结蜡严重,抽油杆柱下行时阻力大。

②抽油泵柱塞拉伤或衬套损坏,抽油杆柱下行时遇阻。

③采出液中聚合物浓度高黏度大,抽油杆柱下行时阻力大。

(29) 如何预防治理抽油杆柱滞后现象?

答:预防治理抽油杆柱滞后的方法有两种。

①根据实测示功图和电流变化情况,对有滞后前期征兆的抽油机井提前采取热洗进行预防。热洗后要重测示功图和电流,与热洗前示功图和电流对比验证,为制订合理的热洗周期提供可靠依据。

②对已发生抽油杆柱滞后的井,可先用中转站热洗泵进行热洗处理。如果无效,再用吊车上提抽油杆柱,用高温高压热洗车在井口进行热洗处理。如果上述方法处理均无效,则要上报井下作业。

(30) 什么是抽油机自动溜车?

答:抽油机井日常维护保养时,为确保人员和设备安全,抽油机停止运行后必须刹紧刹车,才能进行下一步操作。现场抽油机停机刹车后,由于刹车带磨损严重或刹车带与刹车轮接触面上有油污,发生的抽油机旋转刹不住车的现象,称为自动溜车。

(31) 什么是电动潜油泵井油压和回压?

答:电动潜油泵井正常生产时,井下电动机带动多级离心泵工作,将井下流体(油、气、水)举升到井口后的剩余压力叫油压(单位:MPa)。电动潜油泵井井口一般安装有限产装置,如油嘴,安装油嘴是为了调节控制生产压差。现场在油嘴进口上流测取的压力叫油压,在油嘴出口下流测取的压力叫回压。

(32) 电动潜油泵工作流程是什么?

答:输电电网接入电动潜油泵专用变压器,变压器输出满足电缆和潜油电机的额定电压,通过地面电缆进入电动潜油泵控制柜,再通过地面接线盒与地下潜油电机连接;启动电机传出动力，传递给潜油电机保护器、气液分离器，潜油电泵开始运转。分离器进行气液分离，将气体分离至油套管环形空间，同时将液体送入潜油离心泵的第一级叶导轮，经过离心泵各级叶导轮后，产生叠加扬程，经过单流阀、测压阀、油管到达地面井口装置并进入集输管线。

（33）电动潜油泵工作原理是什么？

答：当井下电机带动泵轴上的叶轮高速旋转时，充满在叶轮内的井液在离心力的作用下，由叶轮中心甩向叶轮四周。由于液体受叶片的作用，压力和速度同时增加，经过导壳的流道而被送进到上一级叶轮，这样逐级加压就获得一定的扬程，从而将井液提升到地面。

（34）电动潜油泵井井口安装套管定压放气阀的目的是什么？

答：通过调整套管定压放气阀，能够保持合理的套压，保证一定的泵吸入口压力，从而提高泵充满程度，使电动潜油泵正常工作。

（35）气蚀对电动潜油泵运行有什么影响？

答：气蚀是泵内任何一点流体压力低于工作温度下流体饱和蒸汽压时，产生小气泡，气泡流入高压区会冷凝和破碎，这时产生的压力很大，使泵易受到冲击和腐蚀，这种现象和水击相似，称作气蚀。在电动潜油泵叶轮中形成气蚀会降低泵效，使产液量下降，严重时会出现欠载停机现象，造成电动潜油泵不能正常工作。

（36）什么是螺杆泵井油压和回压？

答：螺杆泵井正常生产时，抽油杆柱旋转带动井下转子在定子中转动，不断将井下流体（油、气、水）从井底举升到井口后的剩余压力叫油压（单位：MPa）。螺杆泵井井口一般不安装限产装置（油嘴），所以油压也可称为井口回压。

（37）螺杆泵井由哪几部分组成？

答：螺杆泵井由以下 4 部分组成。

①地面驱动部分：驱动头、封井器。

②螺杆泵部分：转子、定子、泵扶正器。

③配套部分：专用井口、抽油杆、抽油杆扶正器、支撑卡瓦。

④电器部分：电控箱、变压器。

(38) 螺杆泵驱动装置的组成和工作原理是什么？

答：螺杆泵驱动装置由电动机、皮带一级传动系统、齿轮二级传动系统、支架系统、机械密封系统、机械防反转系统组成。工作原理是电动机产生的动力通过皮带和皮带轮传递给减速箱内的齿轮，经过减速箱齿轮减速后，由减速箱上的空心输出轴带动光杆、抽油杆和转子一同旋转，从而把井底流体（油、气、水）举升到地面。

(39) 螺杆泵的工作原理是什么？

答：螺杆泵的转子外表面和定子橡胶衬套配合，形成多级密封腔室。当转子转动时，在吸入端转子与定子橡胶衬套会不断形成新的密封腔室，并向上端推移，最终在顶端消失。油液在吸入端压差的作用下被吸入，并由吸入端推挤到顶端，液体不断上升，从而实现井液的举升。

(40) 螺杆泵故障特征有哪些？

答：螺杆泵故障特征分地面和井下两部分。

①地面部分：光杆断脱、光杆卡子脱落、驱动头故障、电动机故障、减速箱故障、皮带轮断脱、密封失效漏油、防反转系统失灵等。

②井下部分：抽油杆断脱、油管脱落、蜡堵、定子橡胶脱落、泵漏失、卡泵等。

(41) 如何对螺杆泵减速箱进行检查？

答：对螺杆泵减速箱可以进行以下几个方面的检查。

①听减速箱运行声音是否正常。

②检查减速箱是否有渗油、漏油现象。

③检查减速箱箱体，保证温度要小于45℃。

④查看减速箱油面，油面应在看窗的1/2~2/3之间，如发现缺油要及时补充齿轮油。

⑤检查减速箱内齿轮油，如发现变质要及时清洗更换。

(42) 螺杆泵井热洗清蜡有哪几种方式?

答:螺杆泵井热洗清蜡有以下 3 种方式。

①上提转子热洗:清蜡前先用吊车将转子上提,使其脱离定子,再向油套环形空间注入热水进行清蜡。

②安装洗井阀热洗:在定子上部的管柱上,即结蜡点以下安装洗井阀。洗井时往油套环形空间注入热水,在热洗压力的作用下使洗井阀打开,热水流入管柱内实现热洗清蜡。

③自然循环热洗:往油套环形空间注入热水,热水通过螺杆泵经管柱举升到地面。该方法受泵的排量限制,热洗时间相对较长。

(43) 螺杆泵为什么要安装防反转装置?

答:螺杆泵工作时抽油杆柱内聚集大量的旋转扭转能量。如果没有防反转装置,停抽或卡泵后,在油管内与外输管线油液压差作用下,抽油杆柱会高速反转,造成井下杆柱脱扣或井口光杆弯曲甩断。所以螺杆泵井必须安装防反转装置,确保停机后抽油杆不反转,避免设备损坏和伤人事故。

(44) 螺杆泵防反转装置的工作原理是什么?

答:防反转装置采用定向离合器的原理,使抽油杆只能做单向转动。同时在离合器的外壳上安装有刹车带,当需要上提杆柱时,可先松开刹车带,将抽油杆柱弹性势能释放掉,确保施工作业安全。目前现场常用的防反转装置有棘轮式防反转装置、棘爪式防反转装置。

(45) 螺杆泵井憋压验证方法的步骤是什么?

答:先在井口安装油压表和套压表。关闭来水阀门,再缓慢关出油阀门,观察井口是否有渗漏。如无渗漏将出油阀门关严,观察油压和套压变化情况并记录。待油压上升到 2.5~3.0MPa 时,马上打开出油阀门泄压,卸下压力表并打开来水阀门恢复生产。注意:憋压时压力能够达到 2.5~3.0MPa 为合格,一般规定憋压时压力不能超过 3MPa。如果憋压时压力达不到 2.5MPa,说明井下有故障,此时要结合相关资料进行验证分析。

(46) 螺杆泵故障诊断方法有几种?分别是什么?

答：螺杆泵故障诊断方法有3种：电流法、憋压法、扭矩法。

①电流法：是通过测试驱动电机的工作电流，根据工作电流大小来诊断泵况的方法。

②憋压法：是通过关闭井口回油阀门进行憋压，观察井口油压和套压变化，进行诊断井下泵况的方法。注意：憋压时压力能够达到2.5~3.0MPa即可，一般规定不超过3MPa。

③扭矩法：是通过测试光杆扭矩，即螺杆泵工作扭矩来诊断泵况的方法。光杆扭矩可以用光杆扭矩测试仪直接测得，也可以用测试驱动电机的有功功率与转速间接获得。

(47) 用电流法可以诊断螺杆泵哪些故障?

答：电流法可以判断以下4种螺杆泵故障。

①当驱动电机工作电流接近电机空载电流时：

a. 如果油套不连通、无排量，可判断是抽油杆断脱。

b. 如果油套连通，可判断是油管脱落、油管严重漏失或油管头严重漏失。

②当驱动电机工作电流接近正常运转电流时：

a. 如果排量很小（相对泵的理论排量），可判断是油管漏失或泵严重漏失，举升高度不够，也可能是气体影响。

b. 如果动液面较浅，可判断是泵定子橡胶磨损严重。

c. 如果动液面较深，可判断是油层供液能力差。

③当驱动电机工作电流明显高于正常运转电流时：

a. 如果排量正常、油压正常，可判断是油管结蜡。

b. 如果排量降低、油压明显升高，可判断是出油管线堵塞。

c. 如果排量正常（投产初期），可判断是定子橡胶溶胀胀大或定子不合格。

④当驱动电机工作电流周期性波动时：

如果脉动出液，可判断是转子不连续运转或泵不合格。

(48) 用憋压法可以诊断螺杆泵哪些故障?

答：憋压法可以判断以下4种螺杆泵故障。

①憋压时油压不上升，且油压与套压不同。

如果无排量，可判断是抽油杆断脱。

②憋压时油压不上升，且油压接近套压或油压上升缓慢与套压变化规律一致。

如果无排量或排量很小，可判断是油管脱落或油管严重漏失。

③憋压时油压上升缓慢且不同于套压。

如果排量小，泵效低，动液面较深，可判断泵严重漏失，气体影响或供液能力差。

④憋压时油压上升缓慢且与套压接近。

如果油套连通，可判断是定子橡胶脱落。

（49）用扭矩法可以诊断螺杆泵哪些故障？

答：螺杆泵各种扭矩用以下符号表示：M—光杆扭矩；M_y—液体与杆管摩擦扭矩；M_p—举升液体的扭矩；M_f—转子间的摩擦扭矩。（M 可通过测试得到；M_y、M_p、M_f 是通过相关数据理论计算得到的）。用扭矩法可以判断以下 3 种螺杆泵故障。

①当 M 小于或等于 M_y 时：

a. 如果无排量且油套不连通，可判断是抽油杆断脱。

b. 如果无排量且油套连通，可判断是油管脱落。

②当 M 接近或等于 M_y+M_f 时：

如果无排量或排量很小且油套连通，可判断无举升能力、油管严重漏失或泵磨损严重。

③当 M 接近或等于 $M_p+M_y+M_f$ 时：

如果排量小、泵效低，液面较深，可判断是气体影响或油层供液能力差。

（50）螺杆泵井管柱蜡堵应如何处理？

答：螺杆泵井蜡堵严重时会造成机组不能正常运转。处理时要用吊车上提杆柱使转子脱离定子，倒热洗流程洗井，如洗不通可用热洗车在井口进行彻底洗井，洗通后下放杆柱重新投产。如热洗车洗不通又无其他解堵措施，则要上报井下作业处理。

（51）螺杆泵井如何释放扭矩？

答：释放扭矩时操作人员头部要低于方卡子，用专用工具缓慢拧松释放螺栓上的螺帽，使光杆慢慢反向旋转，待光杆停止旋转后，可手盘皮带轮反向转动，确认扭矩完全释放。释放完毕后要重新旋紧释放螺栓上的螺帽。

(52) 螺杆泵井释放扭矩时要注意哪些事项?

答:螺杆泵井释放扭矩时要注意以下4点。

①操作人员必须穿工作服戴安全帽。

②要了解螺杆泵井停机原因,若因卡泵等原因停机,不要擅自释放扭矩,需专业技术人员现场指导方可进行操作。

③对电流高、扭矩过大的井,在释放扭矩前要先在套管内灌满掺水,减少液柱差造成的反转扭矩,然后再释放扭矩。

④释放扭矩时头部要低于方卡子,要缓慢释放光杆,反转速度必须控制在每分钟60转以内,防止光杆急速反转发生意外。

(53) 螺杆泵井释放扭矩的目的是什么?

答:螺杆泵井在进行驱动头维修、洗井提杆柱、作业抬井口前,必须对光杆释放扭矩。通过释放扭矩可以防止光杆反转,确保操作人员和设备的安全,防止事故发生。

(54) 螺杆泵井启停机时要注意哪些事项?

答:螺杆泵井启停机时要注意以下3点。

①操作人员必须穿戴好劳动保护用品。

②启停机时所有人员应撤离到皮带轮旋转切线方向45°以外,且距离井口5m以上的安全区域。

③密切观察光杆转向,发现光杆倒转立即下蹲做好自我防护,并及时汇报给专业技术人员。

(55) 注水井250型阀门的结构组成是什么?

答:250型阀门由丝杠、两道丝杠密封圈、手轮压盖、手轮、手轮固定键子、铜套压盖、铜套、推动轴承、黄油嘴、阀门压盖、两道阀门压盖密封圈、闸板、两个闸板密封座、阀体及卡箍头组成。

(56) 注水井250型阀门保养与使用要注意什么?

答:注水井250型阀门保养与使用要注意以下7点。

①要定期给阀门加注黄油,防止轴承缺油磨坏。

②如发现丝杠或阀门压盖处渗水,要及时更换密封圈,防止泄漏。

③如发现丝杠腐蚀要及时更换。

④阀门开大后一般要倒回半圈，这样可降低内外螺纹受力之差，延长阀门的寿命。

⑤冬季关井时应放掉管线内的水，防止阀门冻坏。

⑥如发现阀门闸板冻死不要硬开，防止拉断闸板上的台阶。要用热水加温解冻后再开，开时可用手锤轻轻敲击阀门下部。

⑦开关阀门时人要站在阀门侧面进行操作，防止丝杠弹出伤人。

(57) 注水井干式水表使用时应注意什么？

答：使用干式水表时应注意以下 8 点。

①不能超过水表量程范围使用。

②安装时表壳要水平，水流方向为低进高出。

③ 水表压盖要上正压紧。

④新投用的注水管线要冲洗干净，防止杂物打坏或卡住叶轮。

⑤要定期检查并清理过滤器。

⑥要按期校对水表。

⑦正常生产时要将水表进口阀门开大。

⑧冬季要做好保温工作，防止水表冻裂损坏。

(58) 注水井防冻取压装置的结构组成是什么？

答：防冻取压装置由两部分组成：固定部分和活动部分。

①固定部分：安装固定在注水井管线上。其由带内螺纹的固定底座、弹簧、活塞、一个活塞密封垫、两个活塞密封圈、带外螺纹的固定头、一个固定头密封圈组成。

②活动部分：活动部分安装在压力表上。其由呢绒垫、活塞、两个活塞密封圈、导压杆、两个导压杆密封圈、内螺纹活动接头压帽组成。

导压杆起导压作用，装有防冻液可防止冻堵。活动头接头压帽可与固定头顶部外螺纹连接实现压力录取。

(59) 计量间单井回油温度计量不准的原因有哪些？

答：计量间单井回油温度计量不准的原因有以下 7 点。

①温度计没有按期校对，读数误差大。

②温度计测量孔座内没有测温液，影响温度测量数值。

③温度计测量孔座内有杂物，温度计插不到位，造成温度测量不准。

④温度计测量孔座附近管线结蜡，温度传导差，造成温度数值不准。

⑤温度计测量孔座附近管线结垢，温度传导差，造成温度数值不准。

⑥读取温度数值时把温度计拔出测温孔座，造成温度数值不准。

⑦读取温度数值时，眼睛、刻度和显示液端点不在一条直线上，且视线不垂直于温度计，造成读数误差大。

（60）计量间分离器安全阀的作用是什么？

答：安全阀是压力容器的安全保护装置。当分离器内的压力升高超过安全阀工作压力时，安全阀能自动开启排出流体（气体或液体），使容器内压力下降，从而防止分离器内压力过高发生事故。

（61）计量间来油总汇管压力波动的原因有哪些？

答：计量间来油总汇管压力波动的原因有以下7点。

①中转站压力不平稳变化，会引起来油总汇管压力波动。

②单井放套管气时操作不平稳，会引起来油总汇管压力波动。

③单井热洗后会引起来油总汇管压力波动。

④高产井开井或新井投产，会引起来油总汇管压力波动。

⑤计量间系统内有单井关井停产，会引起来油总汇管压力波动。

⑥计量间系统内多井回油温度控制不平稳（较低或较高），会引起来油总汇管压力波动。

⑦计量间出油管线穿孔，会引起来油总汇管压力波动。

（62）计量间掺水压力波动的原因有哪些？

答：计量间掺水压力波动的原因有以下6点。

①中转站掺水压力不平稳，会引起掺水压力波动。

②单井开直通冲洗出油管线，会引起掺水压力波动。

③单井热洗过程中会引起掺水压力波动。

④单井掺水管线穿孔，会引起掺水压力波动。

⑤计量间采暖伴热阀门控制不平稳，会引起掺水压力波动。

⑥计量间掺水管线穿孔，会引起掺水压力波动。

（63）现场如何判断压力表是否准确？

答：现场判断压力表是否准确的方法有两种：一种是压力表归零法，另一种是压力表互换法。

①压力表归零法：现场安装使用的压力表，检查时可切断压源，打开放空，观察指针是否归零，不归零就是有误差。

②压力表互换法：即将一块校对好的压力表与现场使用的压力表进行位置互换，看压力值是否相等，如果相等说明压力表是准的，可以继续使用。

（64）压力表使用前要检查哪些部位？

答：压力表使用前应做以下检查。

①检查压力表应有校检合格证，且要在有效期内。

②检查压力表表盘应完好，固定螺栓要齐全紧固。

③压力表指针归零。

④压力表表盘上的两条量程线要分别画在压力表最大量程的 1/3 点和 2/3 点上，且量程线要清晰、平直。

⑤压力表铅封完好。

⑥压力表螺纹接头完好，传压孔畅通。

（65）压力表表盘下部的数字表示什么意思？

答：压力表表盘下部写有数字 0.5、1.0 和 2.5，这些数字表示压力表的精度等级。如测量上限为 2.5MPa 的压力表精度等级为 1.0，那么它的最大正负误差是 0.025MPa（2.5×1.0%）。

（66）安装使用压力表时要注意哪些事项？

答：安装使用压力表时要注意以下 7 点。

①压力表量程选择要合适，工作压力必须在压力表最大量程的 1/3~2/3 之间。

②压力表安装后，表盘正面要朝着便于观测的方向。

③卸压力表时人要站在侧面，且面部要偏离压力表轴向，防止压力表飞出伤人。

④装、卸压力表时要轻拿轻放，使用活动扳手时用力要均匀，防止滑脱。

⑤禁止用手扳压力表头装、卸压力表，防止损坏压力表。

⑥如果压力表有放空装置，要先放空待指针归零且无溢出流量后，再用扳手卸压力表。

⑦如果压力表没有放空装置，要先关闭控制阀门，再用扳手缓慢卸压力表并观察压力值变化，待指针归零后，再卸压力表，防止压力表飞出伤人。

⑧读取压力值时，眼睛、表针、刻度三点要在一条直线上且垂直于表盘。

(67) 压力表在使用过程中常见的问题有哪些?

答：压力表在使用过程中会出现以下 6 种问题。

①测量压力时指针不动，无法测量压力。

②测量压力前压力表指针不归零，不能使用。

③测量压力时指针超出量程范围，读取的压力数值误差大。

④压力表传压孔被杂物堵塞，无法测量压力。

⑤冬季压力表传压孔被油水冻结堵塞，无法测量压力。

⑥压力表指针松动或脱落，不能使用。

(68) 更换法兰垫片的技术要求有哪些?

答：更换法兰垫片有以下 5 点技术要求。

①垫片内、外圆制作光滑无毛刺，内、外径误差不超过±1mm。

②垫片内、外圆同心度误差不超过±1mm。

③安装后垫片手柄长度一般要求凸出法兰盘外边缘 30mm，可方便装取法兰片。

④检查渗、漏过程中要采用听、看、摸的方法进行验证。

⑤必须按规定顺序开、关各阀门，阀门完全开大后要再回半圈。

(69) 更换法兰垫片安全注意事项有哪些?

答：更换法兰垫片应注意以下事项。

①严禁不放空带压操作。

②开阀门试压时操作要平稳，防止流体泄漏伤人。

③开、关阀门时要侧身操作，防止手轮打出伤人。

④要正确使用活动扳手，防止活动扳手打滑伤人。

⑤使用管钳开、关阀门时开口向外，防止管钳打出伤人。

⑥用撬杠撬法兰缝隙时要确定好方向，防止撬杠滑脱伤人。

（70）计量间分离器玻璃管断裂漏失应如何处理？

答：发现分离器玻璃管断裂漏失，首先要打开计量间门窗进行通风换气防止中毒，再关闭玻璃管上、下控制阀门。检查设备和流程，查找出事故发生原因，最后再按操作规程更换玻璃管。

（71）计量间分离器的作用是什么？

答：分离器主要作用是实现单井计量，以及沉降油井产出物中的水、砂等杂物。它能将单井产出的油气进行分离，同时计量产液量和产气量。分离器还可进行憋压（不超过分离器安全定压值），利用分离器内的压力进行天然气扫线。

（72）什么是计量间分离器分压？

答：计量间分离器上安装有压力表，压力表能够直接反应分离器在工作运行以及停用时，分离器内的压力变化情况，压力表反应的压力值就是分离器分压。

（73）计量间分离器分压与计量间出油总汇管压力有什么关系？

答：分离器在正常量油过程中，分离出的天然气从分离器顶部出气管线经计量后，再通过单流阀流入计量间出油总汇管。量油后分离器内排出的井液，由分离器出口阀门经分离器底部出油管线，再通过单流阀流入计量间出油总汇管。因此当分离器正常量油时，分离器分压要大于计量间出油总汇管压力；当分离器停止运行时，分离器分压与计量间出油总汇管压力接近或相等。

（74）什么是采油井双管掺热流程？

答：是指采油井采出的井液由一条出油管线输送到计量间，汇集到计量间出油总汇管，然后再流到中转站；同时中转站把分离脱水后加热的掺水，用泵输送到计量间，再由另一条掺水管线将掺水输送到油井井口。掺水管线中的热水通过井口掺水调节阀与出油管线中的井液混合，提高了出液温度，确保出油管线不堵不冻。如果油井需要热洗清蜡，可提高中转站掺水温度倒流程进行洗井。因为在油井与计量间之间有两条生产管线连接，所以称为双管掺热流程。

（75）什么是采油井单管流程？

答：是指采油井采出的井液由一条出油管线输送到计量间，汇集到出油总汇管，再输送到中转站。因为油井与计量间之间只有一条生产管线连接，所以称为单管流程。

（76）什么是采油井冷输？

答：部分采油井自身采出的井液温度较高（能达到35℃左右）且产液量较高，在生产过程中不用掺水，从而达到节约能源降低能耗的目的。因为没有掺水伴热，所以称为采油井冷输。

（77）采油井井口掺水管线上为什么要安装单流阀？

答：如果掺水管线上不安装单流阀，当出油管线内油压大于掺水压力时，出油管线内的产出液（油、气、水）会通过井口掺水调节阀倒流到掺水管线中。井液进入掺水管线后会造成管线堵塞冻结，影响掺水系统正常运行。所以要在井口掺水管线上安装单流阀，防止井液倒流。

（78）采油井井口掺水管线为什么会发生倒灌？

答：当掺水管线中的杂物卡在单流阀阀座与阀球之间，会造成单流阀关不严而失灵。此时如果井口油压大于掺水压力，那么出油管线内的井液（油、气、水）就会通过井口掺水调节阀倒流到掺水管线中，发生倒灌现象。

（79）抽油机井井口放套管气的目的是什么？

答：抽油机井井口如果不放套管气，油套环形空间的压力会逐渐升高，迫使动液面下降。当动液面下降到抽油泵吸入口附近时，气体就会窜入抽油泵内使泵效降低、产量减少。在井口安装定压放气阀并按要求放套管气，可以降低套压，使动液面达到合理范围。这样就能够减少气体窜入泵内，提高抽油泵效率、增加产量。

（80）油井长期停产后为什么要进行扫线？

答：油井停产后液体在管线中停止流动，时间一长温度就会下降，液体逐渐凝固造成管线堵塞。为了防止管线堵塞，便于下次开井时顺利投产，所以在停产后必须对管线进行扫线。

（81）采油井取油样时应注意什么？

答：采油井取油样时应注意以下几点。

①取油样桶应清洗干净，不得有水、砂、泥、油等杂质。

②取油样前必须先停止掺水 5～10min。放空看见新鲜油后，分三次录取油样，每次录取油样的间隔时间要大于 1min，三次录取油样的总量要达到油样桶的 1/2～2/3。

③要在油井生产稳定时取样，如测压、机械清蜡结束 2h 后才能进行取样。

④取油样后要将油样桶盖严，防止轻馏成分损失或杂质落入桶内。

⑤油样在未化验前不可开盖、不可加温，防止水及轻馏成分挥发。

⑥在有井口房的井取油样时，要打开门窗透气，防止天然气中毒。

⑦在露天井口取油样时，人要站在上风侧位置，防止吸入天然气。

（82）如何处理管线冻结？

答：发现井上管线冻结不能使用明火烧，可以用毛毡包住冻处，然后往毛毡上浇热水或直接用蒸汽烫开冻结部位。注意：在处理过程中要先从已经循环的部位或有放空点的位置向两侧逐步推进，防止管线憋压破裂伤人。

（83）什么是采油井油压与掺水压力顶牛现象？

答：当采油井井口油压升高到不小于掺水压力，或者掺水压力下降到不大于油压时，掺水管线内的液体无法循环，成静止状态，在冬季就会发生冻井事故，这种现象就是顶牛现象。

（84）采油井井口组合阀由哪些阀门组成？其优点是什么？

答：井口组合阀由来水阀、来水放空阀、热洗阀、直通阀、套管定压放气阀、单流阀、掺水调节阀、出油阀组成。其中热洗阀、直通阀、套管定压放气阀和出油阀被组合在一个正方形阀体内成为一体。其优点有三：一是阀门组合后有利于热传导，冬季可防止冻结；二是取样阀和压力录取阀采用防盗设计，具有防盗功能；三是各阀门与配件之间采用密封圈密封，密封效果好。因此井口组合阀便于日常管理。

（85）如何对变压器进行检查？

答：对变压器进行检查时应注意以下5个方面。

①变压器油每年要取样化验一次，如不合格要及时更换。

②正常工作时，变压器液位计内的油面应在标尺指示的-30~40℃（冬季最冷时液位计内的油面不低于-30℃指示线，夏季温度最高时油面不超过40℃指示线），如缺油要及时补充。

③变压器各接线要牢固，不能有发热现象。

④变压器工作温度要小于80℃。

⑤变压器正常运行使用时，变压器油颜色呈浅黄色。

（86）为什么要对采油井进行热洗清蜡？

答：因为采油井在生产过程中，井筒内油套环形空间、抽油泵、油管和抽油杆柱经常发生结蜡现象。油井结蜡会造成抽油泵泵效降低、产量下降，严重时会出现油管堵塞或卡泵事故。所以为了确保油井的正常生产，制订洗井制度。定期对油井进行热洗清蜡，目的是将油套环形空间、抽油泵、油管和抽油杆柱上的蜡、死油及各类杂质清洗掉，以确保采油井的正常生产。

（87）什么是采油井常规热洗清蜡？

答：常规热洗清蜡是指，中转站先把洗井液加热到80℃左右，再用热洗泵打压输送到采油井井口，洗井液从油套环形空间流入井下，最后经过泵吸入口，再通过油管返回井口。在洗井过程中洗井液将油套环形空间、抽油泵、油管、抽油杆柱上的蜡及死油清洗掉并携带出井筒，从而达到热洗清蜡的目的。

（88）什么是热洗车热洗清蜡？

答：热洗车热洗清蜡是指，先在井口将水罐车拉来的水经热洗车加温到80~130℃，再通过热洗车把加温后的水打压注入油套环形空间，使其流入井下，最后经过泵吸入口通过油管返回井口，从而达到热洗清蜡的目的。热洗车洗井的特点是排量大、压力高，一般在处理油井结蜡严重、抽油杆柱滞后或蜡卡时采用。

（89）抽油机井洗井后为什么常常发生密封填料跑油现象？

如何防治？

答：抽油机井洗井过程中，洗井液（加热后的水）温度达到75～80℃后，光杆在对流和热传导作用下被间接加热到75℃左右。由于光杆密封填料采用橡胶材料，橡胶在高温作用下体积膨胀，加速密封填料磨损，导致跑油现象发生。另一个原因是，洗井后由于井筒和地层内留有大量洗井液，需要抽油机工作一定时间才能排出。在排出洗井液过程中，光杆与密封填料之间的润滑及冷却效果差，导致密封填料磨损加快，出现跑油现象。

洗井前要检查密封盒压帽的有效行程，如果行程不足必须在洗井前更换密封填料，确保洗井后密封盒压帽有足够的调整空间。另外洗井后要及时调整密封盒压帽松紧度，防止跑油现象发生。

（90）采油井单井回油温度为什么要控制在一定范围？

答：采油井单井回油温度要控制在一定范围，这是根据区块原油性质决定的。单井回油温度控制过高，原油中的轻质成分易挥发，影响原油品质，同时温度过高也会消耗更多燃料和电能；温度控制过低，管线容易结蜡，使产出液流动阻力增加，影响油井产量。所以要根据区块特点制定单井回油温度范围，从而确保油井正常生产。例如大庆油田萨南开发区块，单井回油温度规定在35～38℃之间。

（91）如何用电解车电解冻堵管线？

答：在管线冻结堵塞现场选择距离较近的变压器。用电解车把配电箱、电缆等电解设备运送到变压器附近。由专业电工在变压器上接380V交流电到配电箱，通过配电设备二次降压到50V。在经过高压二极管整流后由正、负极输出，再用两根电解电缆分别连接到冻堵管线两头并固定（注意要将管线两头断开，以确保电解效果）。开始送电进行电解，电解电流可以从0A调节到2000A，电流要由小到大调到相应电流，但不要超过变压器额定容量的1.44倍。电解过程中如电解电流调整为1000A，当电流下降到950A（即电流下降5%）以下时说明电解见到效果。管线中死油融化。此时可以用热洗车打压，把管线中死油全部替出，电解结束。

第二章　油水井计量间常规技能

第一节　抽油机井巡回检查

一、准备工作

(一) 工作内容

(1) 200mm、300mm 活动扳手各 1 把。

(2) 450mm 管钳或 F 形扳手 1 把。

(3) 1.5kg 手锤 1 把。

(4) 低压试电笔 1 支，绝缘手套 1 副。

(5) 钳型电流表 1 块。

(6) 压力表 1 块。

(7) 记录本 1 本，笔 1 支，擦布若干。

(8) 穿戴好劳动保护用品。

(二) 工作标准

每班进行两次巡回检查。

(1) 钳型电流表校验合格，且在有效期内。

(2) 压力表量程要选择合适，使测量压力值在压力表量程的 1/3~2/3 之间。

(3) 压力表校验合格，且在有效期内（正常情况下压力表每季度校对 1 次，发现问题要及时校对）。

(三) 风险提示

(1) 检查时检查员应距抽油机运转设备 0.8m 以外，防止机械伤害。

(2) 抽油机在运行中不能处理抽油机各部位问题。

(3) 正确穿戴好劳动保护用品。

二、检查井口

（一）工作内容

（1）检查井口流程及设备。

（2）听出油声音。

（3）检查各部位紧固螺栓。

（4）控制调整掺水量。

（5）检查并调整密封盒压帽松紧度。

（6）检查取压装置，录取油压、套压。

（7）检查放气阀。

（二）工作标准

（1）井口流程正确。设备齐全完好，保持不渗、不漏、不松、不锈，阀门开关灵活。井口工艺流程按标识规范防腐。黄油嘴齐全见本色，有塑料套。

（2）井口出油声正常，无刮碰现象。

（3）各部位螺栓紧固。

（4）每班冲洗掺水管线，调节掺水量，控制回油温度在合理范围之内。

（5）密封盒压帽松紧合适，光杆不发热、不漏气、不带油。

（6）取压装置完好，控制套压要高于油压。正常情况下油压每月录取 1 次，套压每 10 天录取 1 次，特殊情况要加密录取。读取压力值时要三点一线（眼睛、表针、刻度三点成一条直线）。

（7）放气阀定压合理，灵活好用，控制套压在合理范围内。

（三）风险提示

（1）检查密封盒压帽松紧度时，应在光杆上行时用手背触摸光杆，防止伤手。

（2）录取压力时，应侧身操作，防止刺漏造成伤害。

三、检查悬绳器和驴头

（一）工作内容

（1）检查悬绳器。

（2）检查毛辫子。

（3）检查光杆与驴头是否对中。

（二）工作标准

（1）悬绳器两侧长度相等，互相平行，上下压板水平，不得倾斜。

（2）毛辫子应无拔丝、断股现象，应涂油防腐。

（3）检查驴头对中的标准为：毛辫子不磨驴头两侧边缘为合格；不顶杆、不背杆为前后对中合格；光杆不磨密封盒，悬绳器不磨驴头下边沿，光杆不碰驴头。

（三）风险提示

检查毛辫子时，若在同一处断有三根钢丝，则必须及时更换毛辫子，防止毛辫子和悬绳器掉落伤人及损坏设备。

四、检查曲柄销

（一）工作内容

（1）检查曲柄销子。

（2）检查曲柄销子冕形螺帽。

（3）检查曲柄固定螺栓。

（4）检查安全标识。

（二）工作标准

（1）曲柄销子清洁、润滑良好，轴承无异常响声、无干磨现象。

（2）曲柄销子冕形螺帽完好，固定螺栓有安全防松线且无错位现象。

（3）固定螺栓完好紧固。

（4）安全标识齐全。

（三）风险提示

（1）检查时应在安全距离以外，旋转部位应有安全警示，在居民区附近的井应有围栏。

（2）发现异常及时处理，防止造成翻机事故。

五、检查平衡块

（一）工作内容

（1）检查平衡块固定螺栓。

（2）检查平衡块锁紧螺栓。

（3）检查安全标识。

（二）工作标准

（1）固定螺栓、锁紧螺栓紧固牢靠、无松动。

（2）固定螺栓须装有开口销钉或止退螺帽。

（3）安全标识齐全。

（三）风险提示

（1）检查时应在安全距离以外，旋转部位应有安全警示，在居民区附近的井应有围栏。

（2）发现异常及时处理，防止造成翻机事故。

六、检查中、尾轴和连杆销

（一）工作内容

（1）检查中轴。

（2）检查尾轴。

（3）检查连杆销。

（二）工作标准

（1）轴承运转无异常声音，不出现干磨现象。

（2）各轴承清洁、润滑良好，不缺油、不漏油。

（3）关键部位固定螺栓应画防松线，要重点检查。

（三）风险提示

发现异常及时处理，防止造成翻机事故。

七、检查减速箱

（一）工作内容

（1）听减速箱运转声音。

（2）检查减速箱油位。

（二）工作标准

（1）减速箱运转无异常声音，齿轮无打齿现象。

（2）看窗清晰、不渗、不漏、无油污，油品正常，油位在看窗的 1/3~2/3 之间。

（三）风险提示

（1）检查时应在安全距离以外，旋转部位应有安全警示，在居民区附近的井应有围栏。

（2）发现异常及时处理，防止造成翻机事故。

八、检查皮带

（一）工作内容

（1）检查皮带松紧度。

（2）检查四点一线。

（二）工作标准

（1）皮带松紧度调整适中，无打滑、跳动现象。

（2）减速箱皮带轮边缘、电机轮边缘四点在一条直线上。

（三）风险提示

检查时应在安全距离以外，防止皮带破损及断股伤人。

九、检查电动机

（一）工作内容

（1）听电机运转声音。

（2）检查电机温度。

（3）检查接线情况。

（4）检查接线盒。

（二）工作标准

（1）电机运转声音正常，无异味。

（2）用手背触摸电机外壳来检查温度，温度不能超过60℃。

（3）接线紧固，无氧化、损伤、漏电现象，必须安装接地线，接线符合要求。

（4）接线盒有防水措施。

（三）风险提示

用手背触摸检查电机外壳温度时，防止触电及烫伤。

十、检查刹车

（一）工作内容

（1）检查刹车各部位螺栓。

（2）检查刹车配件。

（3）检查刹车行程。

（4）检查刹车效果。

（二）工作标准

（1）刹车连杆连接处、连接销子各部位螺栓无松动。

（2）刹车配件齐全完好。

（3）刹车行程在总行程的 1/3～2/3 之间。

（4）刹车灵活好用。

（5）刹车手柄离地面较高的地方需要搭建平台，以方便操作。

（三）风险提示

检查刹车行程应停机操作。

十一、检查控制箱

（一）工作内容

（1）检查控制箱内各电器元件。

（2）检查自启装置。

（3）检查保险丝。

（4）检查电缆。

（5）检查接线情况。

（6）检查安全标识。

（7）测抽油机运行电流。

（二）工作标准

（1）控制箱内各元件无氧化、过热、打火花现象，无异味。

（2）自启装置完好。

（3）保险丝符合要求。

（4）井场内电缆埋入地下 30cm，电缆线接地紧固。

（5）接线紧固，无氧化、损伤、漏电现象，必须安装接地线，接线符合要求。

（6）安全标识齐全。

（7）每天测 1 次上、下冲程电流，正常生产井每月应有 25 天以上的资料。若电流波动范围超过±5%，则要查明原因。电流值必须取上、下冲程中的最大峰值，当平衡率在 85%～100%之间时为合格。

（三）风险提示

（1）雨天操作时，带好防护用具，防止触电。

（2）用试电笔在门把手或没有上漆的地方验电，防止触电。

（3）接触带电设备应戴绝缘手套，防止触电；合、分空气开关时应侧身操作，防止弧光伤人。

（4）测量过程中应平稳操作，不能接触电器设备裸露部位，防止触电。

十二、检查底座

（一）工作内容

（1）检查底座、基础紧固螺栓。

（2）检查底座垫铁。

（3）检查接地线。

（二）工作标准

（1）底座稳定，基础紧固螺栓紧固牢靠、无松动、有备帽。

（2）底盘垫铁应紧固、无松动，每组不超过 3 片。

（3）必须安装接地线，接线符合要求。

（三）风险提示

检查时要在护栏外，小心旋转部位碰伤。

十三、检查变压器

（一）工作内容

（1）检查变压器隔离开关。

（2）检查变压器油位。

（3）检查接地线。

（二）工作标准

（1）隔离开关无虚接打火花现象。

（2）油位在油标尺上、下指示线之间，油标尺处无渗漏。

（3）必须安装接地线，接线符合要求。

（三）风险提示

如发现异常现象必须由电工处理。

十四、其他

（一）工作内容

（1）检查井号。

（2）检查井场。

（3）检查埋地管线。

（二）工作标准

（1）井号标志喷写在靠公路一侧的抽油机游梁上，特型机用统一制订的标牌。设备铭牌清晰。

（2）井场面积为6m×10m，变压器场地面积为2m×2m，高出地面0.15m以上。场地四周有2m宽的安全防火带（井场外为耕地的井除外），井场周围安全防火通道内无杂草。繁华地区及村屯附近的井要有护栏。井场场地平整、无积水、无油污、无易燃物、无散失器材。

（3）井场外电缆埋入地下0.70m以上，埋地管线无裸露、无渗漏。

（三）风险提示

（1）如发现电缆裸露必须由电工处理。

（2）如发现埋地管线裸露或渗漏，必须及时汇报处理。

十五、收拾工具

（一）工作内容

清洁操作现场。

（二）工作标准

场地整洁干净。

第二节　电泵井巡回检查

一、准备工作

（一）工作内容

（1）450mm管钳或F形扳手一把。

（2）200mm、300mm活动扳手各一把。

（3）试电笔一支，绝缘手套一副。
（4）录取数据的电子录取器。
（5）记录本、笔、擦布。
（6）穿戴好劳动保护用品。

（二）工作标准

每班进行两次巡回检查。

（三）风险提示

正确穿戴劳动保护用品。

二、检查配电室

（一）工作内容

（1）检查室内卫生。
（2）检查接线情况。
（3）检查室内设施。
（4）检查记录。

（二）工作标准

（1）室内应保持清洁。

（2）接线紧固，无氧化、损伤、漏电现象，必须安装接地线，接地线应为横截面积不小于16mm^2的多股绝缘线。

（3）地面铺有高压绝缘垫，且绝缘垫的宽度不小于60cm，厚度大于0.5cm。配电室的门应加锁，房顶密封。消防器材性能完好，符合规定。

（4）控制屏内有按规定填写的机组参数表、维修保养记录。

（三）风险提示

操作过程中要严格按照安全操作规程，小心触电。

三、检查控制屏

（一）工作内容

（1）检查控制屏运行指示灯及仪表。
（2）检查多功能保护器。
（3）录取数据。
（4）检查电流。

（5）检查电压。

（6）检查接线情况。

（7）检查安全标识。

（二）工作标准

（1）控制屏运行指示灯、仪表齐全完好。

（2）多功能保护器在控制屏上有看窗，井号按井史标准设定。

（3）将电子录取器插入资料录取插座内，此时控制屏上读取数据指示灯发出绿色光，提示正在录取资料。当指示灯熄灭后资料录取结束，可拔出电子录取器。

（4）电泵运行正常，电流平稳。过载电流和欠载电流调整合理，过载电流为额定电流的 1.2 倍，欠载电流为运行电流的 0.8 倍。A、B、C 三相电流基本平衡，误差小于±5%。电流每天录取 1 次，正常生产井每月应有 25 天以上的资料。

（5）控制电压调整在规定范围内，要求 110V（±5%）；主机电压调整符合规定要求；三相高压电压表电压稳定，电压波动范围为-5%～10%之间，且三相电压不平衡度不超过 5%。

（6）接线紧固，无氧化、损伤、漏电现象，必须安装接地线，接地线应为横截面积不小于 $16mm^2$ 的多股绝缘线。

（7）安全标识齐全。

（三）风险提示

（1）接触带电设备应戴绝缘手套，防止触电。合、分闸刀应侧身操作，防止弧光伤人。

（2）有停机或异常现象应及时向队里汇报，由专业电工处理，当班人员无权自行处理，防止发生触电事故及损坏设备。

四、检查接线盒

（一）工作内容

（1）检查接线情况。

（2）检查渗漏情况。

（3）检查安全标识。

（二）工作标准

（1）接线紧固，无氧化、损伤、漏电现象，必须安装接地线，接地线应为横截面积不小于 16mm^2 的多股绝缘线。

（2）无漏油、漏气现象。

（3）安全标识齐全。

（三）风险提示

操作过程中要严格按照安全操作规程，小心触电。

五、检查电缆

（一）工作内容

检查各部位电缆及走向指示牌。

（二）工作标准

（1）变压器引线电缆、井口采油树入井电缆、控制屏电缆、地面电缆均无老化、破损现象。

（2）井场电缆埋深 0.8m。

（3）电缆走向指示牌齐全且指示明确。

（三）风险提示

严禁直接接触老化破损电缆，防止触电伤人。

六、检查变压器

（一）工作内容

（1）检查变压器隔离开关。

（2）检查变压器油位。

（3）检查接地线。

（二）工作标准

（1）隔离开关无虚接打火花现象。

（2）油位在油标尺上、下指示线之间，油标尺处无渗漏。

（3）必须安装接地线，接线符合要求。

（4）具备防盗措施。

（三）风险提示

操作过程中要严格按照安全操作规程，小心触电。

七、检查井口

（一）工作内容

（1）检查井口流程及设备。

（2）检查各部位紧固螺栓。

（3）检查接地线。

（4）听出油声音。

（5）控制调整掺水量。

（6）检查压力表，录取油压、套压、回压。

（7）检查放气阀。

（二）工作标准

（1）井口流程正确，设备齐全完好，保持不渗、不漏、不松、不锈，阀门开关灵活。井口工艺流程按标识规范防腐。黄油嘴齐全见本色，有塑料套。

（2）各部位螺栓紧固。

（3）必须安装接地线，接线符合要求。

（4）井口出油声正常。

（5）每班应冲洗掺水管线，调节掺水量，控制回油温度在合理范围之内。

（6）压力表校验合格，且在有效期内（正常情况下压力表每季度校对 1 次，发现问题要及时校对）。正常情况下油压每 5 天录取 1 次，套压每 5 天录取 1 次，特殊情况要加密录取观察。读取压力值时要三点一线（眼睛、表针、刻度三点成一条直线）。

（7）放气阀定压合理，灵活好用，控制套压在合理范围内。

（三）风险提示

（1）如果发现井口泄漏，要及时打开房门、窗户通气，防止中毒。

（2）录取压力时，应侧身操作，防止刺漏造成伤害。

八、其他

（一）工作内容

（1）检查井号。

（2）检查井场。

（3）检查埋地管线。

（二）工作标准

（1）井号标志喷写在靠公路一侧的井口房墙上，采用白底黑框、黑字，用仿宋体书写，字体高不小于20cm，线宽2cm。设备铭牌清晰。

（2）井场面积15m×10m，变压器场地面积2m×2m，高出地面0.15m以上。场地四周有2m宽的安全防火带（井场外为耕地的井除外）。家属区、村屯附近（距井50m以内）要有护栏。井场场地平整、无积水、无油污、无易燃物、无散失器材。

（3）埋地管线无裸露、无渗漏。

（三）风险提示

如发现埋地管线裸露或渗漏必须及时汇报处理。

九、收拾工具

（一）工作内容

清洁操作现场。

（二）工作标准

场地整洁干净。

第三节　螺杆泵井巡回检查

一、准备工作

（一）工作内容

（1）200mm、300mm活动扳手各一把。

（2）450mm管钳或F形扳手一把。

（3）专用扳手一套。

（4）压力表一块。

（5）低压试电笔一支，绝缘手套一副。

（6）记录本、笔、擦布。

（7）穿戴好劳动保护用品。

（二）工作标准

每班进行两次巡回检查。

（1）压力表量程要选择合适，使测量压力值在压力表量程的1/3~2/3之间。

（2）压力表校验合格，且在有效期内（正常情况下压力表每季度校对1次，发现问题要及时校对）。

（三）风险提示

（1）正确穿戴劳动保护用品。

（2）检查时人要离井口运转设备0.8m以外。

（3）螺杆泵在运转中不能处理各部位问题。

二、检查井口

（一）工作内容

（1）检查井口流程及设备。

（2）听出油声音。

（3）检查密封圈或机械密封。

（4）检查光杆。

（5）检查各部位紧固螺栓。

（6）控制调整掺水量。

（7）检查减速箱。

（8）检查电机。

（9）检查皮带。

（10）检查安全防护罩。

（11）检查防反转装置。

（12）检查取压装置，录取油压、套压。

（13）检查放气阀。

（二）工作标准

（1）井口稳定，流程正确。设备齐全完好，不渗、不漏、不松、不锈，阀门开关灵活。井口工艺流程按标识规范防腐。黄油嘴齐全见本色，有塑料套。

（2）井口出油声正常。

（3）密封圈松紧度合适或机械密封不泄漏。

（4）光杆卡子紧固牢靠。驱动头方卡子以上光杆只允许露出防脱帽，要求防脱帽与方卡子上端面相接触。

（5）各部位螺栓紧固。

（6）每班冲洗掺水管线，调节掺水量，控制回油温度在合理范围内。

（7）减速箱运转无异响，箱体温度不大于50℃。减速箱油位在看窗的1/2~2/3之间，油质合格，不渗漏。

（8）电机运转无异响，温度小于60℃。有接地线。接线盒要密封。

（9）皮带无破损、松紧适度。电机轮与减速箱轮四点一线。

（10）皮带轮、方卡子有防护罩，防护罩完好无损。

（11）防反转装置配件齐全，无松动、无磨损，灵活好用。

（12）取压装置完好，控制套压要高于油压。正常情况下油压每月录取1次，套压每10天录取1次，特殊情况要加密录取观察。读取压力值时要三点一线（眼睛、表针、刻度三点成一条直线）。

（13）放气阀定压合理，灵活好用，控制套压在合理范围内。

（三）风险提示

（1）皮带轮运转方向前方不允许站人。

（2）要用手背检查减速箱箱体、电机温度，防止烫伤。

（3）录取压力时，应侧身操作，防止刺漏造成伤害。

三、检查电控箱

（一）工作内容

（1）检查控制箱。

（2）检查电缆。

（3）检查接线情况。

（4）检查安全标识。

（5）录取电流。

（二）工作标准

（1）电控箱应设置在皮带轮相反方向，电控箱安装位置与皮带轮旋转切线方向的夹角不小于45°，受井场条件限制的井不得小于30°，与井口直线距离应大于5m。箱内各元件无氧化、过热、打火花现象，无异味。

（2）井场内电缆一律用埋地电缆或 1/2in、3/4in 白铁管铠装埋入地下 30cm，电缆线接地紧固。

（3）接线紧固，无氧化、损伤、漏电现象，必须安装接地线，接线符合要求。

（4）安全标识齐全。

（5）电流过载值为正常运行电流的 1.2~1.5 倍。电流每天测 1 次，正常生产井每月应有 25 天以上的资料。电流波动范围超过 ±5%要查明原因。

（三）风险提示

（1）雨天操作时，带好防护用具，防止触电。

（2）用试电笔在门把手或没有上漆的地方验电，防止触电。

（3）接触带电设备应戴绝缘手套，防止触电。合、分空气开关应侧身操作，防止弧光伤人。

四、检查变压器

（一）工作内容

（1）检查变压器隔离开关。

（2）检查变压器油位。

（3）检查接地线。

（二）工作标准

（1）隔离开关无虚接打火花现象。

（2）油位在油标尺上、下指示线之间，油标尺处无渗漏。

（3）必须安装接地线，接线符合要求。

（三）风险提示

检查过程中要严格遵守安全操作规程，小心触电。

五、其他

（一）工作内容

（1）检查井号。

（2）检查井场。

（3）检查埋地管线。

（二）工作标准

（1）井号标志清晰，井号牌固定在电控箱门上。设备铭牌清晰。

(2) 井场面积为8m×12m，变压器场地面积为2m×2m，高出地面0.15m以上。场地四周有2m宽的安全防火带（井场外为耕地的井除外）。家属区、闹市区（距井50m以内）要有护栏。井场场地平整、无积水、无油污、无易燃物、无散失器材。

(3) 埋地管线无裸露、无渗漏。

(三) 风险提示

如发现埋地管线裸露或渗漏必须及时汇报处理。

六、收拾工具

(一) 工作内容

清洁操作现场。

(二) 工作标准

场地整洁干净。

第四节　注水井巡回检查

一、准备工作

(一) 工作内容

(1) 450mm管钳或F形扳手一把。

(2) 25MPa压力表一块。

(3) 压力表专用工具。

(4) 秒表、计算器。

(5) 记录本、笔、擦布。

(6) 穿戴好劳动保护用品。

(二) 工作标准

每班进行两次巡回检查。

(1) 压力表量程要选择合适，使测量压力值在压力表量程的1/3~2/3之间。

(2) 压力表校验合格。校验标准：指针归零、量程线清晰、铅封、螺栓齐全紧固、表盘完好，且在有效期内（正常情况下水井压力表每月校对1次，发现问题要及时校对。快速式取压及柱塞式压力表每月校对 1 次)。

（三）风险提示

正确穿戴劳动保护用品。

二、检查井口

（一）工作内容

（1）检查井口流程及设备。

（2）检查各部位紧固螺栓。

（3）检查水表。

（4）检查取压装置。

（二）工作标准

（1）流程正确。设备齐全完好，不渗、不漏、不松、不锈，阀门开关灵活。井口工艺流程按标识规范防腐。黄油嘴齐全见本色，有塑料套。

（2）各部位螺栓紧固。

（3）水表运转正常，干式计量水表每半年校对 1 次，使用其他新式仪表必须按技术要求定期标定。

（4）取压装置完好，能保证正常录取压力资料。

（三）风险提示

检查阀门时要侧身操作。

三、查看资料

（一）工作内容

（1）查看注水指示牌。

（2）根据配注计算瞬时水量。

（二）工作标准

计算瞬时水量依据公式：

（1）每分钟的瞬时水量 = 日注水量/1440。

（2）每小时的瞬时水量 = 日注水量/24。

四、录取压力

（一）工作内容

（1）安装压力表。

（2）用专用扳手上紧压力表。

（3）读取压力值并记录。

（二）工作标准

（1）压力表与接头对正，确认无偏扣后上紧，且使表盘要朝着方便观看的方向。

（2）读取压力值时要三点一线（眼睛、表针、刻度三点成一条直线）。

（3）正常情况下油压每天录取1次。下套管保护封隔器井和分层注水井每月录取1次套压，两次录取时间相隔不少于15天；异常井每天录取套压，连续录取一周。措施井开井一周内录取套压3次。

（三）风险提示

（1）注意侧身操作，防止高压水刺漏伤人。

（2）正确使用工具，防止伤人。

五、记录水表底数

（一）工作内容

（1）记录水表底数及检查时间。

（2）用秒表测量水表瞬时水量。

（3）检查注水情况（确定是否欠注、超注）。

（二）工作标准

（1）每天记录水表底数1次，计算日注水量。水表底数及检查时间要对应。

（2）瞬时水量读值要精确。

（3）全井日注水量不得超过波动范围：若日注水量不小于20m^3，则波动范围为±20%；若日注水量小于20m^3，则波动范围为±30%。

（4）在相同压力下，分层注水井日注水量与测试资料对比，笼统井日注水量与测试指示曲线对比。

六、调整水量

（一）工作内容

（1）如果欠注，需调大瞬时水量，缓慢开注水下流控制阀门。

（2）如果超注，需调小瞬时水量，缓慢关注水下流控制阀门。

（二）工作标准

（1）在允许压力范围内调整注水量，禁止顶、超破裂压力注水。

（2）日注水量=本班检查水表底数-上班检查水表底数。

（3）计算瞬时水量依据公式：

$$每分钟的瞬时水量=日注水量/1440$$

$$每小时的瞬时水量=日注水量/24$$

（4）操作要平稳。

（三）风险提示

（1）使用管钳时要开口向外，防止手轮打出伤人。

（2）开、关阀门要侧身操作，严禁手臂过丝杠。

七、记录

（一）工作内容

（1）记录调整后的瞬时水量。

（2）读取压力值并记录。

（二）工作标准

读取压力值时要三点一线（眼睛、表针、刻度三点成一条直线）。

八、卸表

（一）工作内容

（1）用专用扳手卸松压力表。

（2）卸压，卸下压力表。

（3）清理压力表接头。

（二）工作标准

取压后将压力表接头清理干净。

（三）风险提示

（1）要侧身操作，防止刺漏伤人。

（2）正确使用工具，防止伤人。

九、其他

（一）工作内容

（1）检查井号。

（2）检查井场。

（3）检查埋地管线。

（二）工作标准

（1）注水管线上标识井号，用黑体书写。设备铭牌清晰。

（2）单井口场地为3m×2m，单井配水间注水场地为7m×6m，井场高出地面0.15m。场地四周有2m宽的安全防火带（井场外为耕地的井除外）。井场场地平整、无积水、无油污、无易燃物、无散失器材。

（3）埋地管线无裸露、无渗漏。

（三）风险提示

如发现埋地管线裸露或渗漏必须及时汇报处理。

十、收拾工具

（一）工作内容

清洁操作现场。

（二）工作标准

场地整洁干净。

第五节　计量间巡回检查

一、准备工作

（一）工作内容

（1）450mm管钳或F形扳手一把。

（2）记录本、笔、擦布。

（3）穿戴好劳动保护用品。

（二）工作标准

每班进行两次巡回检查。

（三）风险提示

正确穿戴劳动保护用品。

二、检查值班室

（一）工作内容

（1）检查卫生。

（2）检查基础资料。

（3）检查配电箱及线路。

（二）工作标准

（1）值班室应保持清洁、整齐。

（2）应具备的基础资料有：三个制度、一图、四表、两项记录。①三个制度：采油工岗位责任制度、油水井管理工作运行制度、安全生产制度。②一图：计量间工艺流程图。③四表：单井配产配注表、井组油水井基础数据表、油水井班报表、量油测气换算表。④两项管理记录：岗位工作（练兵）记录本、巡回检查记录本。

（3）配电箱内各元件无氧化、过热、打火花现象，无异味。接线紧固，无氧化、损伤、漏电现象，必须安装接地线，接线符合要求（计量间无进户电源的除外）。

（三）风险提示

检查配电箱时，要严格执行安全操作规程，小心触电。

三、检查操作间

（一）工作内容

（1）检查卫生。

（2）检查流程及设备。

（3）检查压力表。

（4）检查掺水压力及回油温度。

（5）检查分离器量油玻璃管。

（6）检查安全阀。

（7）检查消防器材。

（8）检查安全标识。

（二）工作标准

（1）操作间应保持清洁、整齐。

（2）设备各部件紧固、润滑，保持不漏、不松、不缺、不损，灵活好用。工艺流程按标识规范防腐。黄油嘴齐全见本色，有塑料套。

（3）压力表每季度校对1次。压力值应在压力表量程的1/3~2/3之间。

（4）掺水压力正常，单井回油温度在合理范围内。

（5）玻璃管量油高度标示规范，玻璃管内壁清洁。

（6）安全阀灵活好用，并按规定校对。

（7）消防器材配备：8kg干粉灭火机4个，防火砂1m^3，防火桶2个，防火锹2把。消防器材按规定定期进行检查并实行挂牌管理。按设计要求进行通风。电器设施应防爆，至少安装一个可燃气体报警器并按标准检验。

（8）安全标识齐全。

（三）风险提示

如发现操作间泄漏要及时打开门窗通气，防止中毒。

四、其他

（一）工作内容

（1）检查站号。

（2）检查井场。

（3）检查埋地管线。

（二）工作标准

（1）计量间正面有站号标志，规格为60cm×35cm，采用白底黑框、黑字（或绿底白框、白字），用仿宋体书写，线宽2cm。按标准在单井回油管线及掺水管线上书写井号。

（2）场地面积为20m×25m，高出地面0.3m以上。场区平整清洁，四周有2m宽的防火带。场地平整、无积水、无油污、无易燃物、无散失器材。

（3）埋地管线无裸露、无渗漏。

（三）风险提示

如发现埋地管线裸露或渗漏必须及时汇报处理。

五、收拾工具

（一）工作内容

清洁操作现场。

（二）工作标准

场地整洁干净。

第六节　抽油机井启、停机

一、准备工作

（一）工作内容

（1）450mm 管钳或 F 形扳手一把。

（2）压力表一块。

（3）电流表一块。

（4）低压试电笔一支，绝缘手套一副。

（5）记录本、笔、擦布。

（6）穿戴好劳动保护用品。

（二）工作标准

（1）选择合适量程的压力表，使测量压力值在压力表量程的1/3~2/3之间。

（2）压力表校验合格，并在有效期内。

（3）钳型电流表校验合格。钳型电流表校验标准：钳口完好；有校验标签，且在有效期内。

（三）风险提示

正确穿戴劳动保护用品。

二、启机前检查

（一）工作内容

（1）检查井口流程及设备状况。

（2）检查抽油机各连接部位、润滑部位。

（3）检查刹车。

（4）检查皮带松紧度。

（5）检查电器设备。

（二）工作标准

（1）井口流程正确，井口零部件齐全完好、满足要求。

（2）抽油机各连接部位紧固牢靠，各润滑部位润滑良好。

（3）刹车行程在总行程的1/3~2/3之间。

（4）皮带松紧度应合格，可采用下压法（联组皮带用手掌下压一指，松开后即复位为合格）或翻转法（单根皮带翻转180°，松手后即恢复原状为合格）检查。

（三）风险提示

（1）使用管钳应开口向外，开关阀门应侧身操作，严禁手臂过丝杠。

（2）用试电笔在门把手或没有漆的地方验电，防止触电。

（3）检查电器设备应戴绝缘手套，防止触电。

三、启机

（一）工作内容

（1）检查抽油机周围有无障碍物。

（2）松刹车。

（3）合空气开关。

（4）按启动按钮启机。

（5）将自启开关拨到自动位置。

（二）工作标准

（1）确认抽油机周围无障碍物。

（2）当曲柄静止时，要利用惯性二次启机（当曲柄摆动方向与抽油机运转方向一致时，再次启动抽油机），防止损坏电气设备。

（三）风险提示

（1）接触带电设备时应戴绝缘手套，防止触电。

（2）合空气开关时必须侧身操作，防止弧光伤人。

四、启机后检查

（一）工作内容

（1）听井下有无刮碰声音。

（2）检查密封盒压帽松紧度。

（3）调整掺水量。

（4）按巡回检查点检查抽油机各部位运行情况。

（5）测试运行电流。

（6）录取油压、套压。

（二）工作标准

（1）密封盒压帽松紧合适，光杆不发热、不漏气、不带油。

（2）回油温度控制在合理范围内。

（三）风险提示

（1）检查时距抽油机运转设备 0.8m 以上，防止机械伤害。

（2）检查光杆温度时应用手背在上行程时触摸光杆，禁止手抓光杆，防止伤手。

（3）测试电流过程中，应平稳操作，远离电器设备裸露部位，防止触电。

五、停机

（一）工作内容

（1）用试电笔检查控制箱是否漏电。

（2）将自启开关拨到手动位置。

（3）按停止按钮。

（4）拉刹车使抽油机停在规定位置。

（5）断开空气开关。

（二）工作标准

（1）出砂严重的井驴头停在上死点。

（2）脱气、结蜡、油稠严重的井，驴头停在下死点。

（3）一般驴头停在上冲程的 1/3~1/2 处。

（4）可根据操作项目要求，将驴头停在合适位置。

（三）风险提示

（1）用试电笔在门把手或没有上漆的地方验电，防止触电。

（2）接触带电设备时应戴绝缘手套，防止触电。分空气开关时必须侧身操作，防止弧光伤人。

（3）刹紧刹车牙块必须卡入牙槽内锁死，防止机械伤人。

六、停机后检查

（一）工作内容

（1）检查井口流程。

（2）调整掺水量。

（二）工作标准

（1）井口流程完整，无渗漏现象。

（2）短时间停机，将掺水阀调整到合适位置（冬季停抽时间长时，应关闭井口及套管阀门，再进行扫线）。

（三）风险提示

对长期关井的井必须进行扫线，防止管线堵塞。

七、清理现场

（一）工作内容

清洁操作现场。

（二）工作标准

场地整洁干净。

第七节　螺杆泵井启、停机

一、准备工作

（一）工作内容

（1）压力表一块。

（2）250mm 活动扳手一把。

（3）专用扳手一套。

（4）低压试电笔一支，绝缘手套一副。

（5）记录本、笔。

（6）穿戴好劳动保护用品。

（二）工作标准

（1）压力表量程要选择合适，使测量压力值在压力表量程的1/3~2/3之间。

（2）压力表应校验合格，且在有效期内。

（三）风险提示

正确穿戴劳动保护用品。

二、启机前检查

（一）工作内容

（1）检查井口流程、各部位螺栓紧固情况。

（2）检查减速箱的油位及油质。

（3）检查皮带和密封盒压帽的松紧度。

（4）检查安全防护。

（5）检查电器设备，设置过载保护值。

（6）检查电机的正反转。

（7）检查驱动装置防反转机构。

（二）工作标准

（1）井口稳定，流程正确。设备齐全完好，不渗、不漏、不松、不锈，阀门各部位螺栓紧固。

（2）减速箱油位应在看窗的1/2~2/3之间。

（3）密封盒压帽的松紧度合适。皮带无破损、松紧适度。电机轮与减速箱轮四点一线。

（4）安全防护罩、防护网完好无损，安全警语清晰。

（5）过载保护电流值按正常运转电流的1.2~1.5倍设置。

（6）检查电机正反转时要先卸载。

（7）对驱动装置的防反转机构进行检查，确保防反转机构工作可靠。

（三）风险提示

（1）应在控制箱无漆的部位验电，防止触电。

（2）接触带电设备时应戴绝缘手套，防止触电。合空气开关时应侧身操作，防止弧光伤人。

（3）检查前应将杆柱反扭矩释放掉。

三、启机

（一）工作内容

（1）合空气开关。

（2）按启动按钮，启动螺杆泵。

（二）工作标准

接触带电设备时应戴绝缘手套。合空气开关时必须侧身操作。

（三）风险提示

（1）启机时所有人员应撤离到皮带轮旋转切线方向45°以外且距离井口5m以上的安全区域。

（2）合空气开关时要带戴绝缘手套并且侧身操作，防止弧光伤人。

四、启机后检查

（一）工作内容

（1）听减速箱运转声音。

（2）观察运行电流。

（3）检查密封盒渗漏情况。

（4）检查减速箱箱体、电机温度。

（5）录取油压、套压。

（6）听出油声音是否正常。

（7）调整掺水量。

（二）工作标准

（1）减速箱如有异常声音，要停机检查，找出原因，及时处理。

（2）减速箱箱体温度应不大于45℃。电机壳温度应小于60℃。

（3）若电流过大，要停机查明原因，整改之后方可再次启动。

（4）调节掺水量，控制回油温度在合理范围之内。

（三）风险提示

（1）检查时应距运转设备0. 8m以上，防止机械伤害。

（2）检查防反转装置是否正常。

五、停机

（一）工作内容

（1）停机前检查防反转释放螺栓。

（2）用试电笔检查控制箱是否漏电。

（3）停机前检查电流或扭矩等工作参数。

（4）按停止按钮。

（5）断开空气开关。

（6）调节掺水量。

（二）工作标准

（1）防反转释放螺栓应紧固。

（2）如果发现电流或扭矩过大，应停止停机操作，及时上报，由专业技术人员解决。

（3）回油温度应控制在合理范围内。

（4）若长期停泵，应将生产阀门、套管阀门关死，再进行扫线。

（5）对于异常状况停机井，应分析停机原因并挂牌警示，待问题处理完后方可进行后续操作。

（三）风险提示

（1）停机时所有人员应撤离到皮带轮旋转切线方向 45°以外，且距离井口 5m 以上的安全区域。停机时应密切观察光杆转向，若发现光杆倒转，应立即下蹲做好自我防护，并及时上报，由专业技术人员解决。

（2）接触带电设备时应戴绝缘手套，防止触电。分空气开关时应侧身操作，防止弧光伤人。

六、收拾工具

（一）工作内容

清洁操作现场。

（二）工作标准

场地整洁干净。

第八节　计量间玻璃管量油

一、准备工作

（一）工作内容

（1）计时秒表一块。

（2）450mm 管钳或 F 形扳手一把。

（3）记录本、笔、计算器。

（4）穿戴好劳动保护用品。

（二）工作标准

计时秒表要符合要求。

（三）风险提示

正确穿戴劳动保护用品。

二、停掺

（一）工作内容

关严计量单井掺水阀门。

（二）工作标准

（1）阀门关严后用管钳关紧。

（2）停止掺水 10~15min。

（三）风险提示

使用管钳时开口应向外，关阀门要侧身操作，严禁手臂过丝杠。

三、倒量油流程

（一）工作内容

（1）确认气平衡阀门是否开大。

（2）关严其他进分离器的井的阀门。

（3）开计量单井进分离器的阀门，关严计量单井进汇管的阀门。

（4）缓慢开分离器玻璃管上、下流控制阀门。

（5）关严分离器出油阀门。

（二）工作标准

如果玻璃管内有油污和堵塞物时，须先洗净油污、处理堵塞后再进行量油。

（三）风险提示

（1）使用管钳时开口应向外，开、关阀门时要侧身操作，严禁手臂过丝杠。

（2）先开分离器玻璃管上流控制阀门，再开下流控制阀门，顺序不能错，防止憋压造成刺漏伤人。

四、量油

（一）工作内容

（1）当玻璃管内液位上升到下标线的上平面时，记录计量开始时间；当液位上升到上标线的下平面时，记录计量终止时间。

（2）开大分离器出油阀门，使分离器内液面下降到下标线以下。

（3）重复计量三次，取平均值。

（二）工作标准

（1）若分离器直径为 ϕ600mm，则玻璃管量油高度为 40cm；若分离器直径为 ϕ800mm，则玻璃管量油高度为 50cm；若分离器直径为 ϕ1000mm 或者 ϕ1200mm，则玻璃管量油高度为 30cm。

（2）对于单井日产液量 20t 以下的井，每月量油 2 次，两次量油间隔不少于 10 天，每次量油 1 遍；对于单井产液量 20t 以上的井，每 10 天量油 1 次，每月必须有 3 次量油，每次量油至少 3 遍，取平均值。

（3）措施井开井后应加密量油，对于日产液量低于 10t 的井，每月量油 1 次；对于日产液量高于 10t 但低于 20t 的井，一周内量油次数不少于 3 次；对于日产液量高于 20t 的井，一周内量油次数不少于 5 次。

（4）量油观察过程中，视线、液面、量油标线应在同一水平面上。

（三）风险提示

（1）量油操作过程要平稳，防止操作失误损坏玻璃管。

（2）开分离器出油阀门排液时，要确认分离器内液体已排出。

五、恢复生产流程

（一）工作内容

（1）完成计量后，玻璃管内液位下降到下标线以下后，依次关严玻璃管下流、上流控制阀门。

（2）先开单井进汇管阀门，再关单井进分离器阀门。

（3）打开计量单井掺水阀门。

（二）工作标准

（1）完成计量后，要先关严玻璃管下流控制阀门，再关严玻璃管上流控制阀门。

（2）阀门完全开大后应返回半圈。

（三）风险提示

使用管钳时应开口向外，开、关阀门要侧身操作，严禁手臂过丝杠。

六、填写报表

（一）工作内容

计算单井日产液量，填写报表。

（二）工作标准

（1）根据分离器直径、量油时间计算单井日产液量，计算公式为：

$$日产液量=分离器常数/平均量油时间$$

注：直径 ϕ600mm 的分离器，其分离器常数为 9780。

（2）日产液量计量的正常波动范围：日产液量不小于 100t 的油井为±5%；日产液量 50～99t 的油井为±10%；日产液量 5～49t 的油井为±20%；日产液量小于 5t 的油井为±30%。若日产液量超过正常波动范围则必须复量验证。

（三）风险提示

严禁在阀组间内填写报表，防止油气泄漏导致中毒。

七、收拾工具

（一）工作内容

清洁操作现场。

（二）工作标准

场地整洁干净。

第九节　抽油机井开井

一、准备工作

（一）工作内容

（1）450mm 管钳一把或 F 形扳手一把。

（2）压力表一块。

（3）200mm、300mm 活动扳手各一把。

（4）低压试电笔一支，绝缘手套一副。

（5）500A 钳型电流表一块。

（6）记录本、笔、擦布。

（7）穿戴好劳动保护用品。

（二）工作标准

（1）选择量程合适的压力表，使测量压力值在压力表量程的 1/3~2/3 之间。

（2）压力表校验合格，并在有效期内。

（三）风险提示

正确穿戴劳动保护用品。

二、检查

（一）工作内容

（1）检查计量间流程及设备完好状况。

（2）检查井口流程及设备完好状况。

（3）检查井场。

（二）工作标准

（1）检查并确认计量间、井口流程正常，井口零部件齐全完好、满足要求。

（2）检查井场周围环境，确保安全。

（三）风险提示

开井前要彻底消除井场周围的明火，防止发生火灾。

三、倒流程

（一）工作内容

（1）打开计量间单井来油阀。

（2）依次打开井口回油阀门、生产阀门。

（3）关闭井口套管放空阀门。

（4）打开井口套管阀门。

（5）打开井口套管定压放气阀。

（6）打开井口总来水阀与掺水阀，冲管线。

（二）工作标准

（1）阀门关严后用管钳关紧，阀门完全开大后回半圈。

（2）调整掺水阀至合适位置，防止掺水控制不当造成系统压力不稳定。

（三）风险提示

（1）要严格按操作规程倒流程，防止集油系统憋压发生泄漏。

（2）使用管钳应开口向外，开、关阀门要侧身操作，严禁手臂过丝杠。

四、启机前检查

（一）工作内容

（1）检查抽油机各连接部位、润滑部位。

（2）检查刹车。

（3）检查皮带松紧度。

（4）检查电器设备。

（二）工作标准

（1）各连接部位紧固牢靠，各润滑部位润滑良好。

（2）刹车行程在总行程的1/3~2/3之间。

（3）皮带松紧度应合格，可采用下压法（联组皮带用手掌下压一指，松开后即复位为合格）或翻转法（单根皮带翻转180°，松手后即恢复原状为合格）检查。

（三）风险提示

（1）使用管钳应开口向外，开关阀门要侧身操作，严禁手臂过丝杠。

（2）用试电笔在门把手或没有漆的地方验电，防止触电。

（3）检查电器设备应戴绝缘手套，防止触电。

五、启机

（一）工作内容

（1）检查抽油机周围有无障碍物。

（2）松刹车。

（3）合空气开关。

（4）按启动按钮启机。

（5）将自启开关拨到自动位置。

（二）工作标准

当曲柄静止时，要利用惯性二次启机（当曲柄摆动方向与抽油机运转方向一致时，再次启动抽油机），防止损坏电气设备。

（三）风险提示

（1）接触带电设备时应戴绝缘手套，防止触电。

（2）合空气开关时要侧身操作，防止弧光伤人。

六、启机后检查

（一）工作内容

（1）检查井口设备完好情况。

（2）听井下有无刮碰声音。

（3）检查密封盒压帽松紧度。

（4）调整掺水量。

（5）检查抽油机各部位运行情况。

（二）工作标准

（1）井口设备无刺漏现象。

（2）密封盒压帽松紧合适，光杆不发热、不漏气、不带油。

（3）回油温度控制在35~38℃之间，特殊井特殊对待。

（三）风险提示

（1）检查时要距离抽油机运转设备0.8m以上，防止机械伤害。

（2）检查光杆温度时应用手背在光杆上行程时触摸光杆，禁止手抓光杆，防止伤手。

七、录取压力

（一）工作内容

（1）安装压力表，录取油压、套压。

（2）读取压力值，并记录。

（二）工作标准

（1）压力表与接头对正，确认无偏扣后上紧，且使表盘要朝着方便观测的方向。

（2）读取压力值时要三点一线（眼睛、表针、刻度三点成一条直线）。

（三）风险提示

（1）要侧身操作，防止刺漏伤人。

（2）正确使用工具，防止滑脱伤人。

八、测电流

（一）工作内容

（1）用试电笔检查控制箱是否漏电。

（2）将调节旋钮调至交流电流挡位，将被测导线垂直卡入表钳中央。

（3）读取上、下冲程过程中电流峰值并记录。

（二）工作标准

（1）应从最大挡位起选择电流表挡位，每次换挡时电流表必须脱离导线。

（2）选择合适挡位，使测量值位于电流表量程的 1/3～2/3 之间。

（3）电流值必须取上、下冲程中的最大峰值。

（4）读值时，眼睛、指针、刻度三点成一条垂直于表盘的直线。

（5）依据以上测量方法，分别测取另外两条导线的电流。

（6）三相电流不平衡度应小于±10%。

（三）风险提示

（1）雨天操作时，应带好防护用具，防止触电。

（2）开控制箱门前，用试电笔检查控制箱，确认无电后方可进行测量工作，防止触电。

（3）测量过程中，应平稳操作，不能接触电器设备裸露部位，防止触电。

九、清理场地

（一）工作内容

清洁操作现场。

（二）工作标准

场地整洁干净。

第十节　抽油机井热洗

一、准备工作

（一）工作内容

（1）井口专用工具或450mm管钳一把。

（2）4.0MPa压力表一块。

（3）钳型电流表一块。

（4）记录本、笔、擦布。

（5）穿戴好劳动保护用品。

（二）工作标准

（1）选择量程合适的压力表，使测量压力值在压力表量程的1/3~2/3之间。

（2）压力表校验合格，且在有效期内。

（三）风险提示

正确穿戴劳动保护用品。

二、检查

（一）工作内容

（1）确认计量间、井口流程及集输参数能满足热洗要求。

（2）确认热洗井号和热洗时间。

（3）检查井场环境，录取油压、套压、电流数据。

（4）提前与泵站联系，让泵站提高洗井液温度。

（二）工作标准

（1）检查并确认计量间、井口流程正常，井口零部件齐全完好、满足要求。

（2）检查井场周围环境，确保安全。

（3）确认泵站将洗井液提温至 75℃ 以上，压力满足洗井要求。

（三）风险提示

（1）套压高的井洗井前要降低套管压力。

（2）禁止对外排放套管气，防止发生火灾及污染环境。

三、倒洗井流程

（一）工作内容

（1）关计量间单井掺水阀门。

（2）开计量间单井热洗阀门。

（3）开井口直通阀门，冲洗地面管线。

（4）关闭掺水阀，冬季不能关死。

（5）检查开大套管生产阀门。

（二）工作标准

（1）冲洗地面管线，排出管线内的低温掺水液。

（2）夏季关闭掺水阀，冬季调小掺水阀。

（3）套管压力要低于热洗压力 0.3MPa 以上才能洗井。

（三）风险提示

使用管钳时应开口向外，开、关阀门要侧身操作，严禁手臂过丝杠。

四、洗井

（一）工作内容

（1）当井口温度达到 75℃以上时，关闭井口直通阀门和油套连通阀门，缓慢打开热洗阀门洗井。

（2）按从小到大到中逐步控制洗井排量。

（3）分别测取不同阶段的电流并记录。

（4）分别记录不同阶段的热洗压力、热洗温度、回油温度。

（二）工作标准

（1）分别记录不同阶段的热洗压力、热洗温度、回油温度。

（2）井口回油温度达到60℃以上就进入排蜡阶段，可放大排量至20m^3/h洗井30min。

（3）当电流明显下降且趋向平衡就进入巩固阶段，用中排量15m^3/h洗井1h。

（4）热洗结束时电流下降。

（三）风险提示

（1）使用管钳时应开口向外，开、关阀门要侧身操作，严禁手臂过丝杠。

（2）洗井初期，在确保油井洗通之前，人不要离开井口，防止发生卡泵事故。

（3）洗井初期，进水量过大容易导致油管内结蜡突然脱落，造成卡泵。

（4）洗井过程中不得停抽，必须停抽时应停止热洗操作。

五、恢复生产流程

（一）工作内容

（1）通知泵站降低洗井液温度，并停泵。

（2）打开并调节掺水阀。

（3）关严热洗阀门。

（4）开油套连通阀门。

（5）关计量间单井热洗阀门。

（6）开计量间单井掺水阀门。

（二）工作标准

（1）调节掺水阀，将温度控制在合理范围内。

（2）阀门关严后用管钳关紧。

（三）风险提示

（1）降火停泵后才能倒流程，防止中转站憋泵或造成管线穿孔。

（2）使用管钳时应开口向外，开、关阀门要侧身操作，严禁手臂过丝杠。

六、录取资料

（一）工作内容

（1）测电流。

（2）录取油压、套压。

（3）记录回油温度。

（二）工作标准

（1）电流恢复到正常值。

（2）套压归零。

（3）热洗出口回油温度不应低于60℃，并保持40min以上。

（三）风险提示

（1）测量过程中要平稳操作，不能接触电器设备裸露部位，防止触电。

（2）录取压力要侧身操作，防止刺漏伤人。

七、清理场地

（一）工作内容

清洁操作现场。

（二）工作标准

场地整洁干净。

第十一节　螺杆泵井热洗

一、准备工作

（一）工作内容

（1）井口专用工具或450mm管钳一把。

（2）4.0MPa压力表一块。

（3）记录本、笔、擦布。

（4）穿戴好劳动保护用品。

（二）工作标准

（1）选择量程合适的压力表，使测量压力值在压力表量程的1/3～2/3之间。

（2）压力表校验合格，且在有效期内。

（三）风险提示

正确穿戴劳动保护用品。

二、检查

（一）工作内容

（1）确认计量间、井口流程及集输参数能够满足热洗要求。

（2）确认热洗井号和热洗时间。

（3）核实井下管柱结构。

（4）检查井场环境，录取油压、套压、电流数据。

（5）提前与泵站联系提火。

（二）工作标准

（1）检查并确认计量间、井口流程正常，井口零部件齐全完好、满足要求。

（2）空心转子螺杆泵在空心转子上部结蜡点下安装洗井阀。

（3）检查井场周围环境，确保安全。

（4）确认泵站提温至75℃以上，压力满足洗井要求。

（三）风险提示

（1）套压高的井洗井前要降低套管压力。

（2）禁止对外排放套管气，防止发生火灾及污染环境。

三、倒洗井流程

（一）工作内容

（1）关计量间单井掺水阀门。

（2）开计量间单井热洗阀门。

（3）开井口直通阀门，冲洗地面管线。

（4）关闭井口掺水阀。冬季不能关死井口掺水阀，调小掺水阀即可。

（5）检查开大套管生产阀门。

（二）工作标准

（1）冲洗地面管线，排出管线内的低温掺水液。

（2）夏季关闭掺水阀，冬季调小掺水阀。

（3）套管压力要低于热洗压力 0.3MPa 以上才能洗井。

（4）GLB500 型以下和需动杆柱的螺杆泵井热洗，应配备吊车。

（三）风险提示

使用管钳时应开口向外，开、关阀门要侧身操作，严禁手臂过丝杠。

四、洗井

（一）工作内容

（1）当井口来水温度达到 75℃以上时，关闭井口直通阀门和油套连通阀门，缓慢打开热洗阀门洗井。

（2）按从小到大再到中逐步控制洗井排量。

（3）分别测取不同阶段的电流并记录。

（4）分别记录不同阶段的热洗压力、热洗温度、回油温度。

（二）工作标准

（1）洗井初期，控制洗井排量在 $10m^3/h$ 左右，洗井 1h。

（2）井口回油温度达到 60℃以上时进入排蜡阶段，可放大排量至 $20m^3/h$，洗井 30min。

（3）当电流明显下降且趋向平稳时进入巩固阶段，用中排量 $15m^3/h$ 洗井 1h。

（4）热洗出口回油温度不应低于 60℃，并稳定 40min 以上。

（5）热洗结束时电流下降。

（三）风险提示

（1）使用管钳时应开口向外，开、关阀门要侧身操作，严禁手臂过丝杠。

（2）洗井初期，在确保油井洗通之前，人不要离开井口，防止发生卡泵事故。

（3）洗井初期，进水量过大，容易导致油管内结蜡突然脱落，造成卡泵。

（4）洗井过程中不得停抽，必须停抽时，要停止热洗操作。

五、恢复生产流程

（一）工作内容

（1）通知泵站降低洗井液温度，停泵。

（2）打开并调节掺水阀。

（3）关严热洗阀门。

（4）开油套连通阀门。

（5）关计量间单井热洗阀门。

（6）开计量间单井掺水阀门。

（二）工作标准

（1）调节掺水阀，温度控制在合理范围内。

（2）阀门关严后用管钳关紧。

（三）风险提示

（1）停泵后才能倒流程，防止中转站憋泵或造成管线穿孔。

（2）使用管钳时应开口向外，开、关阀门要侧身操作，严禁手臂过丝杠。

六、录取资料

（一）工作内容

（1）测电流。

（2）录取油压、套压。

（3）记录回油温度。

（二）工作标准

（1）电流恢复到正常值。

（2）套压归零。

（三）风险提示

（1）测量电流要平稳操作，防止触电。

（2）录取压力要侧身操作，防止刺漏伤人。

七、清理场地

（一）工作内容

清洁操作现场。

（二）工作标准

场地整洁干净。

第十二节　电泵井调整油嘴

一、准备工作

（一）工作内容

（1）375mm 活动扳手一把。

（2）记录本、笔、擦布。

（3）核实原油嘴的直径。

（4）穿戴好劳动保护用品。

（二）工作标准

掌握调整前油嘴的直径尺寸。

（三）风险提示

正确穿戴劳动保护用品。

二、检查

（一）工作内容

（1）核实生产状态，确定生产流程。

（2）记录原油嘴生产时的油压、套压。

（二）工作标准

（1）确定生产状态正常，生产流程正确。

（2）读取压力值时要三点一线（眼睛、表针、刻度三点成一条垂直于表盘的直线）。

（三）风险提示

录取压力时要正确使用工具，防止伤人。

三、调换油嘴

（一）工作内容

（1）调整油嘴。

（2）观察并核实调整是否达到要求。

（3）调整掺水量。

（二）工作标准

（1）扩大油嘴直径：用扳手沿逆时针方向转动调节装置。

（2）缩小油嘴直径：用扳手沿顺时针方向转动调节装置。

（3）调整油嘴后要合理调节掺水量，控制回油温度在规定范围内。

（三）风险提示

正确使用工具，防止伤人。

四、录取资料

（一）工作内容

（1）记录调整油嘴的时间。

（2）记录调整油嘴后的油压、套压值。

（二）工作标准

读取压力值时要三点一线（眼睛、表针、刻度三点成一条垂直于表盘的直线）。

（三）风险提示

录取压力时要正确使用工具，防止伤人。

五、收拾工具

（一）工作内容

清洁操作现场。

（二）工作标准

场地整洁干净。

第十三节　注水井倒正注

一、准备工作

（一）工作内容

（1）450mm 管钳或 F 形扳手一把。

（2）记录本、笔、计算器、秒表。

（3）擦布、25MPa 压力表一块。

（4）压力表专用工具。

（5）穿戴好劳动保护用品。

（二）工作标准

（1）要选择量程合适的压力表，使测量压力值在压力表量程的 1/3~2/3 之间。

（2）压力表校验合格，且在有效期内。

（三）风险提示

正确穿戴劳动保护用品。

二、检查流程

（一）工作内容

检查井口流程状态及设备完好情况。

（二）工作标准

（1）确认井口流程为反洗井流程状态。

（2）井口设备如有缺损、松动、渗漏现象应及时处理。

（三）风险提示

认真检查流程及设备完好状况，防止操作过程中高压水从设备缺陷处刺出伤人。

三、倒流程

（一）工作内容

（1）关水表下流控制阀门。

（2）关洗井放空阀门。

（3）开大井口生产阀门。

（4）确认注水总阀门完全打开。

（5）关套管洗井阀门。

（6）开水表下流控制阀门。

（二）工作标准

（1）阀门关严后用管钳关紧。

（2）阀门完全开大后回半圈。

（三）风险提示

使用管钳时，要注意管钳开口向外，开、关阀门要侧身操作，严禁手臂过丝杠。

四、调整注水量

（一）工作内容

（1）根据配注计算瞬时水量。

（2）用水表下流控制阀门调整注水量。

（3）录取泵压、油压和套压。

（二）工作标准

（1）在压力允许范围内控制注水量，禁止顶、超破裂压力注水。

（2）计算瞬时水量，根据公式：

每分钟的瞬时水量＝日注水量/1440

每小时的瞬时水量＝日注水量/24

（3）待注水稳定后，再录取泵压、油压和套压。

（三）风险提示

（1）使用管钳时，要注意管钳开口向外，开、关阀门要侧身操作，严禁手臂过丝杠。

（2）录取压力时要正确使用工具，防止伤人。

五、收拾工具

（一）工作内容

清洁操作现场。

（二）工作标准

场地整洁干净。

第十四节　注水井反洗井

一、准备工作

（一）工作内容

（1）375mm 活动扳手两把。

（2）3. 75kg 大锤一把。

（3）450mm 管钳或 F 形扳手一把。

（4）卡箍头一只，卡箍一副。

（5）洗井专用管线一根，20m^3 水罐车两台。

（6）黄油、擦布。

（7）记录纸、笔、计算器、秒表。

（8）穿戴好劳动保护用品。

（二）工作标准

根据管柱和注水方式确定合适的洗井方案。

（三）风险提示

正确穿戴劳动保护用品。

二、检查流程

（一）工作内容

（1）检查井口流程及设备。

（2）接好洗井管线。

（二）工作标准

井口流程正确。设备齐全完好，保持不渗、不漏、不松、不锈，阀门开关灵活。

（三）风险提示

认真检查流程及设备完好状况，防止操作过程中高压水从设备缺陷处刺出伤人。

三、油管降压

（一）工作内容

（1）关水表下流控制阀门，降压。

（2）记录关井时间、水表底数。

（3）把洗井管线出水口插入水罐车进水口。

（4）开洗井放空阀门吐水。

（二）工作标准

（1）阀门关严后用管钳关紧。

（2）关井降压30min后，开放空阀门吐水。

（3）吐水排量接近$9m^3/h$，吐水时间10min，吐水过程中要防止污染环境。

（三）风险提示

使用管钳应开口向外，开、关阀门要侧身操作，严禁手臂过丝杠。

四、洗井

（一）工作内容

（1）开大洗井放空阀门。

（2）开大总阀门。

（3）开套管洗井阀门。

（4）关井口生产阀门。

（5）打开水表下流控制阀门。

（6）从小到大缓慢增加洗井排量。

（7）分别记录三个阶段的洗井时间、水表底数。

（二）工作标准

（1）出口排量要逐渐增大，防止油层吐砂。

（2）阀门关严后用管钳关紧。

（3）洗井排量由小到大缓慢增加：首先采用 $15m^3/h$ 的排量，洗 1~2h；然后采用 $20m^3/h$ 的排量，洗 1h；最后采用 $25m^3/h$ 的排量，洗 2h。

（4）在洗井时，出口排量要大于进口排量 $1\sim3m^3/h$。

（5）洗井水质达到进出口一致为合格。

（6）洗井过程中要用两台水罐车，将排出污水倒到指定地方，防止污染环境。

（三）风险提示

使用管钳应开口向外，开、关阀门要侧身操作，严禁手臂过丝杠。

五、恢复注水流程

（一）工作内容

（1）关水表下流控制阀门。

（2）关严洗井放空阀门。

（3）开大井口生产阀门。

（4）关严套管洗井阀门。

（5）开水表下流控制阀门。

（6）记录水量底数、开井时间。

（二）工作标准

（1）阀门关严后用管钳关紧。

（2）阀门完全开大后要回半圈。

（三）风险提示

使用管钳应开口向外，开、关阀门要侧身操作，严禁手臂过丝杠。

六、调整注水量

（一）工作内容

（1）根据配注计算瞬时水量。

（2）调整注水量和压力。

（二）工作标准

（1）在压力允许范围内控制注水量，禁止顶、超破裂压力注水。

（2）计算瞬时水量，根据公式：

每分钟的瞬时水量 = 日注水量/1440

每小时的瞬时水量 = 日注水量/24

（三）风险提示

使用管钳应开口向外，开、关阀门要侧身操作，严禁手臂过丝杠。

七、收拾工具

（一）工作内容

清洁操作现场。

（二）工作标准

场地整洁干净。

第十五节　计量间更换量油玻璃管

一、准备工作

（一）工作内容

（1）200mm 三角锉刀一把。

（2）125mm 平口螺丝刀一把。

（3）300mm、375mm 活动扳手各一把。

（4）钢卷尺一把。

（5）同直径玻璃管一根。

（6）放空桶一个。

（7）红色手工纸一条、黄油。

（8）O 形密封圈或石棉绳若干。

（9）穿戴好劳动保护用品。

（二）工作标准

检查玻璃管是否壁厚均匀、无裂痕。

（三）风险提示

正确穿戴劳动保护用品。

二、倒流程

（一）工作内容

（1）检查更换量油玻璃管流程。

（2）关玻璃管下流、上流控制阀门。

（3）放空、泄压。

（二）工作标准

（1）更换量油玻璃管流程正确，设备无刺漏损坏，控制阀门开关灵活。

（2）要用放空桶放空泄压，防止污染。

（三）风险提示

（1）先关下流控制阀门，再关上流控制阀门，顺序不能错，防止憋压造成玻璃管爆裂伤人。

（2）严禁带压操作。

三、取旧玻璃管

（一）工作内容

（1）卸掉玻璃管上流控制阀门堵头。

（2）卸松玻璃管上、下压帽，取出格兰。

（3）取出旧填料。

(4) 取出旧玻璃管。

(5) 清理玻璃管密封段。

(二) 工作标准

旧填料要清理干净。

(三) 风险提示

正确使用扳手，缓慢平稳操作，防止扳手击碎玻璃管伤手。

四、割玻璃管

(一) 工作内容

(1) 用钢卷尺量取所需玻璃管长度，做好标记。

(2) 用三角锉刀割玻璃管。

(二) 工作标准

玻璃管断口平齐无裂痕。

(三) 风险提示

割玻璃管要规范操作，防止伤手。

五、装新玻璃管

(一) 工作内容

(1) 按顺序将格兰、压帽穿在玻璃管上。

(2) 将玻璃管装入密封槽内。

(3) 在密封段内加好填料。

(4) 扶正格兰，上紧压帽。

(5) 上紧玻璃管上流控制阀门堵头。

(二) 工作标准

(1) 玻璃管下端压帽、格兰开口应向下，玻璃管上端压帽、格兰开口应向上。

(2) 顺时针缠绕涂有黄油的石棉绳，每一圈都要压紧、压平。

(3) 填料要加均匀，使玻璃管居中，确保玻璃管上、下密封段同心。

(4) 交替拧紧上、下压帽，用力要均匀，压帽松紧要合适。

(三) 风险提示

(1) 填料要加均匀，使玻璃管居中，防止挤碎玻璃管伤人。

（2）正确使用扳手，缓慢平稳操作，防止扳手击碎玻璃管伤手。

六、试压

（一）工作内容

（1）关放空阀。

（2）稍开量油玻璃管上流控制阀门试压。

（3）检查是否渗漏。

（4）开量油玻璃管下流控制阀门。

（二）工作标准

压力稳定后用听、看、摸的方法检查渗漏。

（三）风险提示

试压时，缓慢开玻璃管上流控制阀门，防止玻璃管密封不严刺漏伤人。

七、贴标线

（一）工作内容

按要求贴好量油高度标线。

（二）工作标准

（1）标线宽度为 2.0mm。

（2）标定高度误差不超过±1mm；ϕ600mm 分离器标定量油高度为 400mm。

（三）风险提示

操作要平稳，防止玻璃管破碎伤人。

八、收拾工具

（一）工作内容

清洁操作现场。

（二）工作标准

场地整洁干净。

第十六节　计量间冲洗计量分离器

一、准备工作

（一）工作内容

（1）450mm 管钳一把或 F 形扳手一把。

（2）排污管线一根，20m^3 水罐车一台。

（3）擦布。

（4）穿戴好劳动保护用品。

（二）工作标准

水罐车运输排出物，防止污染环境。

（三）风险提示

正确穿戴劳动保护用品。

二、倒冲洗流程

（一）工作内容

（1）检查流程。

（2）接排污管线，排污管线出口放到水罐车进口。

（3）开计量单井进分离器阀门，关严计量单井进汇管阀门。

（4）关分离器出口阀门。

（5）关分离器气平衡阀门进行憋压。

（二）工作标准

（1）流程正确，设备保持不渗、不漏，管线畅通，各阀门灵活好用。

（2）选择离计量间较近且含水较高的井进行冲洗。

（三）风险提示

必须关闭玻璃管上、下流控制阀门，防止憋爆玻璃管伤人。

三、冲洗

（一）工作内容

（1）观察压力值。

（2）迅速打开排污阀，泄压。

（3）关上排污阀，憋压。

（4）打开排污阀，泄压。

（二）工作标准

（1）将压力值憋至0.4~0.6MPa之间。

（2）冲洗出排出物，放到水罐车内，防止污染环境。

（3）反复冲洗3~5次。

（三）风险提示

使用管钳时应开口向外，开、关阀门要侧身操作，严禁手臂过丝杠。

四、倒生产流程

（一）工作内容

（1）关严排污阀。

（2）打开气平衡阀门。

（3）开玻璃管上、下流控制阀门，补底水。

（4）开大分离器出口阀门。

（5）开大单井进汇管阀门，并关严单井进分离器阀门。

（6）卸排污管线。

（二）工作标准

（1）观察分离器内液面上升情况，液面须上升到玻璃管的1/2以上。

（2）水罐车内的排出物必须运送到指定地点处理，防止污染。

（三）风险提示

使用管钳时应开口向外，开、关阀门要侧身操作，严禁手臂过丝杠。

五、收拾工具

（一）工作内容

清洁操作现场。

（二）工作标准

场地整洁干净。

第十七节　闸板阀填加密封填料

一、准备工作

（一）工作内容

（1）200mm 平口螺丝刀一把。

（2）200mm、250mm 活动扳手各一把。

（3）切割刀一把。

（4）小钩子、挂钩各一把。

（5）450mm 管钳或 F 形扳手一把。

（6）放空桶。

（7）黄油、擦布、合适的填料若干。

（8）穿戴好劳动保护用品。

（二）工作标准

选择的填料要符合规定。

（三）风险提示

正确穿戴劳动保护用品。

二、倒流程

（一）工作内容

（1）开直通阀门。

（2）关上、下流控制阀门。

（3）开放空阀门，泄压。

（二）工作标准

（1）严禁对外放空。

（2）阀门关严后用管钳关紧。

（三）风险提示

（1）使用管钳应开口向外，开、关阀门要侧身操作，严禁手臂过丝杠。

（2）先开直通阀门，再关上流控制阀门，后关下流控制阀门，顺序不能错，防止憋压造成刺漏。

(3) 开放空泄压，严禁带压操作。

三、取旧填料

(一) 工作内容

(1) 对称均匀地卸松压盖螺栓。

(2) 抬起压盖，并固定好。

(3) 取出旧填料。

(二) 工作标准

旧填料要清理干净。

(三) 风险提示

(1) 正确使用工具，防止伤人。

(2) 压盖要固定牢靠，防止掉落伤手。

四、加新填料

(一) 工作内容

(1) 量填料长度。

(2) 切割填料。

(3) 在填料上涂黄油。

(4) 加填料。

(5) 均匀对称上紧压盖螺栓。

(二) 工作标准

(1) 顺时针缠绕涂有黄油的填料，每一圈都要压紧、压平。

(2) 交替对称紧压盖螺栓，用力要均匀，防止压偏。

(三) 风险提示

(1) 正确使用工具，防止伤人。

(2) 压盖要上平上紧，防止刺漏。

五、倒回流程

(一) 工作内容

(1) 关放空阀门。

(2) 稍开下流控制阀门试压。

(3) 检查是否渗漏。

(4) 开大下、上流控制阀门。

（5）关严直通阀门。

（二）工作标准

（1）采用听、看、摸的方法检查渗漏情况。

（2）阀门完全开大后回半圈。

（三）风险提示

（1）使用管钳时应开口向外，开、关阀门要侧身操作，严禁手臂过丝杠。

（2）要缓慢开下流控制阀门试压，确保不渗不漏后，方可开大下流控制阀门。

（3）先开下流控制阀门，再开上流控制阀门，最后关直通阀门，顺序不能错，防止憋压造成刺漏。

六、收拾工具

（一）工作内容

清洁操作现场。

（二）工作标准

场地整洁干净。

第三章　采油作业技能操作

第一节　常规试电笔验电操作

一、工具材料准备

（1）常规试电笔一支（图3-1）。

（2）操作人员必须穿戴好劳保用品。

图3-1　常规试电笔

二、操作步骤

（1）先检查试电笔里有无安全电阻，再检查试电笔是否有损坏，有无受潮或进水，绝缘防护套是否完好。

（2）手持试电笔，食指顶住电笔的笔帽端，拇指、中指和无名指轻轻捏住电笔使其保持稳定（图3-2）。

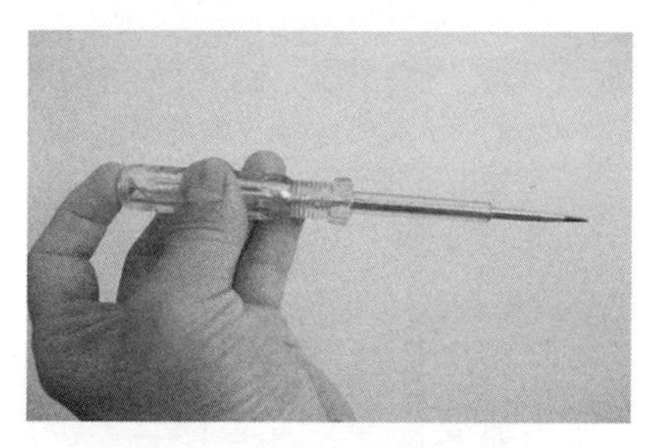

图3-2　手持试电笔姿势

（3）检查墙上的插座面板孔或者外接的插线排插座孔时，可将试电笔金属笔尖插入孔中，查看试电笔中间位置的氖管是否发光，发光就是带电（图3-3）。如果在白天或者光线很强的地方，试电笔发光不明显，可以用另一只手遮挡光线，谨慎观察。

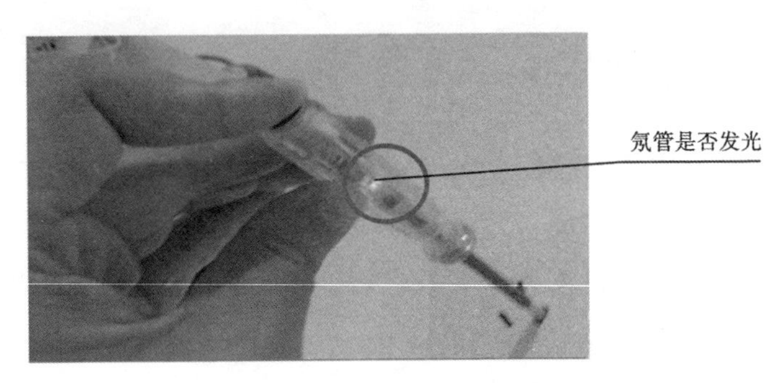

图3-3 检查插座面板孔

（4）检查设备是否带电，如对抽油机配电箱进行验电时，可将试电笔金属笔尖接触到配电箱箱门金属裸露部位进行验电，如果氖管发光则说明设备有电或带电（图3-4）。

图3-4 抽油机配电箱验电

（5）试电笔使用后要擦净，妥善保管，防止受潮、进水和破损。

三、注意事项

（1）在测试电气设备是否带电之前，先要找一个已知电源测一测试电笔的氖泡能否正常发光，能正常发光才能使用。

（2）使用试电笔时，不能用手触及试电笔前端的金属探头，防止发生触电事故。

（3）使用试电笔时，一定要用手触及试电笔尾端的金属部分。否则，因带电体、试电笔、人体与大地没有形成回路，试电笔中的氖泡不会发光，就会造成误判而发生触电事故。

（4）在明亮的光线下测试带电体时，应注意试电笔的氖泡是否真的发光（或不发光）。可用另一只手遮挡光线仔细判别，防止造成误判而发生触电事故。

（5）普通试电笔的测量电压范围在60~500V之间，低于60V时试电笔的氖泡可能不会发光，高于500V不能用普通试电笔来测量，否则容易造成人身触电事故。

第二节　感应数显测电笔验电操作

感应数显测电笔适用于直接检测12~250V的交直流电压，以及间接检测交流电的零线、相线和断点。

一、工具材料准备

（1）感应数显测电笔一支（图3-5）。

（2）操作人员必须穿戴好劳保用品。

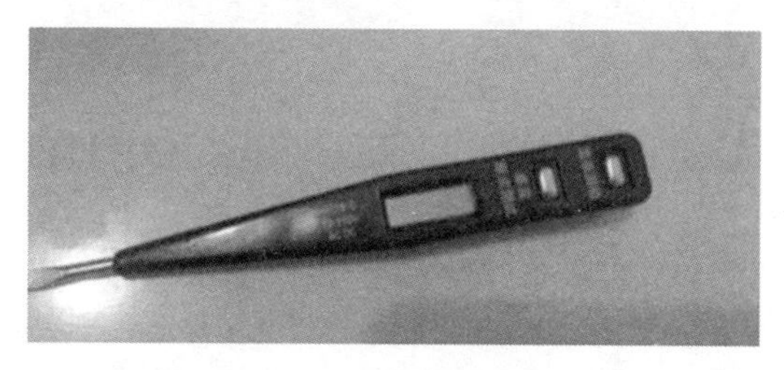

图3-5　感应数显测电笔

二、操作步骤

（1）检查感应数显测电笔。笔尖清洁无损坏，塑料壳体、二极管和显示屏完好，直接测量按钮和感应断点测试按钮灵活且无刮卡现象（图 3-6）。

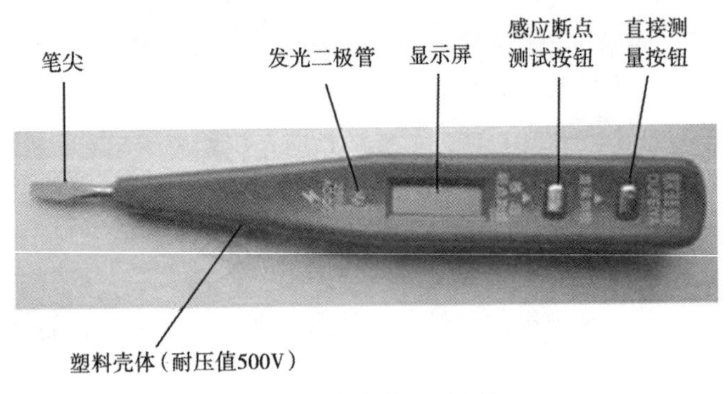

图 3-6　感应数显测电笔

（2）如要测量接触物体是否有电，可用拇指轻轻按住直接测量按钮，用金属笔尖接触物体测量。若显示屏出现“高压符号”，则表示被检测物内部带交流电（图 3-7）。

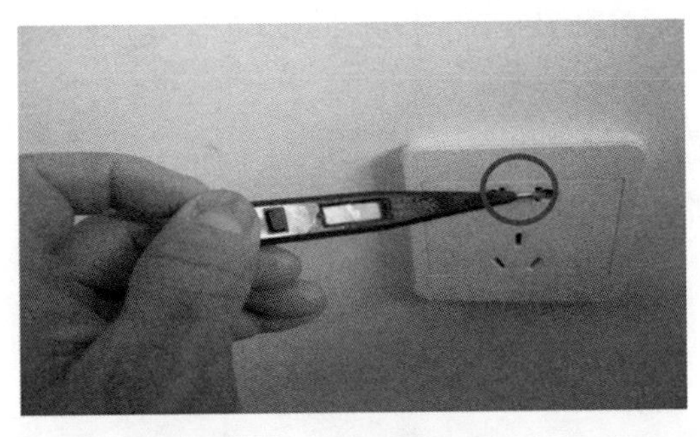

图 3-7　测量接触物体

（3）如要想知道物体内部或带绝缘皮电线内部是否有电，可用拇指轻触感应断点测试按钮，用测电笔金属前端靠近（注意是靠近而不是直接接触）被检测物。若显示屏出现“高压符号”，则说明物体内部带电，反之，就不带电（图 3-8）。

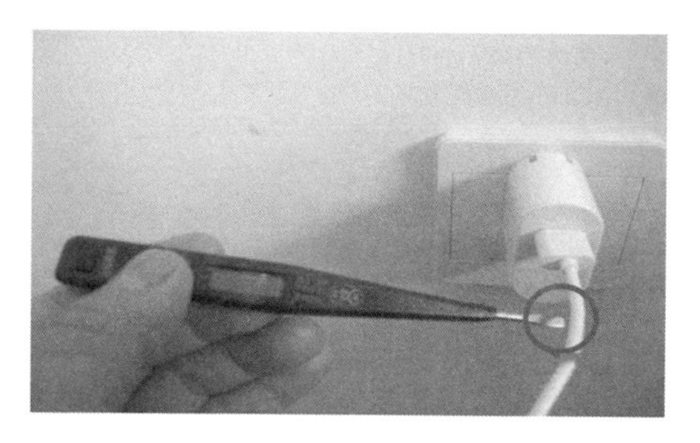

图 3-8　测量绝缘皮电线内部

（4）如要检测电线内断点，可轻触感应断点测试按钮，用测电笔金属前端靠近该电线，或者直接接触该电线的绝缘外层。若“高压符号”消失，则此处即为断点处（图 3-9）。

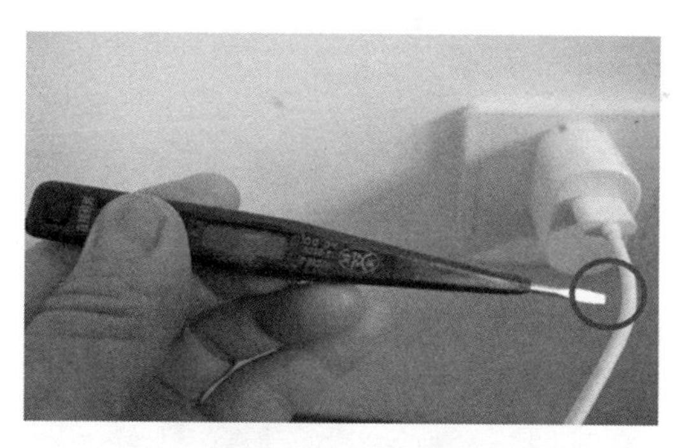

图 3-9　检测电线内断点

（5）感应数显测电笔使用后要擦净，妥善保管，防止受潮、进水和破损。

三、注意事项

（1）感应数显测电笔在使用时不要同时把两个按钮都按住，这样测量的结果就不准确，没有参考意义。

（2）在手没有碰到任一测量键的情况下，一旦指示灯亮起，就表明火线上有220V的交流电，切记切记！

（3）感应数显测电笔适用于直接检测12～250V的交直流电压。高于250V不能用感应数显测电笔测量，否则容易造成人身触电事故。

第三节　干粉灭火器灭火操作

干粉灭火器适用于扑救各种易燃、可燃液体和气体火灾，以及电器设备火灾。

一、工具材料准备

（1）干粉灭火器一台（8kg），要有检验合格证（图3-10）。

（2）操作人员必须穿戴好劳保用品。

图3-10　干粉灭火器

二、操作步骤

（1）检查灭火器卡片，灭火器检查日期应在有效期内，重量达到规格要求（图3-11）。

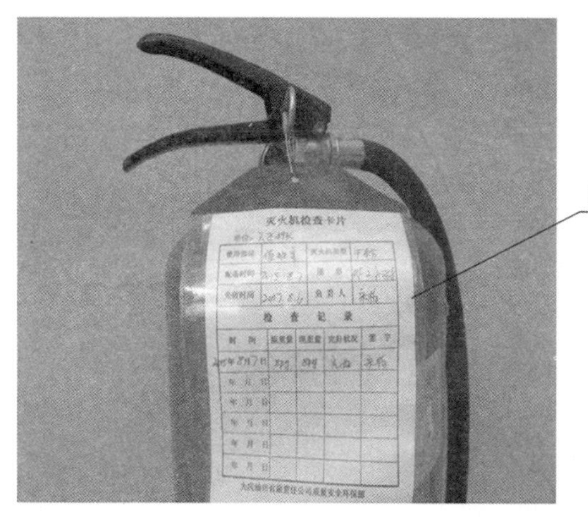

图 3-11　检查日期和重量

（2）检查灭火器压力，压力指针在 1.0~1.4MPa 之间为合格（图 3-12）。

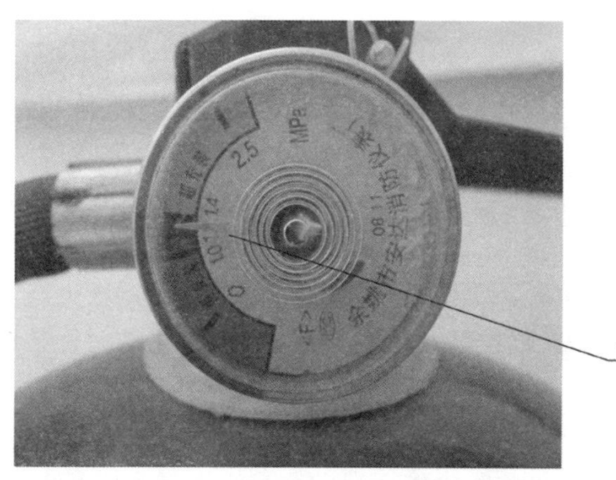

图 3-12　检查压力

（3）检查铅封是否完好，安全销及拉环有无损坏（图 3-13）。
（4）检查灭火器壳体有无变形和锈蚀，胶管有无裂纹，喷嘴

图 3-13　检查铅封、安全销和拉环

是否畅通（图 3-14）。

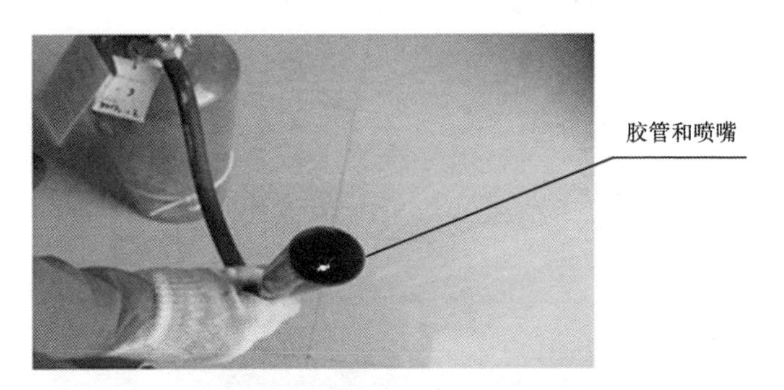

图 3-14　检查胶管和喷嘴

（5）核实着火类型，根据着火类型选择合适的灭火器。将灭火器提到距火源燃烧处上风头 4～5m 处，上下摇动灭火器几次使筒内的干粉松动（图 3-15）。

（6）先除掉铅封再拔出安全销（图 3-16）。

（7）让喷嘴对准燃烧最猛烈处，左手握着喷管对准火源根部，右手压下手柄，灭火剂便会喷出（图 3-17）。

（8）灭火过程中，灭火器机身倾斜不得大于 45°，同时要横扫推进（图 3-18）。

图 3-15　上下摇动灭火器

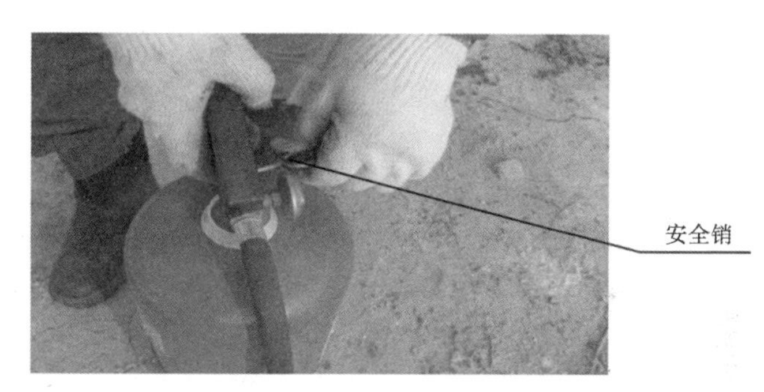

图 3-16　拔安全销

图 3-17　对准火源根部

图 3-18　横扫推进

（9）灭火后清理现场，将使用后的灭火器送到专业消防机构进行检装。

三、注意事项

（1）严禁站在下风头灭火，防止烧伤。

（2）必须抓牢喷嘴，防止喷管摆动喷伤操作人员。

（3）灭火器要放置在规定位置，同时要防止日晒雨淋造成漏气减压。

（4）灭火器必须定期检查维护。

第四节　绝缘手套使用方法

5kV 绝缘手套适用于工矿企业的一般低压（250V）电气设备，可作为基本安全用具，具有保护手或人体的作用。

一、工具材料准备

（1）5kV 绝缘手套一副，经检验合格且有合格证（图 3-19）。

（2）操作人员必须穿戴好劳保用品。

二、操作步骤

（1）如对抽油机井进行停机操作前，要先对绝缘手套进行外观检查。如发现有发黏、裂纹、破口、气泡、发脆等损坏现象时应禁止使用（图 3-20）。

图 3-19　绝缘手套

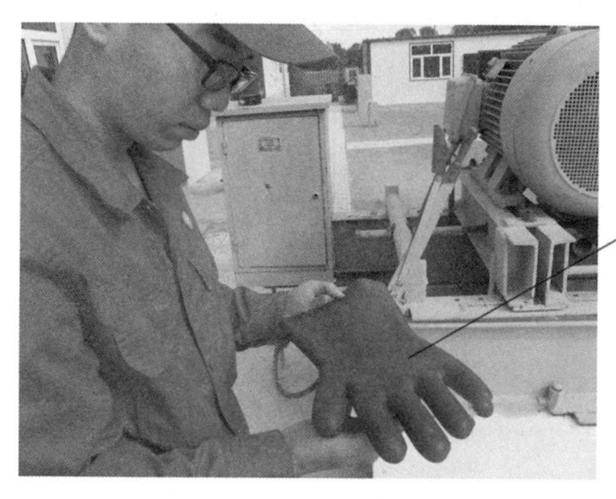

图 3-20　检查绝缘手套

（2）佩戴绝缘手套前还要对绝缘手套进行气密性检查。将手套从口部向上卷，稍用力将空气压至手掌及指头部分，上述部位如有漏气则不能使用（图 3-21）。

（3）抽油机井停机刹车后，戴上绝缘手套将配电箱内空气开关分开（图 3-22），这样就可以确保操作人员在分、合空气开关过程中的安全。

（4）绝缘手套使用后要妥善保管，如变脏要用肥皂和水温不超过 65℃的清水冲洗，然后彻底干燥，并涂上滑石粉平整放置，

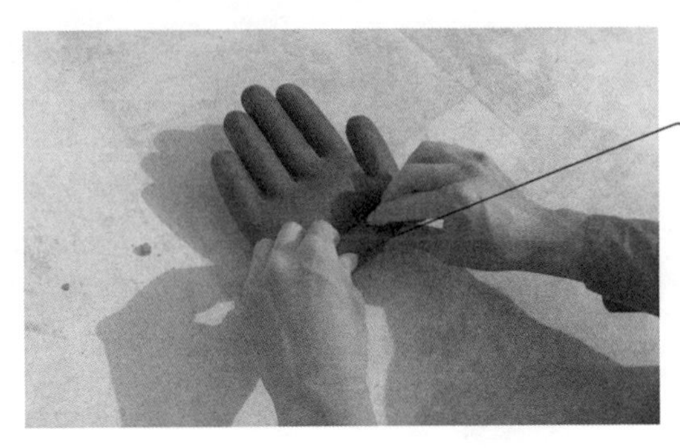

图 3-21　气密性检查

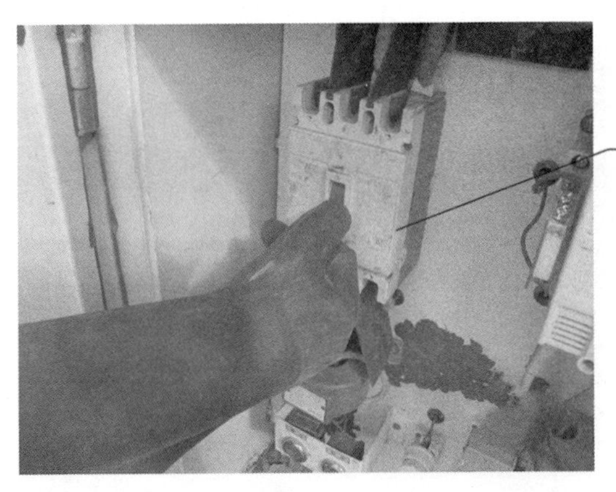

图 3-22　分空气开关

以防受压受损。

三、注意事项

（1）绝缘手套若在运输、储存过程中遭雨淋、受潮湿发生霉变，或有其他异常变化，应到法定检测机构进行电性能复核试验。

（2）在使用前必须进行充气检验，若发现有任何破损则不能使用。

（3）作业时，应将衣袖口套入筒口内，以防发生意外。

（4）绝缘手套要储存在干燥通风的库房中，室温保持在-15～30℃，相对湿度保持在50～80%，远离热源，离开地面和墙壁20cm以上。

（5）绝缘手套要避免受酸、碱、油等腐蚀品物质的影响，同时不要露天放置，避免阳光直射。

（6）使用6个月后必须进行预防性试验。

第五节　抽油机井口取油样操作

抽油机井口取油样，是抽油机井日常管理中采油工经常进行的操作项目。

一、工具材料准备

抽油机井口取油样操作所需的工具材料如图3-23所示。

（1）专用取样扳手。

（2）200mm活动扳手一把。

（3）450mm管钳一把。

（4）放空桶一个，取样桶一个，擦布若干。

（5）操作人员必须穿戴好劳保用品。

图3-23　工具材料

二、操作步骤

（1）检查取样桶外观是否完好无漏失，桶内是否清洁无杂物。核实取样井井号是否正确（图 3-24）。

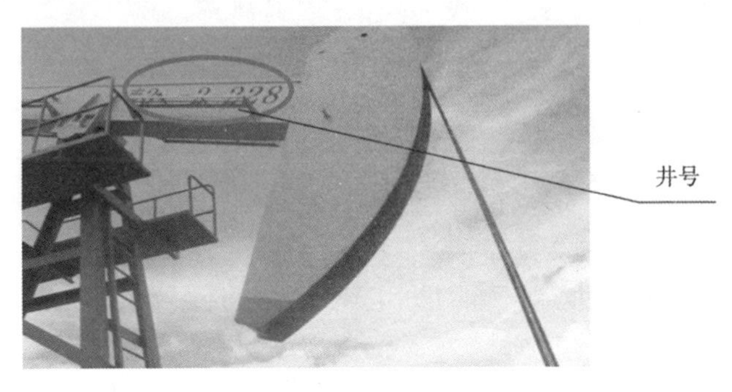

图 3-24　核实井号

（2）确定抽油机井口流程正确，抽油机运行正常。关闭井口掺水阀（图 3-25），停止掺水 5min 后方可取样。如果井口掺水阀或掺水阀门关不严，必须关闭计量间掺水阀门 30min 后方可取样。

图 3-25　关井口掺水阀

（3）一手拿放空桶，一手打开取样阀。将管线内死油放到放空桶内，直至见到新鲜油后才关闭取样阀（图 3-26）。

（4）打开样桶盖，一手拿取样桶，一手缓慢开取样阀取样（图 3-27）。要分三次取油样，每次间隔 1~2min，取样量至取样

图 3-26　开取样阀放空

桶体积的 1/2~2/3 之间为合格。

图 3-27　开取样阀取油样

（5）取完油样后关闭取样阀门，及时将样桶盖盖严，防止挥发或进入杂质和雨水，用擦布擦净取样口处的污油。打开掺水阀冲管线（图 3-28）。按要求调整掺水阀到合适位置，控制回油温度在规定范围内。

（6）清洁操作现场，收拾工具，将放空桶内的污油及废弃物送到指定地点回收。

图 3-28　调整掺水阀

三、注意事项

（1）取油样后要将油样桶盖严，防止轻馏成分损失或杂质落入桶内。油样在未化验前不可开盖、不可加温，防止水及轻馏成分挥发。

（2）在取油样时，人要站在上风侧位置，防止吸入天然气。

（3）放空时要平稳，防止液体突然喷出。同时禁止对外放空，防止污染环境。

（4）井口周围杜绝火源，防止发生火灾事故。

（5）措施井必须稳定生产 4h 后再取油样。

（6）热洗井稳定生产 24h 后再取油样。

第六节　更换抽油机光杆密封填料操作

通过学习，使操作者能够正确进行更换抽油机光杆密封填料的操作，掌握这项操作的技术要求和安全注意事项，提高学员的操作水平和安全意识。

一、工具材料准备

更换抽油机光杆密封填料所需的工具材料，如图 3-29 所示。

（1）试电笔一支，绝缘手套一副。
（2）450mm 管钳一把。
（3）切割刀一把，200mm 平口螺丝刀一把。
（4）自制铁丝挂钩一个。
（5）规格合适的密封填料 6~8 个，黄油、擦布少许。
（6）操作人员必须穿戴好劳保用品。

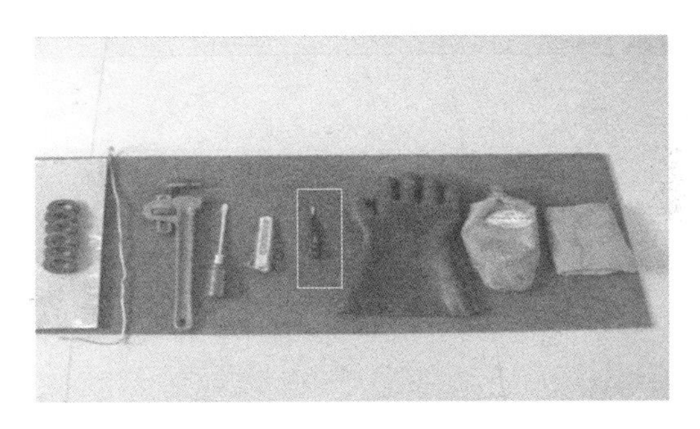

图 3-29　工具材料

二、操作步骤

（1）用试电笔对配电箱进行验电，检查是否漏电，打开抽油机配电箱箱门（图 3-30）。

图 3-30　用试电笔验电

（2）将自启开关拨到手动位置，侧身按停止按钮，将抽油机停在接近下死点便于操作的位置，拉紧刹车（图 3-31）。

图 3-31　停机拉紧刹车

（3）戴绝缘手套，侧身分开空气开关切断电源，关好配电箱箱门（图 3-32）。

图 3-32　侧身分开空气开关

（4）用切割刀沿顺时针方向切割新密封填料，以确保密封填料的密封效果（图 3-33）。

（5）密封填料切口形成的角度在 30°~45°之间，同时要求切口平齐光滑（图 3-34）。

（6）对称关严井口两侧的胶皮阀门，使光杆处于密封盒中心位置，便于更换密封填料（图 3-35）。

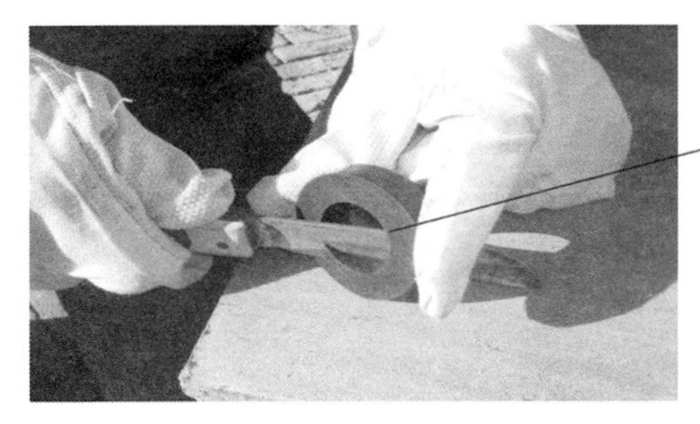

图 3-33　顺时针切割密封填料

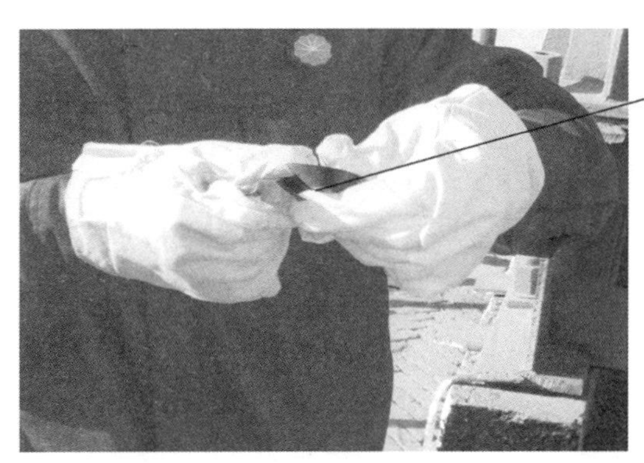

图 3-34　切口形成的角度在 30°～45°之间

图 3-35　关两侧胶皮阀门

（7）缓慢卸密封盒压帽，待压力放掉后，再卸掉密封盒压帽和格兰，用挂钩将压帽、格兰悬挂在悬绳器上（图 3-36）。

图 3-36　悬挂压帽和格兰

（8）用螺丝刀沿逆时针方向旋转，依次取出旧密封填料（图 3-37）。

图 3-37　取出旧密封填料

（9）把切割好的新密封填料涂抹少许黄油（图 3-38）。

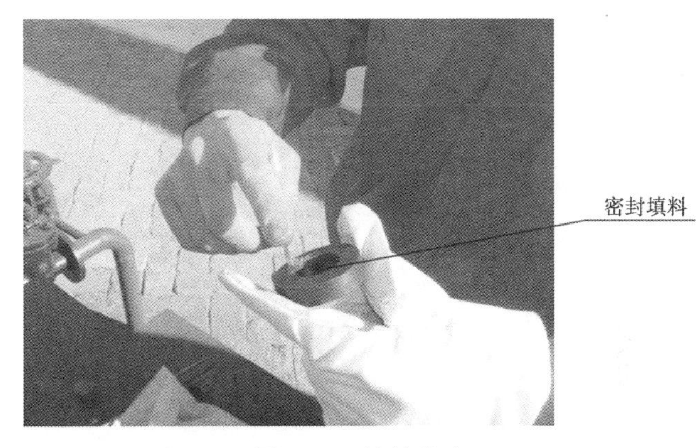

图 3-38　涂抹黄油

（10）用螺丝刀将新密封填料依次加入密封盒中，密封填料上、下层之间的切口应错开 120°~180°（图 3-39）。

图 3-39　加入密封填料

（11）取下格兰和压帽，对正后上紧密封盒压帽并取下挂钩（图 3-40）。

（12）缓慢打开一侧胶皮阀门试压，待不渗不漏后再开大两侧胶皮阀门，胶皮阀门开到最大后要回半圈（图 3-41）。

图 3-40　上紧密封盒压帽

图 3-41　开胶皮阀门试压

（13）检查抽油机周围有无障碍物和人员，打开配电箱箱门松刹车，戴绝缘手套侧身合上空气开关准备启机（图 3-42）。

（14）按绿色启动按钮使曲柄摆动后再停机，当曲柄摆动方向与抽油机运转方向一致时，借惯性二次启动（图 3-43）。

（15）在光杆上行时用手指背触摸光杆，检查密封盒压帽松紧度，光杆不发热、没有漏气声则说明压帽松紧合适（图 3-44）。

图 3-42　准备启机

图 3-43　启机

图 3-44　检查压帽松紧度

（16）将配电箱内调节开关调到自动位置，收拾工具清理操作现场，记录相关数据（图 3-45）。

图 3-45　记录相关数据

三、技术要求

（1）将抽油机停在接近下死点便于操作的位置后，再刹紧刹车。

（2）要对称关严井口两侧胶皮阀门，使光杆位于井口中心。

（3）密封填料切口形成的角度在 30°~45°之间。

（4）密封填料上、下层之间的切口应错开 120°~180°。

（5）密封盒压帽松紧合适，光杆不发热、不漏气、不带油。

（6）胶皮阀门开到头后要回半圈。

四、常见故障分析及处理

（1）松密封盒压帽卸压时，压力放不净。

①原因：胶皮阀门未关严。

②处理：重新关闭两侧胶皮阀门，并用管钳关紧。

（2）更换密封填料时，光杆偏向密封盒一侧。

①原因：胶皮阀门关偏，两侧不对称。

②处理：上好密封盒格兰、压帽后，打开胶皮阀门重新对称关闭，使光杆处于密封盒中心位置。

(3) 启机后光杆带油或有刺漏声。

①原因：密封盒压帽调整过松。

②处理：重新调整密封盒压帽至合适位置。

(4) 启机后光杆发烫或密封填料发出较大的摩擦声。

①原因：密封盒压帽调整过紧。

②处理：重新调整密封盒压帽至合适位置。

五、注意事项

(1) 停机前要先把自启开关拨到手动位置，启机后再将其拨到自动位置。

(2) 要戴绝缘手套侧身分、合空气开关。

(3) 密封盒压帽和格兰要悬挂牢靠。

(4) 操作过程中禁止手抓光杆、手握密封盒螺纹。

(5) 启机前必须确认抽油机周围无障碍物和人员。

(6) 检查压帽松紧度要在光杆上行时用手指背触摸光杆。

第七节 调整游梁式抽油机曲柄平衡操作

通过测量抽油机上、下冲程峰值电流，判断平衡块移动方向和移动距离，调整抽油机平衡使抽油机平稳运行。

一、工具材料准备

调整游梁式抽油机曲柄平衡操作所需的工具材料如图 3-46 所示。

(1) 平衡块固定螺栓专用呆头扳手一把。

(2) 锁块螺栓套筒扳手一把。

(3) 375mm 活动扳手一把。

(4) 3. 75kg 大锤一把。

(5) 专用摇把一把。

(6) 300mm 钢板尺一把。

(7) 电流表一块。

(8) 低压试电笔一支。

(9) 绝缘手套一副。

(10) 计算器一个。

(11) 石笔一支。

(12) 黄油、擦布若干，砂纸一张。

(13) 记录纸、记录笔、停运牌。

(14) 操作人员必须穿戴好劳保用品。

图 3-46 工具准备

二、操作步骤

(1) 测量上、下冲程电流峰值并记录（图 3-47）。

图 3-47 测量上、下冲程电流峰值

(2) 计算平衡率（图 3-48），计算公式为：

平衡率=（下冲程电流峰值÷上冲程电流峰值）×100%

一般规定上冲程电流不小于下冲程电流，平衡率在 85%～100%之间为合格。

图 3-48　计算平衡率

(3) 依据电流值判断平衡块调整方向。

①如果抽油机下冲程电流小，上冲程电流大且平衡率小于85%，按要求必须进行调整。可确定将平衡块在曲柄上向远离减速箱输出轴方向调整（图 3-49）。

图 3-49　平衡块向远离输出轴方向调整

②如果抽油机上冲程电流小、下冲程电流大，按要求必须进行调整。可确定将平衡块在曲柄上向输出轴方向调整（如图 3-50）。

图 3-50　平衡块向输出轴方向调整

（4）对配电箱验电，确认无漏电现象（图 3-51）。

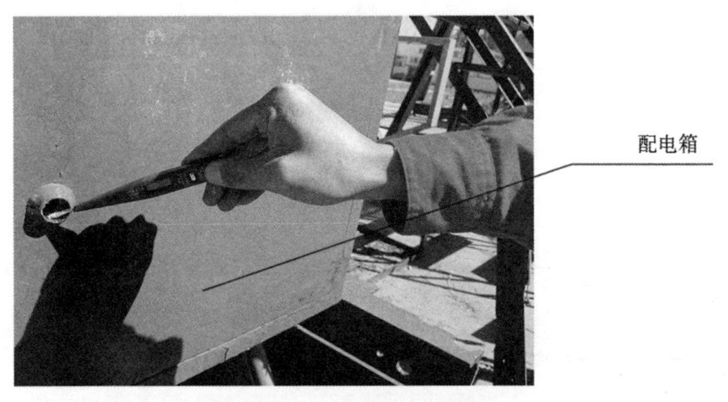

图 3-51　检查配电箱

（5）将抽油机曲柄停在预定位置，刹紧刹车，刹车上的牙块必须卡入牙槽内（图 3-52）。

（6）戴绝缘手套分开空气开关。向远离减速箱输出轴方向调整平衡块时，曲柄停在水平位置下方 0°~5°处；向输出轴方向调整平衡块时，曲柄停在水平位置上方 0°~5°处。挂停运牌（图 3-53）。

图 3-52　刹紧刹车

图 3-53　挂停运牌

（7）挂上刹车轮锁钩，防止刹车失灵或自动溜车（图 5-54）。

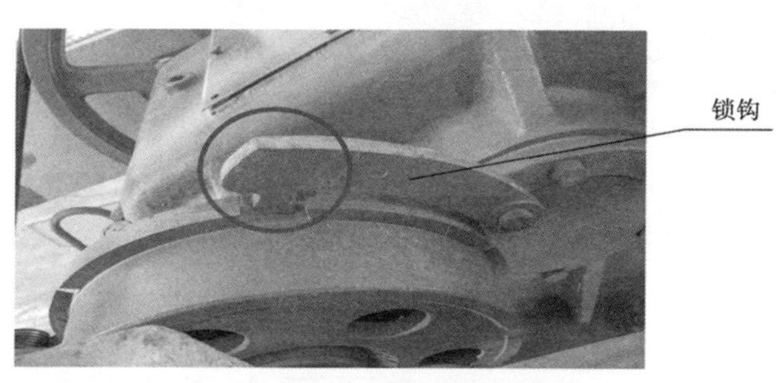

图 3-54　挂上锁钩

（8）清理干净预调整方向曲柄平面上的杂物，画出预调整距离（图3-55）。

图3-55　画出预调整距离

（9）卸掉平衡块上锁块螺栓，取下锁块（图3-56）。

图3-56　卸平衡块锁块螺栓

（10）要依照由低至高的顺序，用呆头扳手松平衡块固定螺栓备帽（图3-57）。

图3-57　卸固定螺栓备帽

（11）用呆头扳手卸松平衡块固定螺栓（图 3-58）。

图 3-58　卸固定螺栓

（12）用摇把将平衡块移到预定位置（图 3-59）。

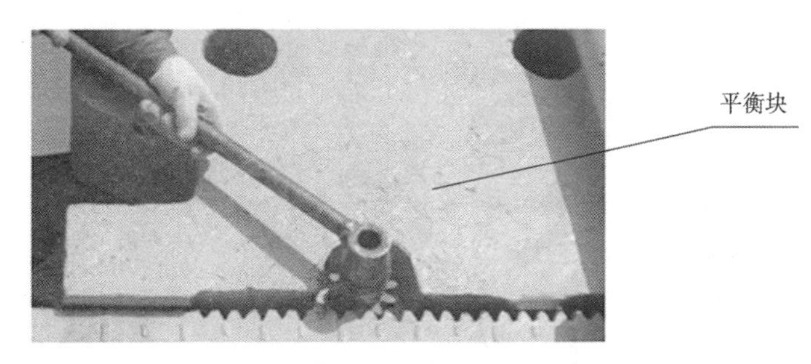

图 3-59　移动平衡块

（13）安装平衡块锁块，上紧锁块固定螺栓（图 3-60）。

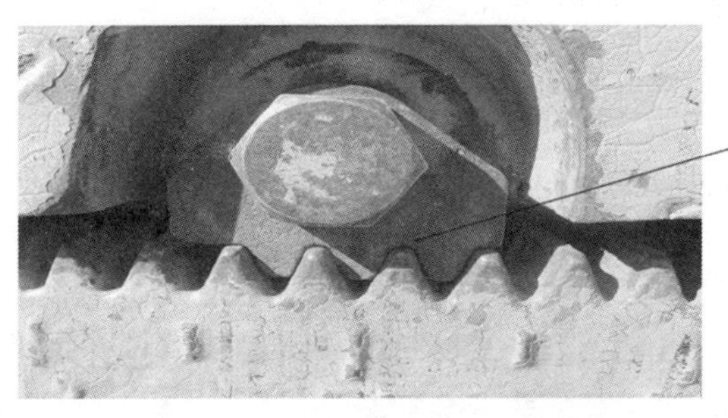

图 3-60　安装平衡块锁块

（14）用大锤上紧平衡块固定螺栓（图 3-61）。

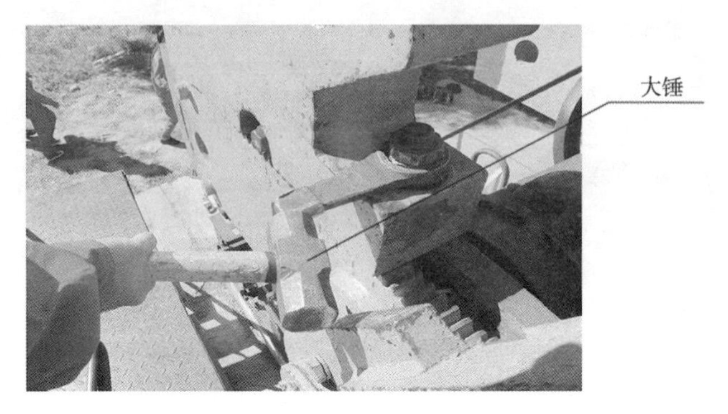

图 3-61　上紧平衡块固定螺栓

（15）用大锤上紧平衡块固定螺栓备帽（图 3-62）。用同样方法调整另一侧平衡块，使两侧平衡块在曲柄上的位置基本一致，确保抽油机运行平稳。

图 3-62　上紧平衡块固定螺栓备帽

（16）确保抽油机周围无障碍物和人员，打开刹车轮锁钩（图 3-63）。

（17）摘掉停运牌（图 6-64）。

（18）打开配电箱箱门松刹车，戴绝缘手套侧身合上空气开关准备启机（图 3-65）

（19）按绿色启动按钮使曲柄摆动后再停机，当曲柄摆动方

图 3-63　刹车轮锁钩

图 3-64　摘掉停运牌

图 3-65　准备启机

向与抽油机运转方向一致时，借惯性二次启动（图 3-66）。

图 3-66 启机

（20）启机后检查平衡块紧固情况，平衡块应无刮碰、无松动现象（图 3-67）。

图 3-67 抽油机运转状况

（21）待运转正常后，检查调整效果，测上、下冲程电流峰值计算平衡率（图 3-68）。

（22）收拾工具清洁操作现场，记录相关数据（3-69）。

图 3-68　测电流

图 3-69　记录相关数据

三、技术要求

（1）在不确定所测电流范围时要从最大挡位选起，每次换挡前要先把电流表脱离导线后再进行调整。

（2）测量时指针应位于电流表量程的 1/3～2/3 之间，在此范围测量的电流值精度高、误差小。

（3）导线必须垂直卡入表钳中央以减少测量误差。

（4）读电流值时眼睛、指针和刻度应在一条垂直于表盘的直线上。

（5）录取的电流值必须是抽油机上、下冲程中的峰值。

（6）要分别测取三条导线的电流，且三相电流不平衡度要小于±5%，一般取其中那条接近平均值导线的电流。

（7）严禁不分空气开关操作，分、合空气开关需戴绝缘手套且侧身操作。

（8）停抽时曲柄与水平位置的夹角不得超过±5°。

（9）平衡块前进方向严禁站人。

（10）高空应平稳操作。

（11）严禁戴手套使用大锤。

（12）依照由低至高顺序松平衡块固定螺栓，由高至低顺序紧平衡块固定螺栓。

（13）锁块与曲柄要紧密咬合。

四、注意事项

（1）电流表要轻拿轻放，避免振动、击打，也不能随意拆卸。

（2）雨天操作时要带好防护用具，以防触电。

（3）开控制箱箱门前要用试电笔进行验电，以防触电。

（4）测量过程中必须戴绝缘手套，操作时要平稳，不能接触电器设备裸露部位，以防止触电。

第八节　指针式钳型电流表测量抽油机电流操作

钳型电流表可用于测量电动机工作电流，检查抽油机平衡状况。通过学习使操作者能够用钳型电流表正确测电流，并掌握这项操作的技术要求和安全注意事项，从而提高学员的操作水平和安全意识。

一、工具材料准备

指针式钳型电流表测量抽油机电流所需的工具材料如图 3-70 所示。

（1）500A 钳型电流表一块。

（2）100mm 平口螺丝刀一把。
（3）低压试电笔一支，绝缘手套一副。
（4）记录纸、笔、计算器，擦布若干。
（5）操作人员必须穿戴好劳保用品。

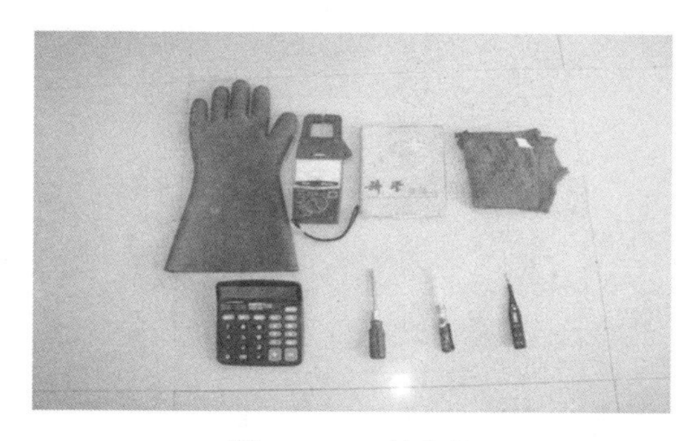

图 3-70　工具准备

二、操作步骤

（一）钳型电流表的检查方法

（1）电流表应校验合格，有校验标签且在有效期内（图 3-71）。

图 3-71　检查钳型电流表

（2）电流表钳口完好无油污、表盘无破损，电流表挡位调节旋钮要灵活好用，且要调整在交流电流挡位（ACA）（图 3-72）。

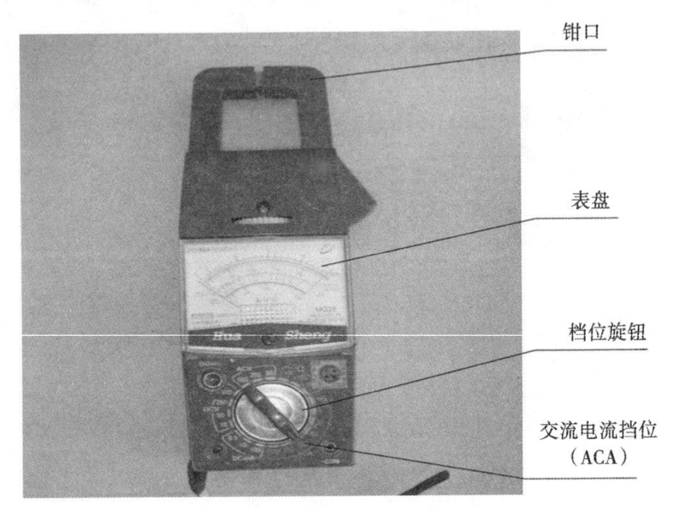

图 3-72　500A 钳型电流表

（3）检查电流表指针是否归零，如不归零可用螺丝刀对零位旋钮进行左右调节使指针归零（图 3-73）。

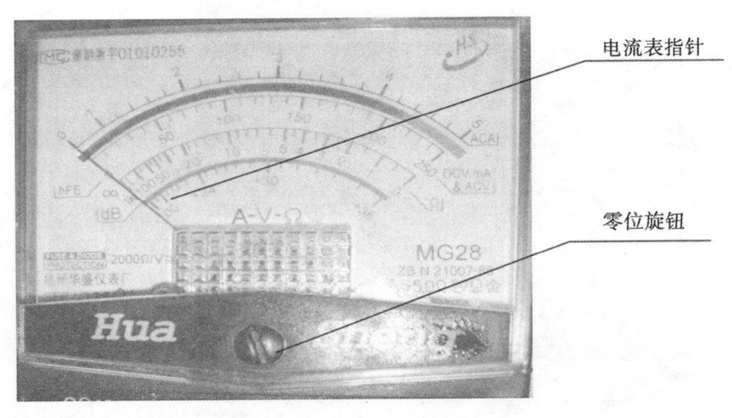

图 3-73　检查指针是否归零

（二）钳型电流表刻度数与电流值的换算方法

电流表刻度盘上所显示的刻度数据不是电流数值，必须经过换算才能得出刻度数据所表示的电流值。

（1）电流表刻度盘上“ACA”是表示用于测量交流电的标识，其刻度被均分为5大等份、25小等份（图3-74）。

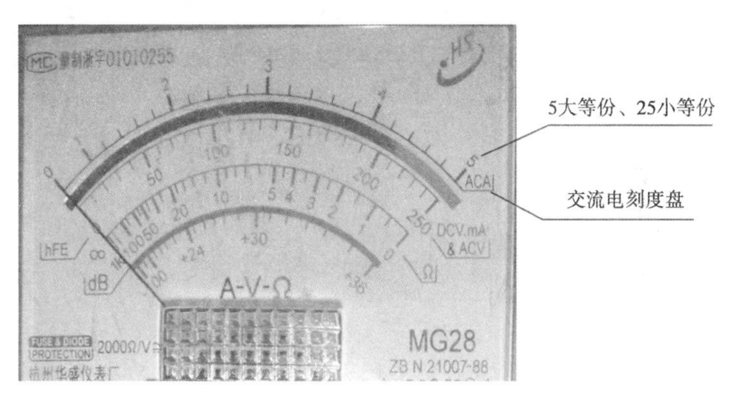

图3-74　钳型电流表刻度指示

（2）当选择25A量程挡位测量时（图3-75），每等份数据表示：25A÷25=1A；最大可测电流25A。例如：电流表指针指到刻度盘上“2”时为10等份，表示电流是10A。

图3-75　选择25A量程挡位

（3）当选择100A量程挡位测量时（图3-76），每等份数据表示：100A÷25=4A；最大可测电流100A。例如：电流表指针指到刻度盘上“2”时为10等份，表示电流是40A。

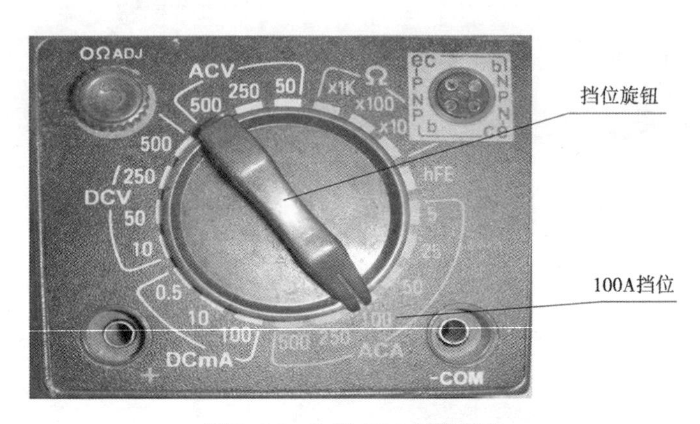

图3-76　选择100A量程挡位

（三）用钳型电流表测量电流的步骤

（1）用试电笔对配电箱进行验电检查确认是否漏电，以防漏电伤人（图3-77）。

图3-77　检查配电箱

（2）将电流表调节旋钮调至最大挡位，将被测导线垂直卡入表钳中央。观察电流表指针波动情况，可根据实测情况把电流表脱离导线再调整量程挡位，使指针在电流表量程的 1/3~2/3 之间波动为最佳选择（图 3–78）。

图 3–78　观察电流表指针波动

（3）测量时眼睛、指针和刻度应在一条垂直于表盘的直线上。分别测三条导线在上、下冲程过程中的电流峰值，计算三条导线的电流平均值，一般取其中一条接近平均值导线的电流，并记录换算出电流值（图 3–79）。

图 3–79　测上、下冲程电流峰值

（四）计算平衡率

平衡率计算公式为：

平衡率＝（下冲程电流峰值÷上冲程电流峰值）×100%

一般规定上冲程电流不小于下冲程电流，平衡率在85%～100%之间为合格。

（五）清理场地

收拾工具并清洁操作现场，记录相关数据（图3-80）。

图3-80 记录相关数据

三、技术要求

（1）在不确定所测电流范围时要从最大挡位选起，每次换挡前要先把电流表脱离导线再进行调整。

（2）测量时指针应位于电流表量程的1/3～2/3之间，在此范围测量的电流值精度高、误差小。

（3）导线必须垂直卡入表钳中央以减少测量误差。

（4）读电流值时，眼睛、指针和刻度应在一条垂直于表盘的直线上。

（5）录取的电流值必须是抽油机上、下冲程中的峰值。

（6）要分别测取三条导线的电流，且三相电流不平衡度要小于±5%，一般取其中那条接近平均值导线的电流。

四、注意事项

（1）电流表要轻拿轻放，避免振动、击打，也不能随意拆卸。

（2）雨天操作时要带好防护用具，以防触电。

（3）开控制箱箱门前要用试电笔进行验电，以防触电。

（4）测量过程中必须戴绝缘手套，操作时要平稳，不能接触电器设备裸露部位，以防止触电。

第九节　更换注水井高压干式水表操作

更换注水井高压干式水表，是注水井日常管理中采油工经常进行的操作项目。

一、工具材料准备

更换注水井高压干式水表所需的工具如图 3-81 所示。

（1）同型号已校对的水表一块，且有校检验合格证并在有效期内。

（2）450mm 管钳或 F 形扳手一把。

（3）24~27mm 梅花扳手一把，250mm 螺丝刀一把。

（4）密封圈、密封垫各一个。

（5）放空桶一个，擦布、黄油若干。

（6）记录纸、笔、计算器、秒表。

（7）操作人员必须穿戴好劳保用品。

图 3-81　工具材料

二、操作步骤

（1）检查注水井井口流程是否完好，设备有无缺损、松动、渗漏现象（图 3-82）。

图 3-82　检查流程和设备

（2）先关水表上流控制阀门，再关水表下流控制阀门，顺序不能错，阀门关严后要用管钳关紧（图 3-83）。

图 3-83　关水表上流控制阀门

（3）一手拿放空桶，一手开放空阀泄压，操作要平稳。当确定压力归零，管线无溢流后再进行下一步操作（图 3-84）。

（4）记录关井时间和旧水表底数（图 3-85）。

（5）卸水表压盖螺栓，取下水表压盖（图 3-86）。

（6）取出旧水表、密封圈和密封垫，记录旧水表钢号，用螺丝刀和擦布清理水表壳内脏物（图 3-87）。

图 3-84　开放空阀泄压

图 3-85　记录关井时间和旧水表底数

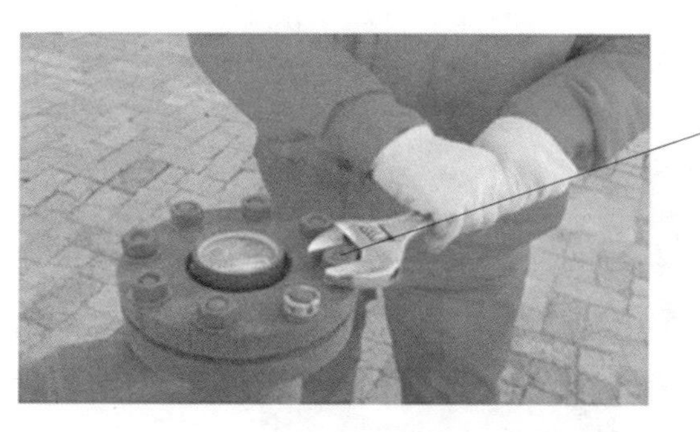

图 3-86　卸水表压盖螺栓

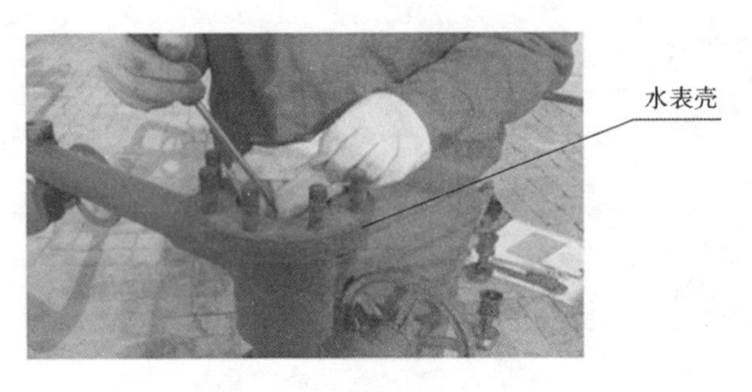

图 3-87　清理水表壳内脏物

（7）检查新水表叶轮旋转和数字进位是否正常，记录新水表钢号（图 3-88）。

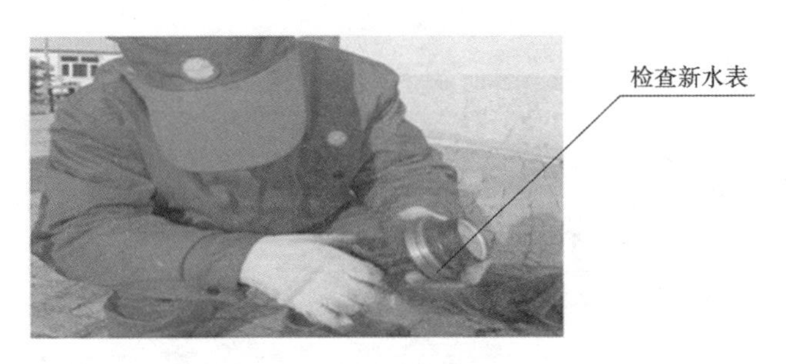

图 3-88　检查新水表

（8）把密封圈和密封垫涂上少许黄油，分别安装在水表上部密封槽和水表下部密封台上（图 3-89）。

图 3-89　安装密封圈、密封垫

（9）安装新水表，水表上数字要与注水管线平行，对正放好水表压盖，对角上水表压盖螺栓（图 3–90）。

图 3–90 安装新水表

（10）交替均匀上紧压盖螺栓，同时确保水表压盖与水表壳体上平面之间的间隙要一致（图 3–91）。

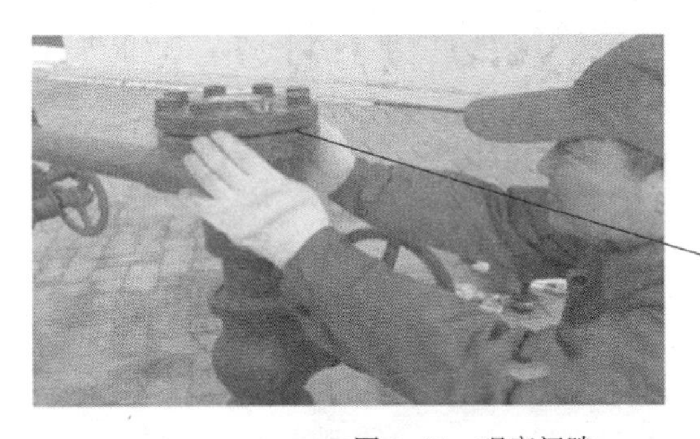

图 3–91 观察间隙

（11）关放空阀，缓慢打开上流控制阀门试压，确保水表不渗不漏后，将上流控制阀门开到最大再回半圈（图 3–92）。

（12）记录开井时间和水表底数（图 3–93）。

（13）根据配注量计算瞬时水量，用下流控制阀门控制调整注水量（图 3–94）。

（14）收拾工具，记录相关数据，清洁操作现场。将污水及

图 3-92　开上流控制阀门试压

图 3-93　记录开井时间和水表底数

图 3-94　调整注水量

废弃物回收到指定地点。

三、注意事项

（1）放空时要平稳，防止液体突然喷出，同时禁止对外放空，防止污染环境。

（2）使用管钳时开口要朝外，关阀门要侧身操作，禁止手臂超过丝杠。

（3）先关上流控制阀门，后关下流控制阀门，顺序不能错，防止高压水刺漏伤人。

（4）必须用上流控制阀门试压。

第十节　更换法兰阀门操作

更换法兰阀门操作，是采油工经常进行的操作项目。

一、工具材料准备

更换法兰阀门所需的工具如图 3-95 所示。

（1）规格合适的法兰阀门一个。

（2）250mm、300mm 活动扳手各一把。

（3）F 形扳手一把。

（4）200mm 一字形螺丝刀一把。

（5）300mm 三角刮刀一把。

（6）500mm 撬杠一根。

（7）200mm 划规一把。

（8）300mm 钢板尺一把。

（9）0.75kg 手锤一把，剪刀一把。

（10）放空桶一个。

（11）2.0mm 石棉垫板。

（12）擦布、黄油若干。

（13）操作人员必须穿戴好劳保用品。

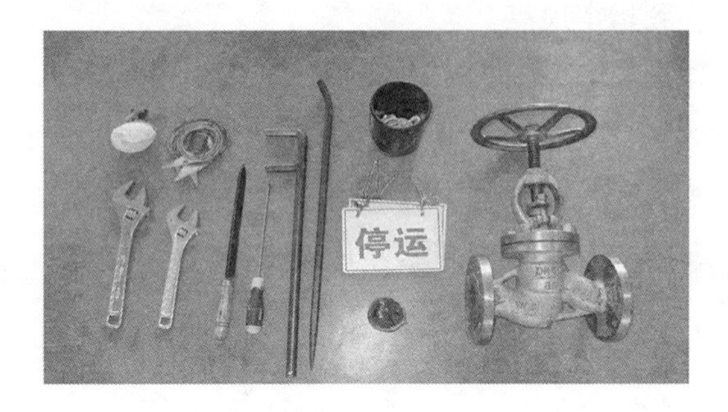

图 3-95　工具材料

二、操作步骤

（1）检查流程，打开旁通阀门（图 3-96）防止管线憋压。

图 3-96　打开旁通阀门

（2）按顺序关闭上流控制阀门和下流控制阀门（图 3-97）。

图 3-97　关闭阀门

（3）在设备上挂停运标牌（图 3-98）。

图 3-98　挂停运标牌

（4）将放空桶接在放空阀下方，打开放空阀泄压，观察压力表指针归零（图 3-99）。

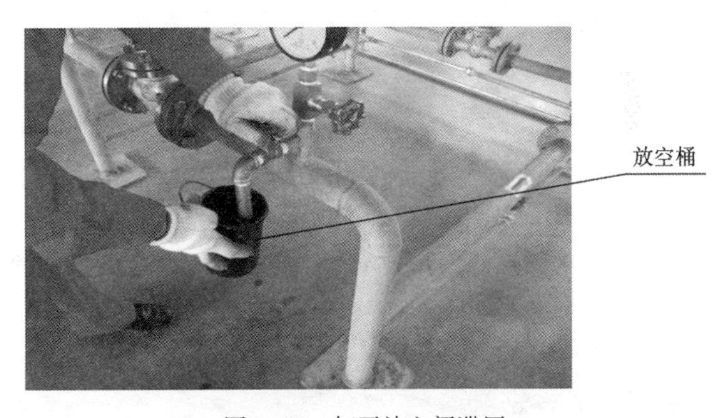

图 3-99　打开放空阀泄压

（5）先卸松法兰底部一条螺栓（图 3-100），待管线内余压放净后，再卸松另外三条法兰螺栓。以同样方法卸松阀门另一侧法兰螺栓。

（6）卸下法兰两侧的八条螺栓，取下旧阀门（图 3-101）。

（7）用三角刮刀清理管线两侧的法兰面和水纹线（图 3-102）。

图 3-100 卸松法兰螺栓

图 3-101 取下旧阀门

图 3-102 清理管线上法兰面和水纹线

（8）用三角刮刀清理阀门两侧的法兰面和水纹线（图 3–103）。

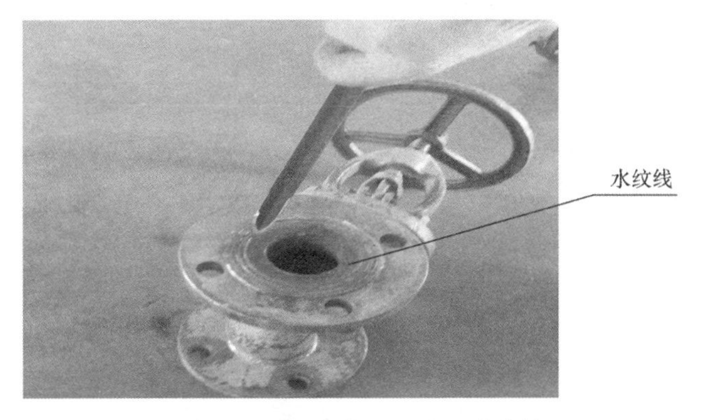

图 3–103　清理阀门法兰面和水纹线

（9）测量新阀门法兰盘尺寸，制作法兰垫片。先用钢板尺测量出法兰盘内、外径，再用划规在石棉垫上画出内、外径和手柄（图 3–104）。

图 3–104　画内、外径和手柄

（10）用弯头剪子剪制石棉垫，要求内、外圆光滑无毛刺且手柄长度合适（图 3–105）。

（11）检查新阀门，阀体完好、开关灵活（图 3–106）。

（12）安装新阀门，在阀门两侧法兰上对角各安装三条法兰螺栓（图 3–107）。

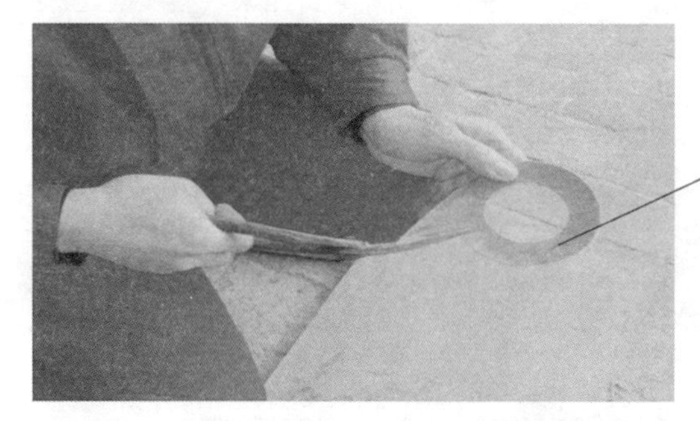

图 3-105　制作石棉垫

图 3-106　检查新阀门

图 3-107　安装新阀门

（13）在法兰垫片两面均匀涂抹黄油（图 3-108）。

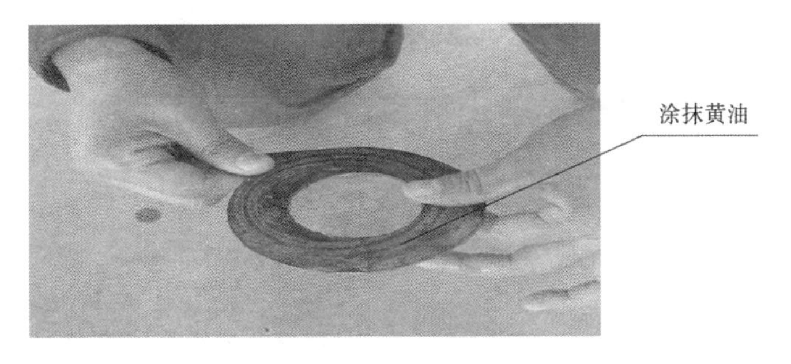

图 3-108　涂抹黄油

（14）用撬杠撬法兰缝隙，安装法兰垫片，调整法兰垫片使其居中且与法兰同心（图 3-109）。

图 3-109　安装法兰垫片

（15）安装阀门一侧四条法兰螺栓，必须对角均匀紧固法兰螺栓（图 3-110）。以同样方法紧固阀门另一侧四条法兰螺栓。

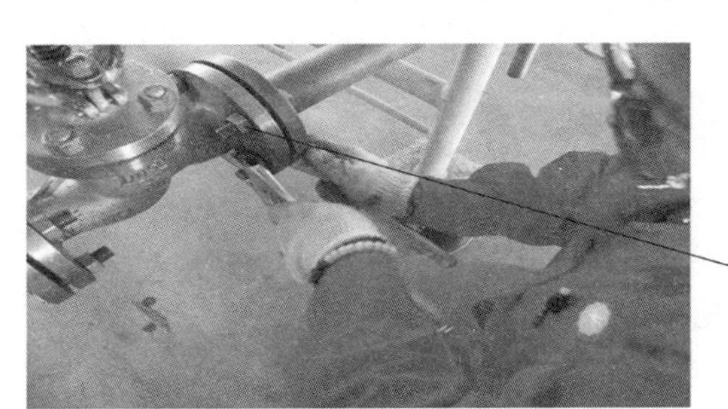

图 3-110　对角紧固法兰螺栓

（16）关闭放空阀，取下放空桶（图 3-111）。

图 3-111　关闭放空阀

（17）打开更换的新阀门（图 3-112）。

图 3-112　打开新阀门

（18）用 F 形扳手开下流控制阀门（图 3-113）。

图 3-113　用 F 形扳手开下流控制阀门

(19) 缓慢开下流控制阀门试压（图 3-114），检查有无渗、漏现象。

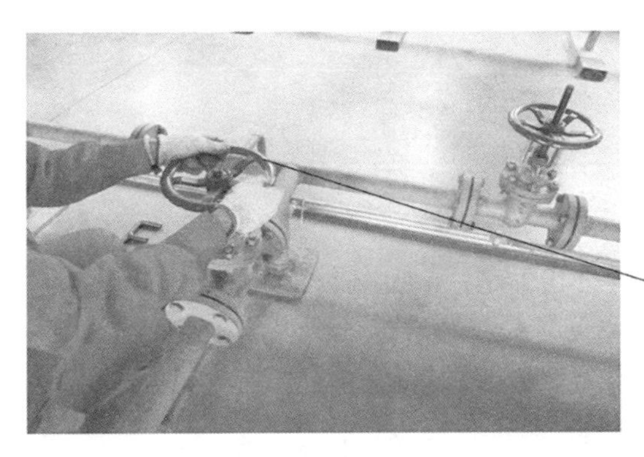

图 3-114 试压

(20) 开下流控制阀门和上流控制阀门至最大后返回半圈，关闭旁通阀门（图 3-115）。

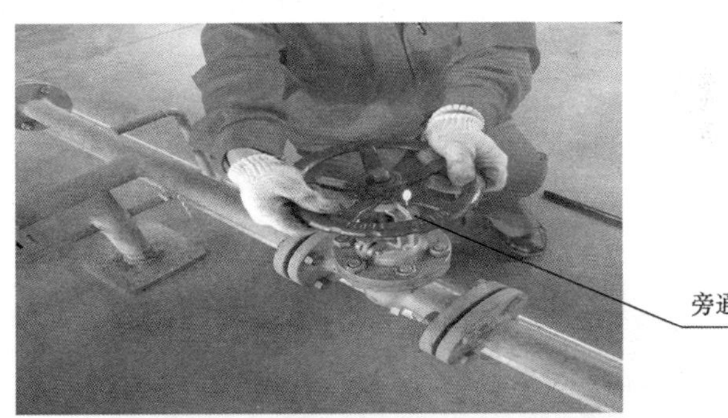

图 3-115 关闭旁通阀门

(21) 记录相关数据，收拾工具，清理现场。

三、注意事项

(1) 正确倒流程，严禁带压操作。

(2) 使用 F 形扳手时应开口向外，开关阀门要侧身操作，严禁手臂超过丝杠。

（3）安装阀门时注意液体进出方向。

（4）制作垫片时应按技术要求制作标准法兰垫片。

（5）倒流程拆旧阀门，清理密封面。切断管路介质并泄压放空，清理密封面。

（6）按照阀门性质正确安装新阀门。

（7）试压时应缓慢打开阀门，倒通流程。

（8）清理现场、收拾工具。

第十一节　更换抽油机井皮带操作

更换抽油机井皮带，是抽油机井日常管理中采油工经常进行的操作项目。

一、工具材料准备

更换抽油机井皮带所需的工具如图 3-116 所示。

（1）备好型号一致的皮带一副，要有检验合格证。

（2）300mm 活动扳手一把，30mm×32mm 梅花扳手一把。

（3）300mm 螺丝刀一把或钢筋棍一根。

（4）1m 撬杠一根，5m 细线一根。

（5）棉纱、黄油若干，试电笔一支、绝缘手套一副。

（6）操作人员必须穿戴好劳保用品。

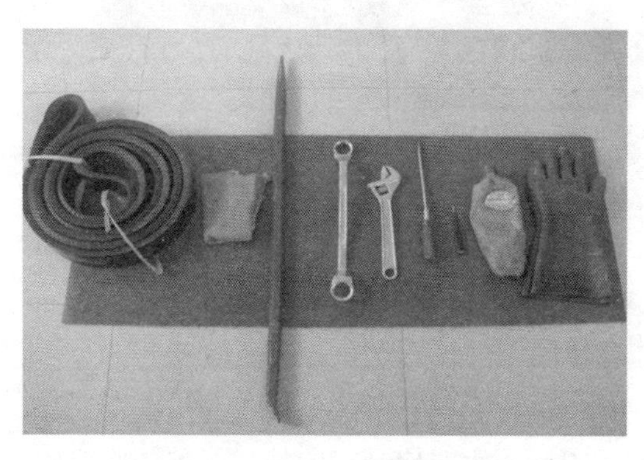

图 3-116　工具材料

二、操作步骤

（1）用试电笔对配电箱进行验电，检查是否漏电。将配电箱内调节开关调至手动位置，再检查刹车是否灵活好用（图 3-117）。

图 3-117　用试电笔检查

（2）按红色停止按钮，刹车将抽油机驴头停在上死点，戴绝缘手套侧身断开空气开关，松开刹车，待曲柄不摆动时方可进行下一步操作（图 3-118）。

图 3-118　停机刹车

（3）先用活动扳手松电机顶丝备帽（图 3-119），再用钢筋棍松电机顶丝使顶丝头部退到顶丝座内，以防止移动电机时碰伤顶丝。

图 3-119　松电机顶丝备帽

（4）用梅花扳手卸电动机滑道固定螺栓（图 3-120）。

图 3-120　卸电动机滑道固定螺栓

（5）用撬杠移动电动机和底座使皮带松弛（图 3-121）。

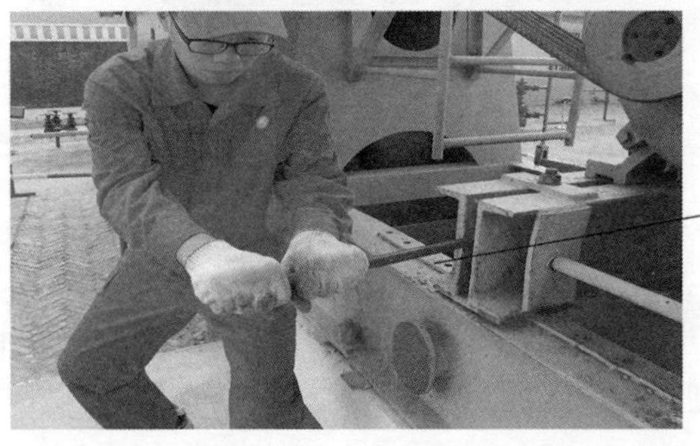

图 3-121　撬杠移动电动机

(6) 用左右手上、下交替取下旧皮带，装上新皮带。装卸皮带时不能戴手套，也不能用手抓皮带，以防止手指绞伤。操作人员在上、下操作台时不能脚踏顶丝和电动机，以防滑落。安装皮带时一定要检查两皮带轮上的皮带是否对应入槽（图 3-122）。

图 3-122　安装皮带

(7) 用撬杠移动电动机（图 3-123）。在顶丝上涂少许黄油，调整顶丝使两皮带轮达到四点一线，同时用手掌在两皮带轮中间位置下压皮带检查松紧度。

图 3-123　移动电动机

(8) 上紧顶丝备帽，在电动机滑道固定螺栓上涂少许黄油，对角紧固螺栓帽，同时要将螺杆底部垫铁扶正（图 3-124）。

(9) 用棉纱清理现场并擦拭工具。确认抽油机周围无人和障碍物，检查刹车，戴绝缘手套侧身合上空气开关，准备启机（图 3-125）。

(10) 按绿色启动按钮使曲柄摆动后再停机，当曲柄摆动方

图 3-124　固定螺栓帽

图 3-125　侧身合空气开关

向与抽油机运转方向一致时，借惯性二次启动（图 3-126）。

图 3-126　按启动按钮

（11）启抽后观察皮带有无打滑、串槽现象，固定螺栓帽有无松动现象（图 3-127）。

图 3-127　皮带运行状况

（12）将配电箱内调节开关调到自动位置，收拾工具并将有关数据记录好（图 3-128）。

图 3-128　记录数据

三、技术要求

（一）四点一线

四点一线是指从减速箱皮带轮与电动机皮带轮边缘，拉一条细线通过两轴中心，看两轮的四个边缘是否在一条直线上。现场检查四点一线可目测进行（图 3-129）。

图 3-129　检查四点一线

(二) 皮带调节过松或过紧的危害

皮带调节过松，易使电动机皮带轮打滑丢转，造成抽油机不能正常工作，严重时烧毁皮带（图 3-130）；皮带调节过紧，会使皮带发热或超过应力范围，易拉伤，使皮带使用寿命缩短。

图 3-130　皮带烧毁脱落

四、常见故障分析及处理

(1) 电动机滑道固定螺栓帽随螺栓杆旋转。

①原因：螺栓锈死。

②处理方法：喷除锈剂或加润滑油除锈。

(2) 固定螺栓杆底部垫铁不正。

①原因：a. 卸电机固定螺栓时没松到位。

b. 紧螺栓帽时没有扶正垫铁打备钳。

②处理方法：a. 卸螺栓帽时要松到位。

b. 紧螺栓帽时要扶正垫铁打备钳。

（3）启抽后皮带打滑、跳动。

①原因：电动机顶丝调整没到位。

②处理方法：重新调整电动机顶丝，使皮带松紧度达到技术要求。

（4）皮带串槽。

①原因：a. 两皮带轮调整没达到四点一线。

b. 安装大轮上的皮带时没有全部进入槽中。

②处理方法：a. 调整电动机顶丝使两皮带轮达到四点一线。

b. 在安装小轮皮带前要检查大轮上的皮带是否对应入槽。

五、注意事项

（1）停机前要先把自启开关拨到手动位置，启机后再将其拨回自动位置。

（2）要戴绝缘手套侧身分、合空气开关。

（3）装卸皮带时不能戴手套和手抓皮带。

（4）操作人员必须将长发安置在工帽内，上衣和袖口的纽扣要扣齐。

（5）操作者必须穿防滑工鞋平稳上下操作台以防止滑落。

（6）不能逆向启动抽油机，防止烧毁电器设备。

（7）启机前必须检查抽油机周围有无人员和障碍物。

第十二节　抽油机井下作业后憋压验证操作

抽油机井下作业维修后，要进行井口憋压验证作业质量，达到规定要求后才能接井投产。

一、工具材料准备

抽油机井下作业后憋压验证所需的工具如图 3-131 所示。

（1）校验合格的 6.0MPa 压力表一块，200mm 活动扳手、250mm 活动扳手各一把。

（2）450mm 管钳一把，专用开关工具一把，秒表一块。

（3）试电笔一支，记录本、笔、擦布。

（4）操作人员必须穿戴好劳保用品（一般由两人配合操作）。

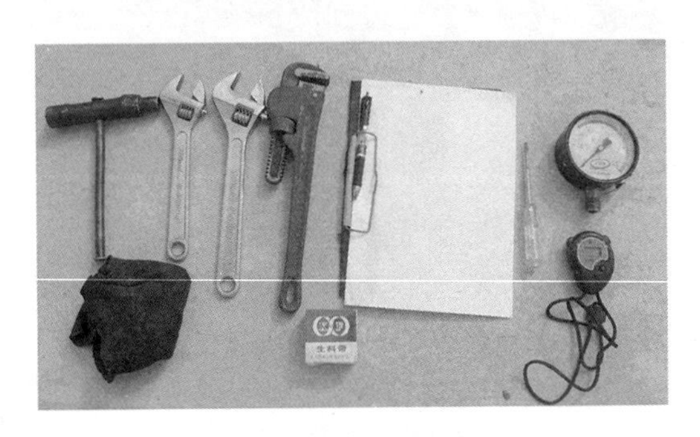

图 3-131　工具材料

二、操作步骤

（1）检查井口流程是否正确，设备是否齐全，阀门是否灵活好用。安装压力表（图 3-132）。

图 3-132　安装压力表

（2）关闭来水阀门（图 3-133）。

（3）一人缓慢关出油阀门（图 3-134）。

图 3-133　关闭来水阀门

图 3-134　关闭出油阀门

（4）观察井口设备（图 3-135），如发现有渗漏现象则必须停止憋压操作，如无渗漏可将出油阀门关严。

图 3-135　观察井口设备

（5）观察油压变化，同时记录停抽时间和压力（图 3-136）。

图 3-136 观察油压

（6）待油压上升到 3.0MPa 时，通知另一人停机刹车，断空气开关（图 3-137）。

图 3-137 停机

（7）记录停抽时间，观察油压变化情况并记录（图 3-138）。一般规定停机验证时间在 10~15min，压降小于 0.1MPa 为合格。

图 3-138 观察油压变化

（8）憋压验证结束后，先开出油阀门泄压（图 3-139）。

图 3-139　开出油阀门泄压

（9）恢复生产流程，卸压力表（图 3-140）。

图 3-140　卸压力表

（10）打开来水阀门，确保掺水循环（图 3-141）。

图 3-141　开来水阀门

（11）按操作规程松刹车，合空气开关启动抽油机（图 3-142）。

图 3-142　启动抽油机

（12）记录油压、套压和电流数据（图 3-143）。

图 3-143　记录数据

（13）清理现场，收拾工具。

三、注意事项

（1）抽油机井憋压验证一般在两种情况下进行：第一种是上述井下作业后憋压验证作业质量；第二种是抽油机井生产一段时期后井下泵况异常，要进行憋压验证抽油杆、油管和抽油泵等工具的工作状况。泵况异常憋压验证时，如果启抽憋压 5min 以上压力不升高，可初步判断为抽油杆或油管断脱；如果启抽憋压压力上升慢，且停抽稳压时压力很快下降，可初步判断为油管或抽油泵漏失严重。可同时进行量油、测示功图综合验证分析。

（2）作业后憋压验证必须由作业施工方和采油队两方同时在场进行。

（3）一般规定作业后憋压验证时，油压达到3.0~4.0MPa之间停机，稳压观察时间在10~15min即可，压降小于0.1MPa为合格。

（4）使用管钳时开口要朝外，开关阀门要侧身操作，禁止手臂超过丝杠。

（5）停机前要用试电笔对配电箱验电，如有自启开关要拨到手动位置。

（6）关闭控制阀门后，方可卸压力表；卸表过程中要注意泄压；装卸压力表时，严禁用手扳表头。

（7）严禁不分空气开关操作，分、合空气开关需戴绝缘手套且侧身操作。

第十三节　螺杆泵井下作业后憋压验证操作

螺杆泵井下作业维修后，要进行井口憋压验证作业质量，达到规定要求后才能接井投产。

一、工具材料准备

螺杆泵井下作业后憋压验证所需的工具如图3-144所示。

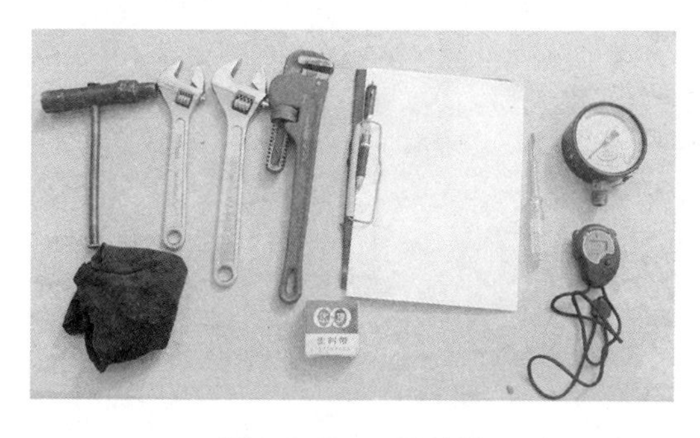

图3-144　工具材料

（1）6.0MPa 压力表一块，200mm、250mm 活动扳手各一把。

（2）450mm 管钳一把，专用开关工具一把，秒表一块。

（3）试电笔一支，记录本、笔、擦布。

（4）操作人员必须穿戴好劳保用品。

二、操作步骤

（1）检查井口流程是否正确，设备是否齐全，阀门是否灵活好用。安装压力表（图 3-145）。

图 3-145 安装压力表

（2）关闭来水阀门（图 3-146）。

图 3-146 关闭来水阀门

（3）缓慢关出油阀门（图 3-147）。

图 3-147　关闭出油阀门

（4）观察井口设备（图 3-148），如发现有渗漏现象则必须停止憋压操作，如无渗漏可将出油阀门关严。

图 3-148　观察井口设备

（5）观察油压变化情况，同时记录时间（图 3-149）。

（6）待油压上升到 2.0MPa 以上时，马上开出油阀门泄压（图 3-150）。

（7）记录压力变化情况，憋压验证结束后卸压力表（图 3-151）。

（8）打开来水阀门恢复生产，确保掺水循环（图 3-152）。

图 3-149　观察油压变化

图 3-150　开出油阀门泄压

图 3-151　卸压力表

图 3-152　开来水阀门

（9）记录油压、套压和电流数据（图 3-153）。

图 3-153　记录数据

（10）清理现场，收拾工具。

三、注意事项

（1）螺杆泵井憋压验证一般在两种情况下进行：第一种是上述井下作业后憋压验证作业质量；第二种是螺杆泵井生产一段时期后井下泵况异常，要进行憋压验证抽油杆、油管和抽油泵等工具的工作状况。憋压验证泵况异常时，如果启抽憋压 5min 以上压力不升高，可初步判断为抽油杆或油管断脱；如果启抽憋压压力上升慢，且达不到 1.5MPa，可初步判断为油管漏失或定子橡胶脱落。可同时进行量油、测动液面综合验证分析。

（2）作业后憋压验证必须由作业施工方和采油队两方同时在场进行。

（3）一般规定作业后憋压验证时，压力达到 2.0~3.0MPa 为合格，憋压时压力不能超过 3MPa。如果憋压时压力达不到 2.0MPa，说明井下有故障，要结合相关资料进行验证分析。

（4）使用管钳时开口要朝外，开关阀门要侧身操作，禁止手臂超过丝杠。

（5）停机前要用试电笔对配电箱验电，如有自启开关要拨到手动位置。

第十四节　更换压力表操作

通过学习使操作者能够正确更换压力表，并掌握这项操作需达到的技术要求和安全注意事项，提高学员的操作水平和安全意识。

一、工具材料准备

更换压力表所需的工具如图 3-154 所示。

（1）校验合格且量程合适的压力表一块。

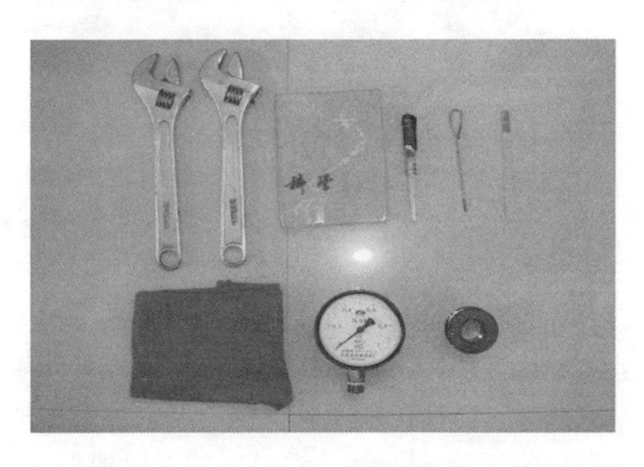

图 3-154　工具材料

（2）200mm 活动扳手两把。

（3）通针一根，钢锯条一根。

（4）密封胶带一卷。

（5）擦布若干。

（6）记录笔一支，记录本一个。

（7）操作人员必须穿戴好劳保用品。

二、操作步骤

（1）根据现场工艺流程的工作压力选择合适的压力表，使工作压力在压力表量程的 1/3~2/3 之间（图 3-155）。

图 3-155　选择压力表

（2）确保检查压力表指针归零，量程线清晰，铅封完好，螺栓齐全紧固，螺纹接头完好，传压孔畅通，表盘无损坏，压力表有校检合格证且在有效期内（图 3-156）。

（3）核对被换压力表与选定的压力表量程是否相符，检查工艺流程是否正确，记录压力值（图 3-157）。

（4）要侧身关闭压力表控制阀门（顺时针为关、逆时针为开），防止手轮飞出伤人（图 3-158）。

（5）人站在侧面，用一把扳手打备钳以防止卸压力表时控制阀门松动造成泄漏，用另一把扳手卸压力表，卸的过程中要缓慢平稳。当压力表松动且指针归零后，方可用手旋转压力表螺纹上

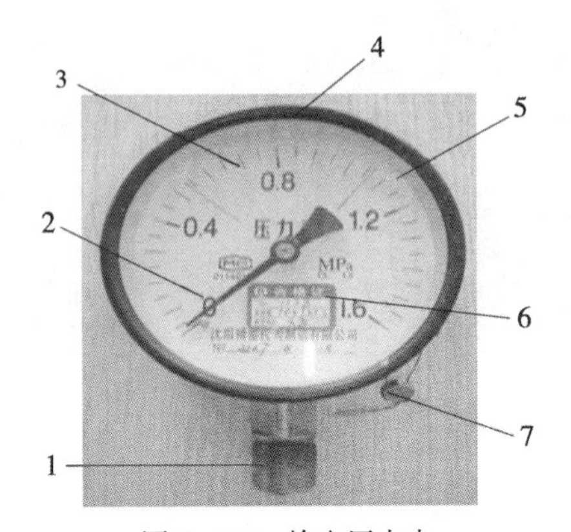

图 3-156　检查压力表

1—螺纹接头完好；2—指针归零；3—量程线清晰；4—螺栓齐全紧固；
5—表盘无损坏；6—校验合格证；7—铅封完好

图 3-157　记录压力值

图 3-158　关压力表控制阀门

部直至卸掉（图 3-159）。

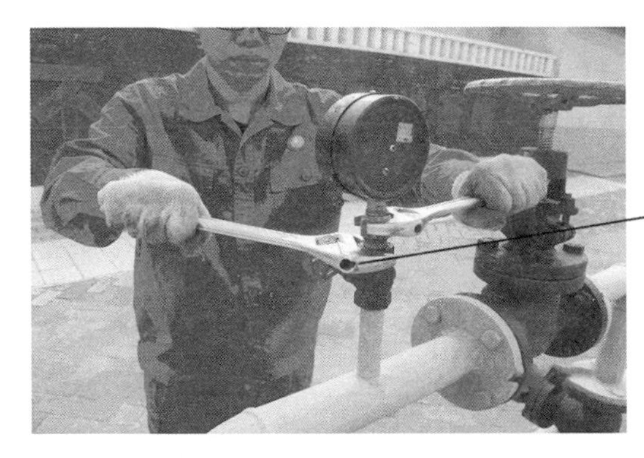

图 3-159　卸压力表

（6）用通针清理压力表接头中的脏物和传压孔，并用擦布擦净（图 3-160）。

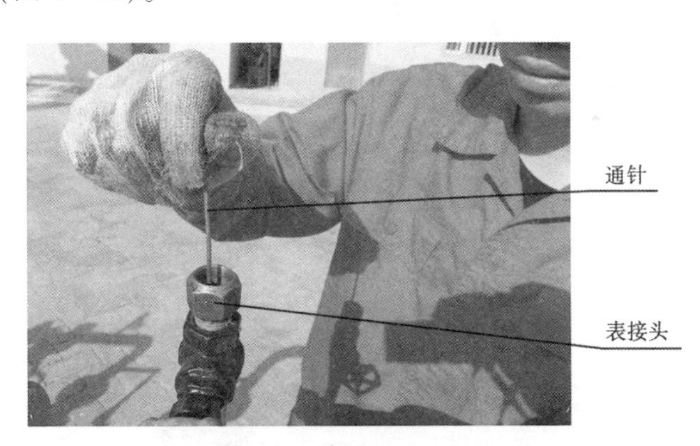

图 3-160　清理压力表接头

（7）在压力表螺纹接头上按顺时针方向缠密封胶带 3 ~ 5 圈（图 3-161）。

（8）将压力表螺纹接头与压力表接头对正，用手卡住压力表螺纹上部缓慢旋转上压力表，待上几扣后确认无偏扣再用活动扳手上紧，要使表盘正面朝着便于观测的方向（图 3-162）。

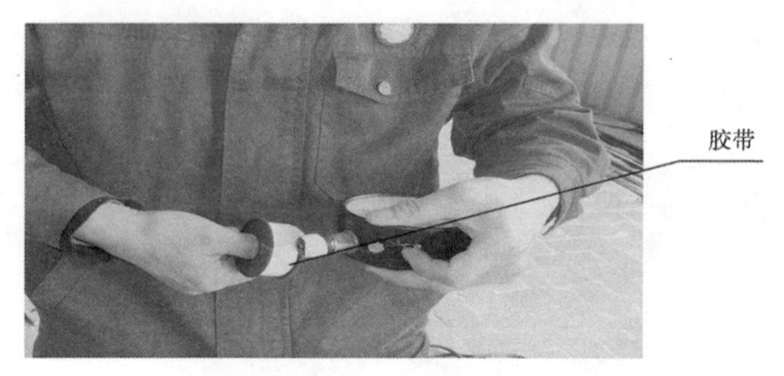

图 3-161 缠密封胶带

图 3-162 安装压力表

（9）侧身缓慢打开压力表控制阀门试压，待压力表指针起压后，检查压力表接头，确定不渗不漏后，方可开大压力表控制阀门（图 3-163）。

图 3-163 试压

（10）观察压力表显示值是否在其量程的 1/3～2/3 之间。读取压力值时眼睛、表针、刻度三点要在一条直线上且垂直于表盘（图 3-164）。

图 3-164　读取压力值

（11）清理表接头处多余的密封胶带（图 3-165）。

图 3-165　清理表接头

（12）观察压力，待压力稳定后，收拾工具，清洁操作现场，记录相关数据（图 3-166）。

三、技术要求

（1）压力表要定期校检，工作压力必须在压力表量程的 1/3～2/3 之间。

图 3-166　记录相关数据

（2）压力表上的两条量程线必须在压力表量程的 1/3 和 2/3 点上。

（3）压力表安装后要不渗不漏，表盘正面要朝着便于观测的方向。

（4）读取压力值时眼睛、表针、刻度三点要在一条直线上且垂直于表盘。

（5）装、卸压力表时要轻拿轻放，使用活动扳手时用力要均匀，防止损坏压力表螺纹接头。禁止用手扳压力表头和装、卸压力表，防止损坏压力表。

四、注意事项

（1）操作前要检查工艺流程是否正确、设备有无渗漏，防止因油气泄漏而发生中毒或火灾事故。

（2）开、关阀门时要缓慢平稳，人要站在侧面，防止手轮和丝杠飞出伤人。

（3）卸压力表时，人要站在侧面且面部偏离压力表轴向，防止压力表飞出伤人。

（4）压力表控制阀门如有放空装置的，要先放空，待压力表指针归零且无溢流量后，再用扳手卸压力表；压力表控制阀门没有放空装置的，要先用扳手缓慢卸压力表观察压力值，待压力表指针归零后再卸压力表，防止压力表脱出伤人。

第十五节　更换法兰垫片操作

通过学习使操作者能够正确更换法兰垫片，并掌握这项操作需达到的技术要求和安全注意事项，提高学员的操作水平和安全意识。

一、工具材料准备

更换法兰垫片所需的工具如图 3-167 所示。

（1）450mm 管钳或 F 形扳手一把。

（2）250mm、300mm 活动扳手各一把。

（3）500mm 撬杠一根，锯条一根。

（4）300mm 钢板尺一把，弯头剪子和划规各一把。

（5）放空桶一个，同规格法兰盘一个。

（6）擦布，黄油，规格合适的石棉板若干。

（7）操作人员必须穿戴好劳保用品。

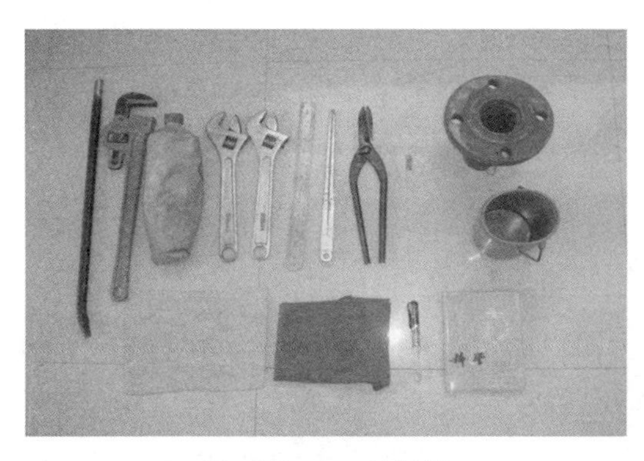

图 3-167　工具材料

二、操作步骤

（1）先用钢板尺测量出法兰盘内径和外径，再用划规在石棉垫上画出内径、外径和手柄（图 3-168）。

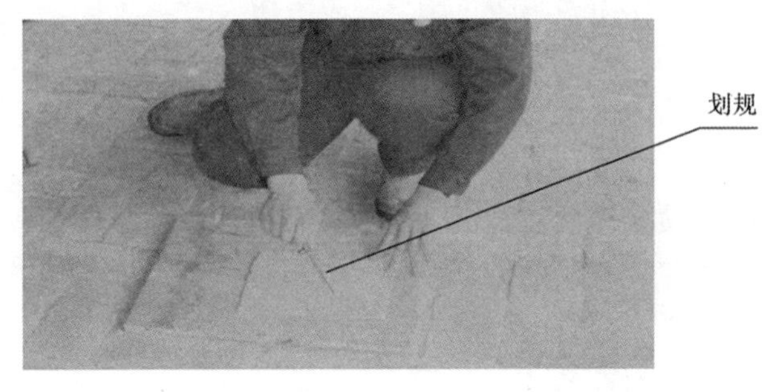

图 3-168　画内径、外径和手柄

(2) 用弯头剪子剪制石棉垫，要求内圆、外圆光滑无毛刺且手柄长度合适（图 3-169）。

图 3-169　制作石棉垫

(3) 检查流程是否正确，侧身打开直通阀门（图 3-170）。

图 3-170　开直通阀门

（4）先侧身关上流控制阀门，再侧身关下流控制阀门，顺序不能错（图 3-171）。

图 3-171　关上、下流控制阀门

（5）用手关上、下流控制阀门后，还要侧身用管钳关严（图 3-172）。

图 3-172　用管钳关严

（6）接好放空桶，缓慢打开放空阀门泄压，防止污染环境。观察压力表，待压力表指针归零且没有溢流量时，方可进行下一步操作（图 3-173）。

（7）先卸法兰片下部螺栓，使管线内的液体从法兰下部流到放空桶内，防止污染环境；再卸松其他螺栓；最后卸掉一条螺栓，便于取、装石棉垫（图 3-174）。

（8）用撬杠撬开法兰片取出旧垫片，撬杠使用时要注意方向，

图 3-173　放空泄压

图 3-174　卸松法兰螺栓

防止滑脱。再用锯条清理两法兰密封平面上的残余物（图 3-175）。

图 3-175　清理法兰平面

（9）在新石棉垫两面涂抹少许黄油。用撬杠撬开法兰片，将新石棉垫放入两法兰片之间，石棉垫的中心位置要与两法兰片同心（图 3-176）。

图 3-176　安装石棉垫

（10）用活动扳手依次对角均匀上紧法兰螺栓（图 3-177）。

图 3-177　上法兰螺栓

（11）紧固法兰螺栓过程中要用手摸、用眼看，确保两法兰片间隙一致（图 3-178）。

（12）先关放空阀门，再侧身稍开下流控制阀门试压，注意观察压力变化（图 3-179）。

（13）确保两法兰片处不渗不漏后，再开大下流控制阀门和上流控制阀门（图 3-180）。

图 3-178　检查法兰片间隙

图 3-179　开下流控制阀门试压

图 3-180　开上流控制阀门

（14）侧身用管钳关严直通阀门，最后观察压力是否正常（图 3-181）。

图 3-181　关直通阀门

（15）收拾工具，清洁操作现场，记录相关数据（图 3-182）。

图 3-182　记录相关数据

三、技术要求

（1）石棉垫内、外圆制作光滑无毛刺，内、外径误差不超过±1mm。

（2）石棉垫内、外圆同心度误差不超过±1mm。

（3）手柄长度一般要求凸出法兰盘外边缘 30mm（便于装取法兰片）。两寸法兰手柄长度一般规定为 50mm，误差不超过±1mm。

（4）检查法兰片渗、漏时要采用听、看、摸的方法进行验证。

（5）按顺序开关阀门，阀门完全开大后要回半圈。

四、注意事项

（1）严禁不放空带压操作。

（2）开阀门试压时要缓慢平稳，防止刺漏伤人。

（3）开、关阀门时要侧身且严禁手臂过丝杠。

（4）要正确使用活动扳手，防止打滑伤人。

（5）使用管钳时开口要向外，防止手轮打出伤人。

（6）使用撬杠时要注意选择好方向，防止滑脱。

第十六节　抽油机井变压器“三字”检查法

一、抽油机井变压器“三字”检查法提出的背景

在日常生产实践中，虽然以往的变压器检查内容对加强变压器的日常维护具有普遍指导意义，但是对一些具体部位的检查缺少细节描述，致使个别生产经验不足的员工，不能及时准确地发现变压器在运行过程中存在的突发性故障和安全隐患，给抽油机井的管理工作带来了不便。为了切实保证变压器检查效果，结合多年的生产管理经验，对原有的检查内容进行了丰富和细化，总结提炼出抽油机井变压器“三字”检查法。

二、抽油机井变压器“三字”检查法的内容

抽油机井变压器“三字”检查法，即运用听、看、查三项判断方式，对高压线路、低压线路、隔离开关、高压熔断器、变压器和空气开关等各部位进行细致检查，通过综合分析判断，及时发现变压器运行过程中存在的各类问题，从而保证抽油机井安全平稳运行。

（一）听

主要是听变压器、隔离开关触头和高压保险处是否有异常声音。

(1) 听变压器运行声（图 3-183）。

正常运行的变压器发出的是均匀的“嗡嗡”声。如果听到连续的“嗡嗡”声比平常加重或有“噼啪”声时，要马上停抽油机并及时汇报。

图 3-183 听变压器运行声

(2) 听隔离开关触头处是否有异常声音（图 3-184）。

正常运行时隔离开关触头处不会发出声音。如听到隔离开关触头处有异常声响，可判断隔离开关触头接触不良，要马上停抽油机并汇报，避免烧坏电器设备。

图 3-184 听隔离开关触头声

(3) 听高压熔断器处是否有异常声音（图 3-185）。

正常运行时高压熔断器处没有声音。如听到高压熔断器处有异常声响，可判断为高压熔断器有故障，要马上停抽油机并汇报。

图 3-185　听高压熔断器声

（二）看

主要是查看高压供电线路、隔离开关触头、高压熔断器、变压器油的颜色和变压器高、低压线接头。

（1）看高压供电线路有无异常（图 3-186）。

如果发现高压供电线路有打火花或断脱现象，应马上停机并及时汇报，同时要保护好现场，阻止人员接近断脱的高压电线，防止触电或火灾事故的发生。

图 3-186　看高压供电线路

（2）看隔离开关触头部位有无异常（图 3-187）。

检查时如看到隔离开关触头部位有打火花现象，说明开关触头虚接，要马上停机并及时汇报，同时保护好现场，防止火灾事故的发生。

图 3-187　看隔离开关触头

（3）看高压熔断器部位（图 3-188）。

检查时如看到高压熔断器烧毁脱落或打火花，要立即停机并汇报，防止缺相运行烧毁电动机。

图 3-188　看高压熔断器

（4）看变压器油的颜色（图 3-189）。

正常运行的变压器油呈浅黄色，如果发现变压器油颜色异常，要马上停机并汇报，由专业电工对变质的变压器油进行更换。

（5）看变压器高、低压线接头（图 3-190）。

查看变压器高、低压引线及线柱接头有无虚接、氧化和打火

图 3-189　看变压器油的颜色

花现象，如发现异常要停机并及时汇报。

图 3-190　看变压器高、低压引线

（三）查

主要是检查变压器有无渗漏油，油标内的油面、空气开关和变压器各部位接地线。

（1）检查变压器有无渗漏油（图 3-191）。

①检查变压器外壳和端盖，如有渗、漏油现象要及时汇报。

②检查变压器底部丝堵，如发现渗、漏油则说明密封不好或有被偷盗油的现象。

（2）检查油标内的油面（图 3-192）。

油面应在标尺指示的-30～40℃ 之间为合格。按规定，冬季

图 3-191　检查变压器

最冷时油面不能低于-30℃指示线，夏季温度最高时油面不能超过40℃指示线。

图 3-192　油标内的油面

（3）检查空气开关有无异常（图 3-193）。

检查空气开关进线、出线接头及线柱有无虚接、氧化过热和打火花现象，查看零线接地螺栓是否紧固，如发现问题要停机并及时汇报。

（4）检查变压器各部位接地线是否牢固。

①检查变压器外壳接地（图 3-194）。

如发现变压器零线接头有松动、脱落和氧化现象要马上停机并及时汇报。

图 3-193　检查空气开关

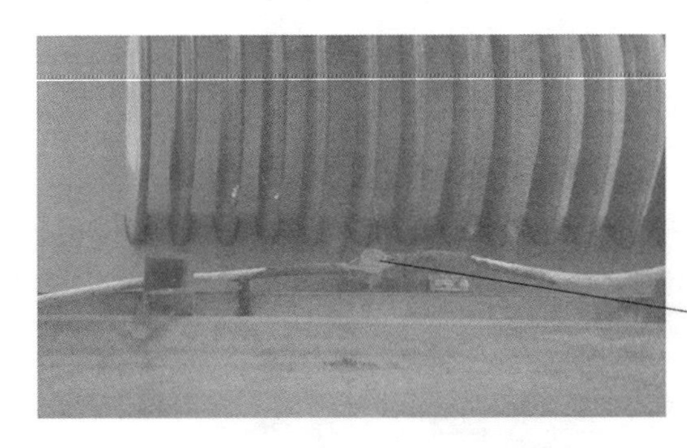

图 3-194　变压器外壳接地

②检查隔离刀开关接地部位（图 3-195）。

如发现零线接头螺栓有松动、脱落现象，要马上停机并及时汇报。

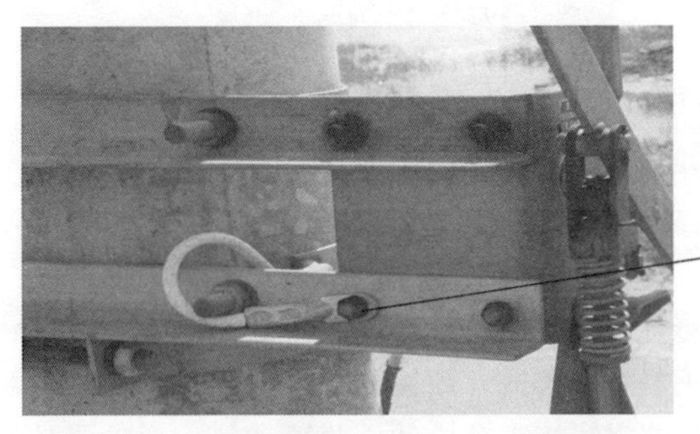

图 3-195　隔离刀开关接地

③检查其他各部位零线接地（图 3-196）。

检查零线接头有无脱落，固定螺栓是否紧固，如发现问题要马上停机并及时汇报。

图 3-196　其他各部位零线接地

三、抽油机井变压器“三字”检查法的实施效果

充分利用技术课堂，对抽油机井变压器“三字”检查法进行讲解辅导（图 3-197），并要求采油工在日常抽油机井巡检中进行实践应用，取得了较好效果。

图 3-197　技术课堂

（1）该检查法形象直观、操作具体。岗位员工通过学习能够在较短时间内理解，很快掌握抽油机井变压器检查的要领，提高了巡检效率和巡检质量。

（2）能够准确判断抽油机井存在的安全隐患。利用该方法对变压器进行检查，能随时关注变压器运行过程中的细微变化，能及时准确地判断抽油机井存在的风险和隐患。

（3）通过综合运用抽油机井变压器“三字”检查法，能够及时发现抽油机井生产动态变化，为采取合理措施提供依据，提高了抽油机井的管理水平。

（4）抽油机井变压器“三字”检查法，同时适用于其他机械设备（如螺杆泵、潜油电泵）中变压器的检查。

抽油机井变压器“三字”检查法，于2009年获大庆油田采油二厂第六作业区操作创新一等奖。目前已在大庆油田采油二厂第六作业区推广应用。

第十七节 抽油机井“六字”检查法

一、抽油机井“六字”检查法提出的背景

在日常生产实践中，虽然以往的抽油机井检查内容对加强抽油机井的日常管理具有普遍指导意义，但是对一些具体部位的检查缺少细节描述，致使个别管理经验不足的员工不能及时准确地发现抽油机井潜在的故障和隐患，给管理工作带来了不便。为了切实搞好抽油机井的巡检工作，结合多年的生产管理经验，对原有的巡回检查内容进行了丰富和细化，总结出了抽油机井“六字”检查法。

二、抽油机井“六字”检查法的内容

抽油机井“六字”检查法，即通过听、看、摸、查、测、闻等判断方式，对井口、配电箱、电动机、变压器及各运转部位进行细致检查，并进行综合分析判断，及时发现抽油机井运行过程中存在的各类问题。

（一）听

要注意听以下几种声音：出油声和掺水声；电动机运行声；变压器运行声。

（1）听出油声和掺水声（图 3-198）。

到井口用启子顶住出油管线，对着耳朵听出油声及掺水声是否正常。抽油泵工作正常时，在驴头上冲程过程中可听到较大的出油声。同时还可监听井内是否有刮杆碰泵等异常声音。

图 3-198　听出油声和掺水声

（2）听电动机运行声（图 3-199）。

①检查时如听到电动机发出较大的“嗡嗡”声，说明电动机负荷过大，可能是三相电流不平衡或电动机单相运转，应马上停机并汇报。

②如果听到电动机发出“嗞嗞”或“咕噜咕噜”声响，说明电动机轴承缺油或损坏，要马上停机并及时汇报处理。

③在检查过程中，如听到抽油机在上冲程时电动机运行声音

图 3-199　听电动机运行声

大，下冲程时电动机运行声音小，说明平衡块偏轻，需及时汇报并调整抽油机平衡。

(3) 听变压器运行声（图 3-200）。

①正常运行的变压器发出的是均匀的“嗡嗡”声。

②若听到“嗡嗡”声比平常加重，要及时汇报。

③当听到有“噼啪”声时，则是变压器内部绝缘有击穿现象，要马上停机，让专业电工进行处理。

图 3-200 听变压器运行声

（二）看

主要看以下几个部位：油、套压；配电箱箱内线路；变压器引线和接头；变压器油的颜色。

(1) 看油、套压变化（图 3-201）。

查看油压、套压变化是否在合理范围内。驴头上、下冲程运

图 3-201 看油压和套压

动过程中油压是否随着驴头上行时向上波动，下行时向下波动。

（2）看配电箱箱内的线路（图 3-202）。

查看配电箱箱内的线路和元件，如有虚接、氧化过热或打火花现象，要及时停机并汇报。

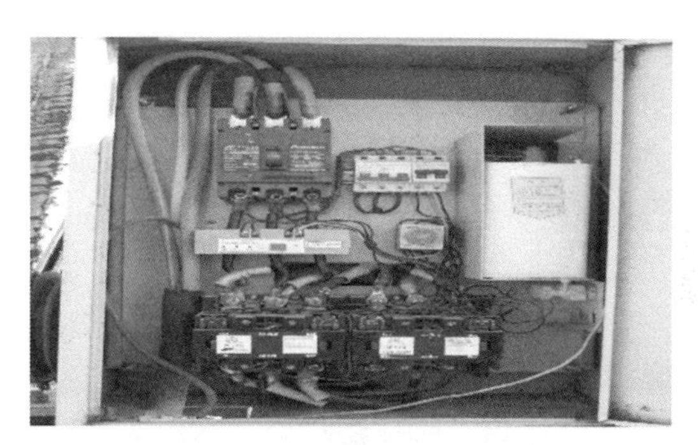

图 3-202　查看配电箱箱内线路元件

（3）看变压器引线和接头（图 3-203）。

查看变压器高、低压引线及线柱接头，如有虚接、氧化或打火花现象，要马上停机，并及时汇报。

图 3-203　变压器线路

（4）看变压器油的颜色（图 3-204）。

正常运行的变压器油呈浅黄色，如发现变压器油颜色异常，要马上停机，并及时汇报。

图 3-204 变压器油的颜色

（三）摸

用手触摸以下部位：光杆；回油管线；掺水管线；电动机外壳。

（1）用手指背触摸光杆（图 3-205）。

用手指背在抽油机上冲程时触摸光杆判断密封填料松紧度，如果光杆温度较高可判断密封盒压帽调整过紧。

图 3-205 触摸光杆

（2）用手指背摸回油管线（图 3-206）。

如果掺水量和掺水温度正常而出油管线温度较高时，可初步判断该井出油异常，要进一步检查核实。

图 3-206 摸回油管线

(3) 用手指背摸掺水管线（图 3-207）。

如果掺水管线凉了，可判断掺水不循环，要进一步检查处理。

图 3-207 摸掺水管线

(4) 用手指背摸电动机外壳（图 3-208）。

若壳体发热但不烫手，说明电动机运行正常（一般规定电动机壳体温度低于 60℃为合格）。

(四) 查

检查以下部位：检查抽油机各部位螺栓；检查抽油机是否平衡；检查减速箱油面。

(1) 检查抽油机各部位螺栓（图 3-209）。

图 3-208　摸电动机外壳

检查抽油机各部位螺栓有无松动、脱落现象，如果发现问题要马上停机并及时汇报处理。

图 3-209　检查各部位螺栓

（2）检查抽油机是否平衡（图 3-210）。

平衡调整较好的抽油机，停机后曲柄可停留在任何位置不动，或曲柄向前滑动一个很小的角度停下。如果停抽后曲柄都要反复摆动几下，最后使驴头停在上死点，则说明平衡块偏重，反之，若驴头停在下死点，则说明平衡块偏轻，就需要调整抽油机平衡。

（3）检查减速箱内油面。

减速箱油面的检查方式有两种：一种是减速箱油位看窗式；另一种是减速箱丝堵检视孔式。

图 3-210　观察抽油机平衡

① 油位看窗式的检查方法。先按要求停机再查看减速箱上的油位看窗，油面在油面上线与油面下线之间为合格（图 3-211）。

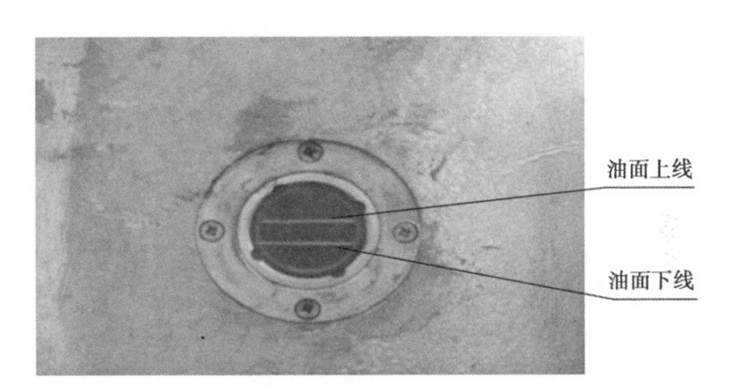

图 3-211　油位看窗

②丝堵检视孔式的检查方法。先按要求停机再卸油面上检视孔丝堵，如见油则说明减速箱内的油加得过多；若不见油再卸下检视孔丝堵，如见油则说明油面在两个检视孔之间，为合格；如果卸下检视孔丝堵时看不见油则说明减速箱内缺油（图 3-212）。

（五）测

测电动机三相电流（图 3-213）。

用电流表分别测电动机三相电流，要求三相电流中任何一相与三相电流平均值的偏差要小于±5%。在测量时如发现其中两相

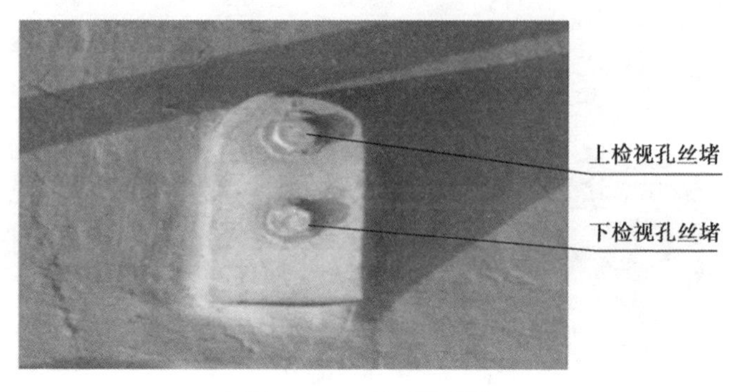

图 3-212　丝堵检视孔

电流上升，一相电流下降且电动机运行声音较大时，可初步判断为电动机缺相运转，应立即停机汇报并查找原因。

图 3-213　测电动机电流

（六）闻

要注意闻以下几个部位：井口；控制箱；电动机及接线盒。

（1）检查井口时如闻到刺鼻的气味，要立即采取相应措施进行处理，防止污染环境，确保安全生产（图 3-214）。

（2）检查配电箱时，要注意闻箱内是否有电器元件过热发出的焦煳味，如闻到焦煳味，要立即停机断电，并及时汇报（图 3-215）。

（3）检查电动机和接线盒时，如闻到焦煳味或绝缘漆气味要迅速停机断电并及时汇报，避免烧毁电动机或接线盒（图 3-216）。

图 3-214　检查井口

图 3-215　检查配电箱

图 3-216　检查电动机

三、抽油机井“六字”检查法实施效果

通过利用技术课堂和现场实际操作演练，对抽油机井“六字”检查法进行讲解学习（图 3-217），并要求岗位员工在日常巡检中实践应用，取得了较好的效果。

图 3-217 现场讲解

（1）抽油机井“六字”检查法形象直观、易于理解、便于掌握，具有较强的可操作性，对提高岗位员工的技能水平起到很好的作用。

（2）能够准确判断设备存在的安全隐患。利用该方法对抽油机进行检查，关注设备运行过程中的细微变化，能及时准确判断设备存在的风险和隐患。

（3）通过综合运用抽油机井“六字”检查法，能够及时发现抽油机井生产动态变化，为采取合理措施提供依据，同时提高了抽油机井管理水平。

抽油机井“六字”检查法于 2014 年获大庆油田第二采油厂先进工作法，并已在大庆油田采油二厂推广应用。

第四章　巧计绝活与技术革新

第一节　防止温度计破损技巧

一、问题的提出

温度计普遍应用在油田工艺流程、设备和管线上（图 4-1），用于监测各种介质温度变化情况。正常工作的温度计放置在温度计测量孔座内，温度计测量孔座的深度一般是温度计身长的二分之一左右，温度计有一半裸露在测量孔座外。现场使用过程中经常发生操作不当使温度计破损，遗留在测量孔座内很难从中取出的问题。

为防止温度计破损，我们研制出温度计防护衬套，该成果能有效防止温度计破损，同时节约温度计费用。

图 4-1　温度计现场应用

二、解决的方法和操作步骤

（1）用尺寸合适的铜管制作温度计防护衬套（图 4-2）。

（2）防护衬套外径要小于温度计测量孔座内径 1mm，便于防护衬套插入测量孔座内；防护衬套内径要大于温度计外径 1mm，

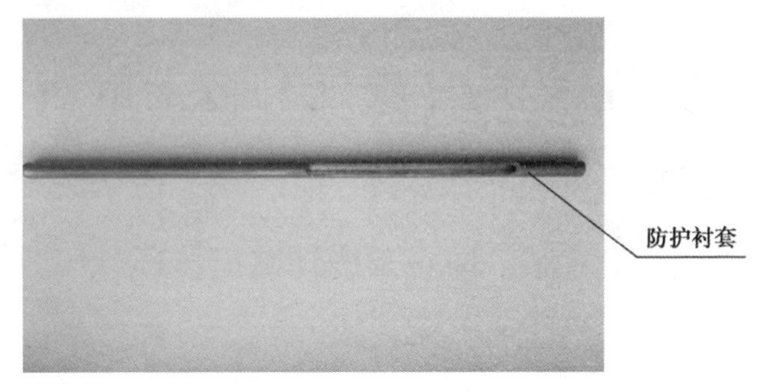

图 4-2　防护衬套结构

便于将温度计套装在防护衬套内；防护衬套长度要大于温度计身长 20mm，可防止操作不当损坏温度计。

（3）在防护衬套表面用锉刀开出长度 100mm、宽度 6mm 左右的看窗（图 4-3），通过看窗便于观测温度计上温度刻度值的变化。

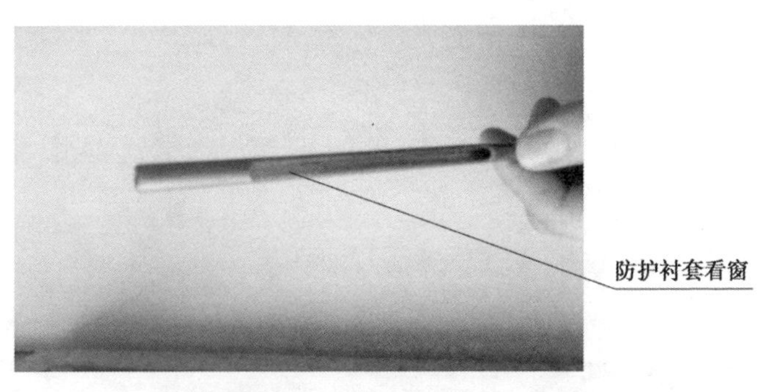

图 4-3　防护衬套看窗

（4）用小手锤将防护衬套一端铆成圆弧状，中间留有测温液导流孔（图 4-4），温度计测量孔座内必须装有测温液，否则造成温度数值误差大。

（5）把温度计套装在防护衬套内，放置在温度测量孔座内（图 4-5）。

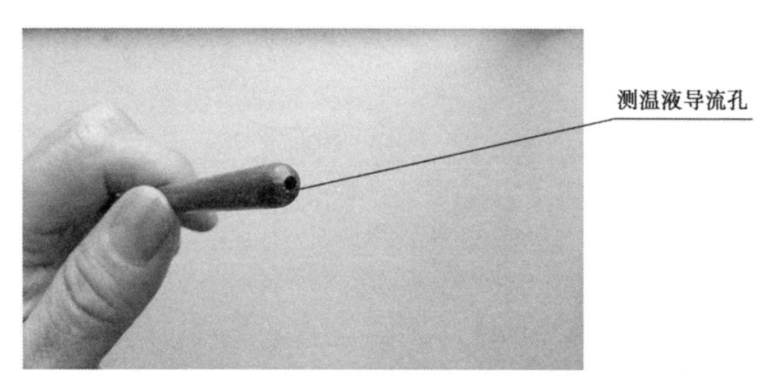

图 4-4　测温液导流孔

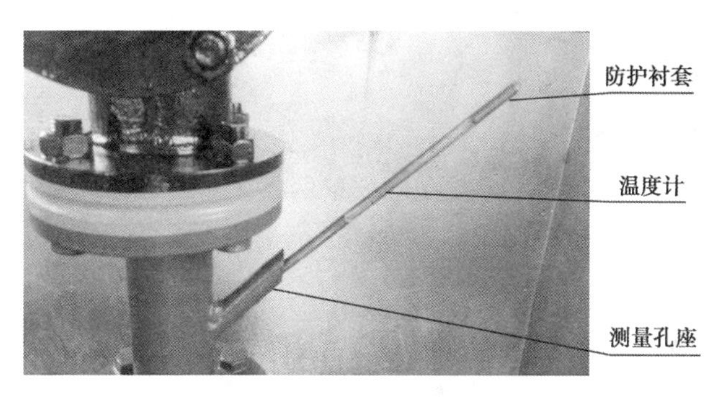

图 4-5　温度计现场应用

三、实施效果

该成果在现场应用可防止温度计损坏，同时节约温度计费用。该成果适用于油田工艺流程、设备和管线，推广覆盖率高、前景好。该成果于 2015 年获大庆油田第二采油厂五小成果奖励，目前已在大庆油田第二采油厂革新示范区推广应用。

第二节　滚动法校正电动机技巧

一、问题的提出

抽油机井电动机的安装和位置的调整要求两皮带轮要达到四点一线。在现场横向移动电动机位置时，可以使用电动机顶丝或撬杠进行调整（图 4-6）；在纵向移动电动机位置时，因受操作空间的限制，一般采用大锤击打进行调整，但该调整方式既易损坏设备又不安全。特别是女工或身体弱小的操作人员，在移动 37kW 以上电动机时，费时、费力，很难完成操作。

为了解决这一生产中的难题，笔者研制出了滚动法快速校正电动机方法。

图 4-6　电动机移动方向

二、解决的方法和操作步骤

（1）工具及材料的准备如图 4-7 所示。

①绝缘手套一副。

②500mm 撬杠一根。

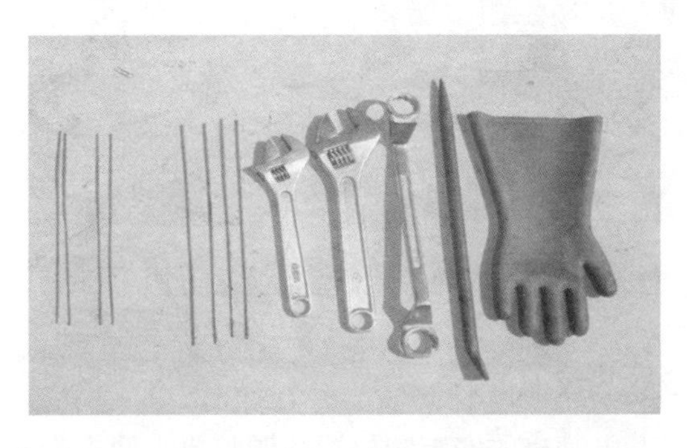

图 4-7　工具及材料

③梅花扳手一把。

④活动扳手两把。

⑤钢丝滚杠八根（直径 ϕ4mm 左右）。

⑥操作人员必须穿戴好劳保用品。

(2) 按操作规程进行停机操作。先分开自启装置再停机刹车，戴绝缘手套侧身断开空气开关（图 4-8）。

图 4-8　停机

(3) 用活动扳手先卸松电动机顶丝备帽，再卸电动机顶丝，使顶丝头部退到顶丝座内，防止移动电机时碰坏顶丝（图 4-9）。

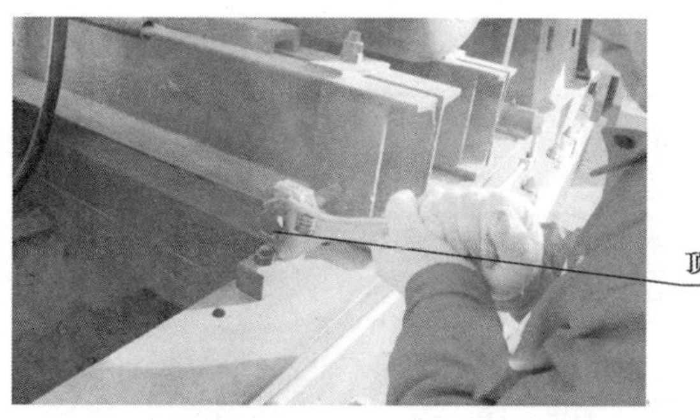

图 4-9　卸电动机顶丝

(4) 用梅花扳手分别卸松 4 条电动机滑道固定螺帽，使螺杆上、下有 4mm 的可串量，以便于插入钢丝滚杠（图 4-10）。

图 4-10　卸电动机滑道固定螺帽

（5）用撬杠撬起电动机滑道，将钢丝滚杠插入滑道与抽油机底座上平面之间（图 4-11）。

图 4-11　插入钢丝滚杠

（6）再把另外 3 根钢丝滚杠分别插入电动机滑道与抽油机底座上平面之间（图 4-12）。

图 4-12　钢丝滚杠的安装

（7）用500mm长的短撬杠，轻松地横向移动电动机的位置（图4-13）。

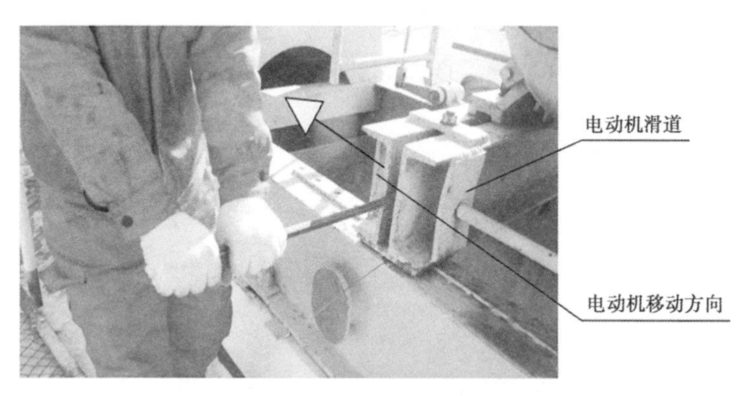

图4-13　横向移动电动机

（8）皮带松弛后，便于电动机横向、纵向的调整或抽油机皮带的更换（图4-14）。

图4-14　皮带松弛

（9）分别卸松电动机底座4条固定螺帽，使螺杆上、下有4mm的可串量便于插入滚杠（图4-15）。

（10）用撬杠撬起电动机底座，将钢丝滚杠插入电动机底座

图 4-15　卸电动机底座螺帽

与滑道上平面之间（图 4-16）。

图 4-16　撬起电动机底座

（11）分别将另外 3 根钢丝滚杠插入电动机底座与滑道上平面之间（图 4-17）。

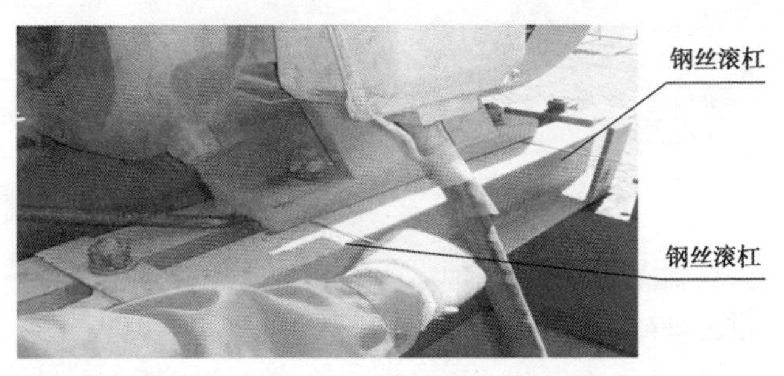

图 4-17　插入钢丝滚杠

（12）用目测的方法观察电动机和减速箱两皮带轮四点一线的位置偏差（图 4-18）。

图 4-18　目测观察四点一线

（13）依据两皮带轮四点一线的偏差，可用手推电动机前端，向后纵向调整电动机和皮带轮的位置（图 4-19）。

图 4-19　向后纵向调整电动机

（14）也可以用手推动电动机后端，向前纵向调整电动机和皮带轮的位置，使其达到四点一线的技术要求（图 4-20）。

（15）校正完两皮带轮四点一线后，先对角拧紧电动机底座 4

个固定螺帽（图 4-21）。

图 4-20　向前纵向调整电动机

图 4-21　紧电动机底座固定螺帽

（16）调整电动机顶丝使皮带松紧度合适，同时使两皮带轮达到四点一线，并且要上紧顶丝备帽（图 4-22）。

图 4-22　调整电动机顶丝

（17）最后对角拧紧电动机滑道 4 个固定螺帽（图 4-23）。

图 4-23　紧滑道固定螺帽

（18）按操作规程进行启机操作，先戴绝缘手套，侧身合上空气开关，再启机（图 4-24）。

图 4-24　启机

（19）启抽后恢复自启装置，检查电动机及皮带轮运行状况，收拾工具，清洁操作现场。

三、实施效果

该方法利用滚动摩擦阻力小的原理，校正电动机位置时只需一人在 15min 左右就能完成操作。此方法的应用大大减轻了员工的劳动强度，缩短了停机时间，提高了工作效率和抽油机井的运转时率。该成果于 2010 年获大庆油田第二采油厂金点子创新操作法一等奖，于 2016 年在《石油技师》第一期中发表，目前在大庆油田推广应用。

第三节　抽油机密封盒葫芦头治漏技巧

一、问题的提出

抽油机井在运转过程中，密封盒葫芦头处时常发生渗油、漏油现象，给生产管理带来不便。用原方法处理该问题需要两人操作，用时达 60min 左右，操作难度大、劳动强度高。为了解决这一生产难题，笔者摸索出了“抽油机密封盒葫芦头简便治漏法”。

二、解决的方法和操作步骤

（1）工具及材料的准备如图 4–25 所示。

①绝缘手套一副。

②电工刀一把。

③101 胶水一瓶，透明胶带若干。

④36in 管钳一把。

⑤带状密封填料一段（可选用废旧皮带上剥离出的橡胶层）或橡胶截面直径大于 4mm 的橡胶圈。

⑥铁丝钩一个。

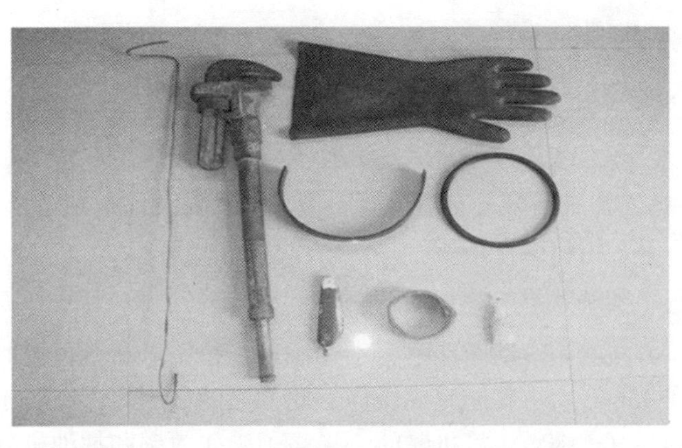

图 4–25　工具及材料

⑦操作人员必须穿戴好劳保用品。

（2）按操作规程进行停机操作，先分开自启装置，停机刹车，戴绝缘手套，侧身断开空气开关（图4-26）。

图4-26　停机刹车

（3）交替关闭井口两侧胶皮阀门，使光杆位于密封盒中心（图4-27）。

图4-27　关闭井口胶皮阀门

（4）缓慢松密封盒压帽泄压，待无压后松密封盒压帽1～2圈，再用管钳卸松密封盒葫芦头上的锁片（图4-28）。

图 4-28　卸松葫芦头锁片

（5）用管钳卸密封盒葫芦头压盖（图 4-29）。

图 4-29　卸葫芦头压盖

（6）手抓密封盒搬把，左右旋转上提葫芦头及密封盒（图 4-30）。

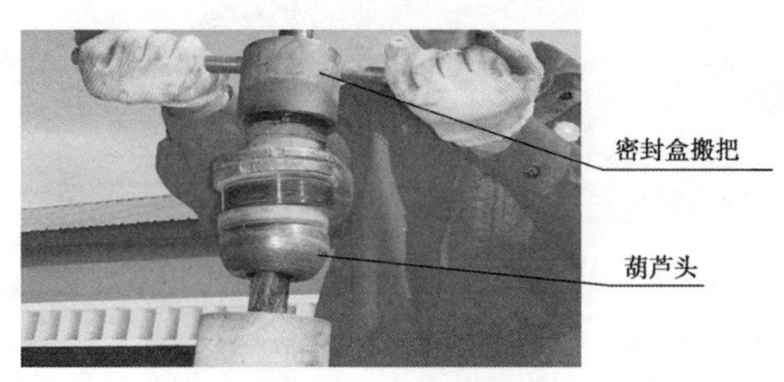

图 4-30　上提葫芦头

（7）用铁丝钩把密封盒和葫芦头悬挂牢固（图 4-31）。

图 4-31　悬挂密封盒

（8）用擦布清理密封盒葫芦头下部密封座（图 4-32）。

图 4-32　葫芦头下部密封座

（9）取长度合适的带状密封填料或废旧皮带上剥离出的橡胶层（图 4-33）。

图 4-33　选择合适的密封填料

（10）将带状密封填料按顺时针方向缠绕在光杆上一圈（图4-34）。

图 4-34　缠绕带状密封填料

（11）把带状密封填料两端的接头重叠后，用 101 胶水粘接牢。带状密封填料缠绕的外径要略小于葫芦头直径，然后把粘接好的带状密封填料放入葫芦头下部密封座上（图 4-35）。

图 4-35　粘接密封填料接头

（12）还可采用橡胶截面直径大于 4mm 的橡胶圈进行治漏。先量好长度，再将橡胶圈切割出倒角（图 4-36）。

图 4-36　切割橡胶圈倒角

（13）把切割好的橡胶圈按顺时针方向缠绕在光杆上，橡胶圈两端的倒角要对应（图 4-37）。

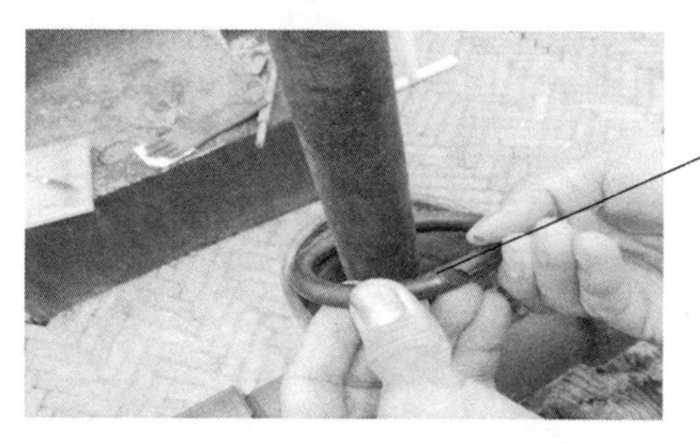

图 4-37　缠绕橡胶圈

（14）用 101 胶水把橡胶圈两端的接头倒角对应粘接牢，橡胶圈的外径要略小于葫芦头直径（图 4-38）。

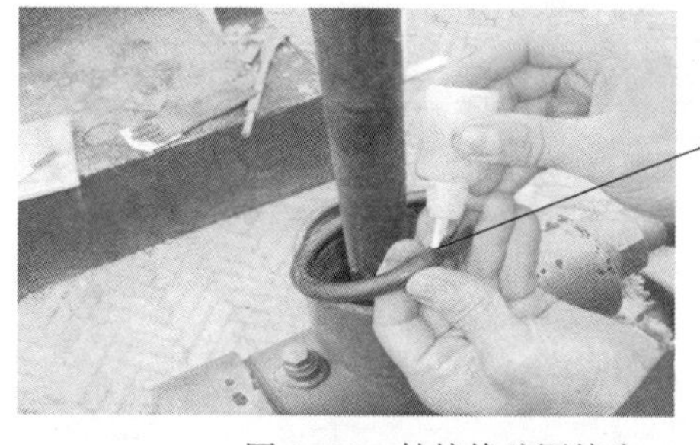

图 4-38　粘接橡胶圈接头

（15）将粘接好的橡胶圈放入葫芦头下部密封座上（图4-39）。

图4-39 葫芦头密封座

（16）卸掉铁丝钩，对正葫芦头下部密封座，下放葫芦头及密封盒（图4-40）。

图4-40 下放葫芦头和密封盒

（17）操作人员站稳后，将葫芦头上部密封座摆正，用管钳上紧葫芦头压盖（图4-41）。

图 4-41　紧葫芦头压盖

（18）用管钳将葫芦头锁片上紧后，再把密封盒压帽上紧（图 4-42）。

图 4-42　锁牢葫芦头锁片

（19）缓慢打开一侧胶皮阀门试压，确认葫芦头处不渗不漏后，再打开另一侧胶皮阀门（图 4-43）。

图 4-43　开胶皮阀门试压

（20）按操作规程进行启机操作，松刹车，戴绝缘手套，侧身合开关，启机（图 4-44）。

图 4-44　启机

（21）启机后恢复自启装置，检查密封盒葫芦头处是否有渗油、漏油现象，调整密封盒压帽松紧度，观察抽油机运行状况，收拾工具并清洁操作现场。

三、实施效果

抽油机密封盒葫芦头治漏技巧操作简单，一人操作只需 20min 左右就可完成。现场应用该方法既能减轻员工的劳动强度，又能提高工作效率，同时还能提高抽油机井的运转时率，增加产油量。目前已在大庆油田第二采油厂多口井上应用，取得了较好的效果，使用最长的井已达到 10 年以上。该方法于 2014 年获大庆油田第二采油厂优秀技术革新成果三等奖，于 2016 年在《石油技师》第一期中发表。

第四节　楔入膨胀法巧卸抽油机曲柄销

一、问题的提出

抽油机井设备长期在户外环境下工作，由于曲柄销、销套及曲柄销孔之间存在配合间隙，在雨、雪等环境的影响下易产生锈蚀粘连。现场调整冲程或更换曲柄销时，经常遇到曲柄销锈死在销套内，很难使其与曲柄分离，影响了抽油机井的日常管理。为了解决该技术难题，笔者摸索出了“楔入膨胀法巧卸抽油机曲柄销”方法。

二、解决的方法和操作步骤

（1）工具及材料的准备如图4-45所示。

①绝缘手套一副。

②大锤一把。

③合适的呆头扳手一把。

④活动扳手一把。

⑤钢楔和U形斜铁各一个。

⑥防掉链一条。

⑦操作人员必须穿戴好劳保用品。

图4-45　工具及材料

（2）先分开自启装置，停机刹车，戴绝缘手套，侧身断开空气开关（图4-46），按操作规程的要求打好卸载卡子，卸载后再

图4-46　停机刹车

进行操作。

(3) 用活动扳手卸曲柄销子挡片的固定螺栓，取下挡片，卸掉曲柄销螺帽（图 4-47）。

图 4-47 卸挡片的固定螺栓

(4) 将钢楔插入曲柄与曲柄销壳体之间的空隙，挂好防掉链（图 4-48）。

图 4-48 插入钢楔

(5) 操作人员站稳后，用大锤击打震荡钢楔尾部（图 4-49）。

图 4-49　击打震荡钢楔

（6）在大锤击打和震荡的作用下，曲柄销与销套及曲柄分离（图 4-50）。

图 4-50　曲柄销与曲柄分离

（7）当曲柄与曲柄销壳体之间空隙变大时，可先把 U 形斜铁插入两者空隙中，挂好防掉链，再插入钢楔用大锤进行击打(图 4-51)。

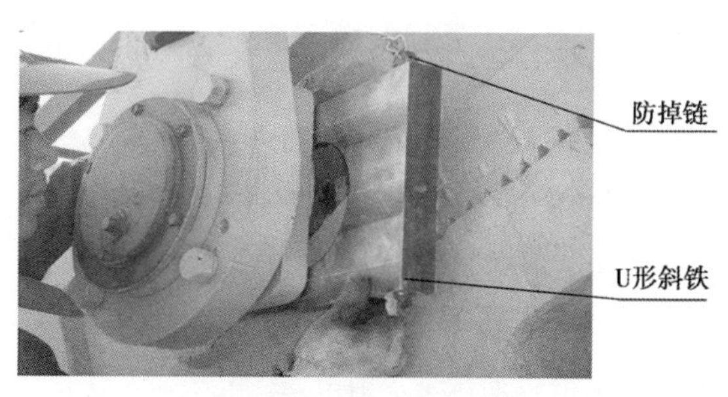

图 4-51　插入 U 形斜铁

（8）调完冲程或更换完曲柄销子后，将曲柄销子对正插入曲柄孔内，上紧曲柄销螺帽，用活动扳手紧固挡片螺栓（图 4-52）。

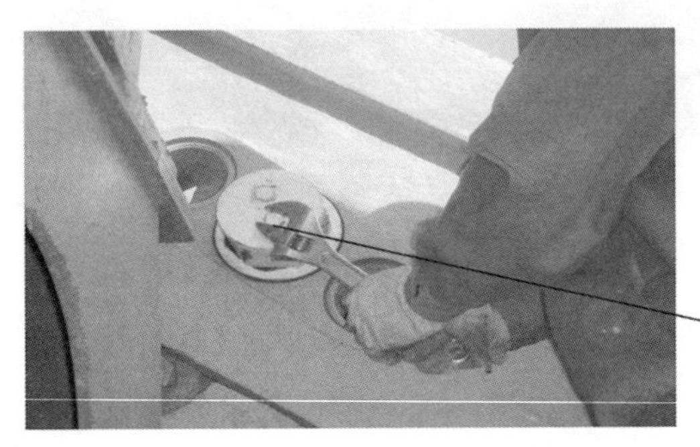

图 4-52　紧固挡片螺栓

（9）松开刹车按操作规程卸掉卸载卡子，戴绝缘手套，侧身合空气开关，启机（图 4-53）。

图 4-53　启机

（10）启机后恢复自启装置，观察曲柄销子和抽油机各部位运转状况，收拾工具并清洁操作现场。

三、实施效果

该方法是利用钢楔前部薄、尾部厚的结构特点，在大锤击打震荡的作用下，利用楔入膨胀的力学原理使曲柄销与销套及曲柄分离。现场两人操作 30min 左右就能完成，大大减轻了员工的劳动强度，提高了工作效率和抽油机井的运转时率。该成果于 2007 年获大庆油田第二采油厂第六作业区五小绝活二等奖，于 2016 年在《石油技师》第一期中发表，目前已在大庆油田第二采油厂推广应用。

第五节　校对干式水表误差技巧

一、问题的提出

油田上注水井大多采用干式水表计量注水量（图 4-54）。干式水表使用一段时间后时常发生水量误差，当水表水量误差超过±5%时就必须进行校对，否则会影响注水井的资料准确性。用原方法校对干式水表时，要反复多次调节干式水表调速板的位置，才能达到校对的技术要求，不但程序烦琐，还浪费时间。为了提高工作效率，笔者总结摸索出快速校对干式水表水量误差的方法。

图 4-54　注水井

二、解决的方法和操作步骤

（一）干式水表的结构

干式水表主要由表头、水表上部密封台、出水孔、叶轮、调速板旋转螺栓、进水孔、调速板和水表下部密封台组成。

（1）表头、水表上部密封台和调速板旋转螺栓如图 4-55 所示。

图 4-55　干式水表（一）

（2）干式水表的叶轮和出水孔如图 4-56 所示。

图 4-56　干式水表（二）

（3）干式水表的进水孔、调速板和水表下部密封台如图 4-57 所示。

图 4-57　干式水表（三）

（4）调速板、锁块及调速板旋转螺栓的结构如图 4-58 所示。

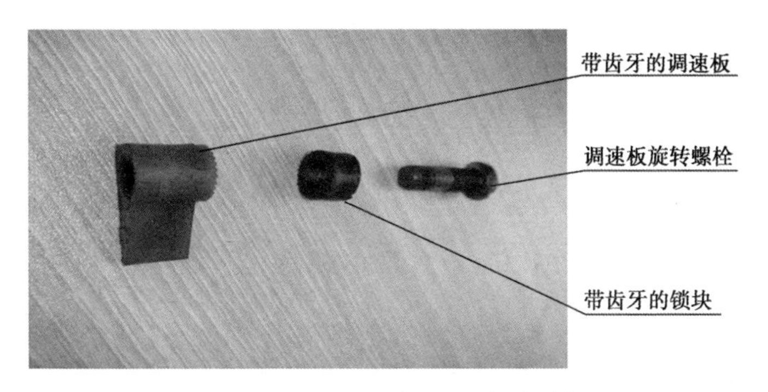

图 4-58　调速板、锁块及调速板旋转螺栓

（二）干式水表的安装

干式水表必须垂直安装在水表壳体内，且要使上密封圈、下密封垫与上、下密封台之间密封严密，才能保证流体全部由水表底部进水孔流入表内，再经过叶轮后由出水孔排出，即低进高出（图 4-59）。

图 4-59　干式水表的安装示意图

（三）干式水表的检校方式

（1）干式水表的检校方式有三种。

① 将被校水表与标准表串联进行校对。

② 将被校水表与井下流量计串联进行校对。

③ 将被校水表与标准池子进行对比校对。

（2）干式水表水量校对误差的计算公式：

水量校对误差=(进口排量-出口排量)/(出口排量)×100%

式中　出口排量——标准表、标准池子或流量计记录的水量；

进口排量——被校干式水表记录的水量。

（四）校对干式水表误差的步骤和技巧

当水表水量误差超过±5%时，就必须进行调节校对。

（1）根据现场计算出的误差值进行调节校对。当水表误差为负值时，说明水表计量的水量小于标定的水量，水表转动慢，计量的水量少。要用螺丝刀调节调速板旋转螺栓，使调速板向右侧偏转，改变其位置和角度（图4-60）。

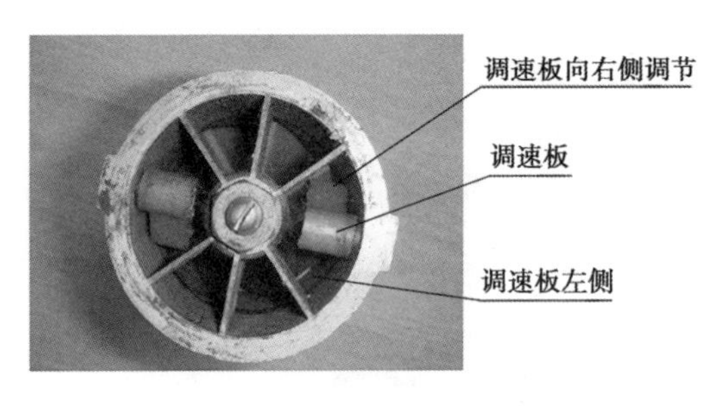

图4-60　向右调节调速板

（2）当水表误差为正值时，说明水表计量的水量大于标定的水量，水表转动快，计量的水量多。应调节调速板旋转螺栓，使调速板向左侧偏转，改变其位置和角度（图4-61）。

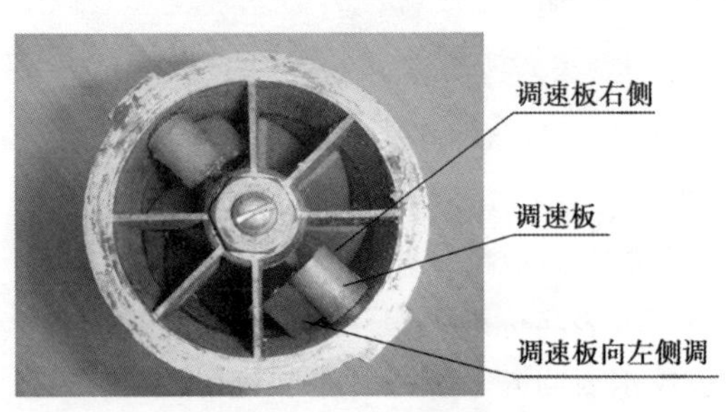

图4-61　向左调节调速板

（3）调速板与锁块对应的一侧有相同结构的齿牙，两者在旋转螺栓的调节下，可使锁块上的齿牙与调速板上的齿牙密切配合，锁定调速板，达到调节校对的目的（图 4-62）。

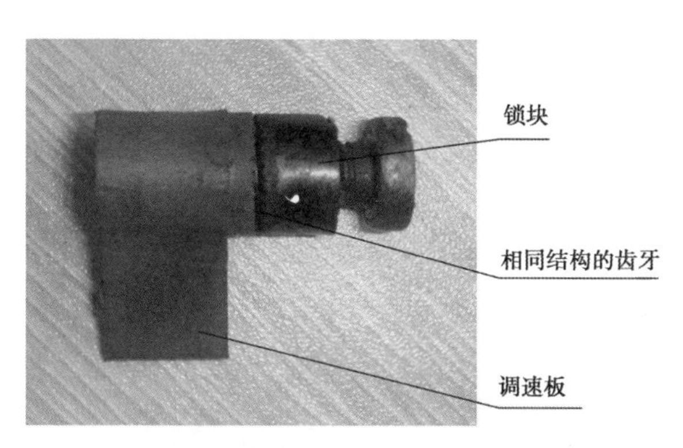

图 4-62　调速板与锁块配合

（4）通过查找相关资料，并经过现场反复试验，摸索总结出：在调速板旋转螺栓轴上每调节改变原调速板上一个齿牙的角度，可校对水量误差±3.0%。该方法可根据计算出的误差值直接进行调整。

三、实施效果

采用该方法校对干式水表误差，校对一块水表所用时间由原来的 3h 以上缩短到 40min 左右，一次校对成功率达 85% 以上。该方法在现场的应用既能减轻员工劳动强度、提高工作效率，同时又能提高注水井资料全准率，目前该校对方法已在大庆油田第二采油厂推广应用。

第六节　用三角锉刀切割玻璃管技巧

一、问题的提出

现场切割玻璃管时大多使用三角锉刀，用三角锉刀切割玻璃管速度快、质量高。

为了提高学员的技能水平，笔者摸索出切割玻璃管十八字形象记忆法，即走直线、速度快、三分掰、七分拽、肘为轴、成弧线。

二、解决的方法和操作步骤

（1）工具材料准备如图 4-63 所示。

①三角锉刀一把。

②玻璃管一根。

③钢卷尺一把。

④擦布若干。

⑤操作人员必须穿戴好劳保用品。

图 4-63　工具材料

（2）用钢卷尺测量玻璃管上、下流控制阀门中两密封台间的距离并记录（图 4-64）。

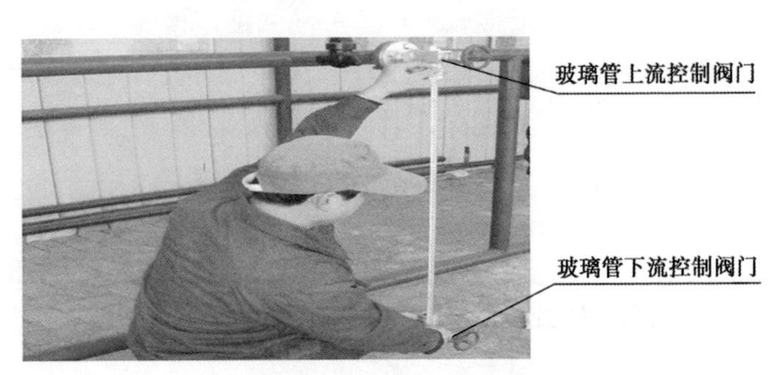

图 4-64　测量密封台间的距离

（3）在准备好的玻璃管上量出所需要的长度，要测量准确且做好标记（图 4-65）。

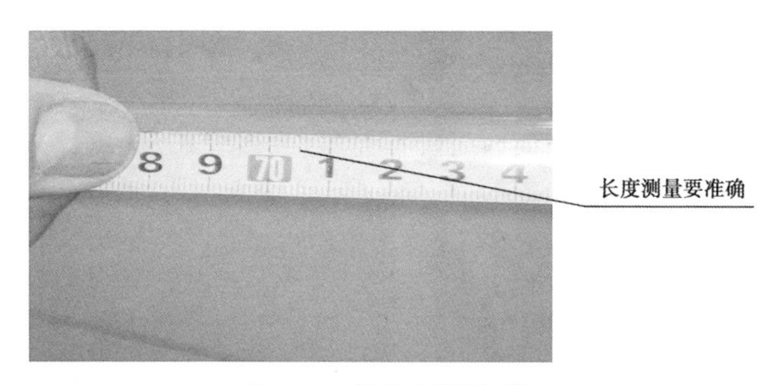

图 4-65　测量玻璃管长度

（4）“走直线”是指把三角锉刀的一侧对准标记，同时要使锉刀的运动方向与玻璃管轴线垂直，切割时三角锉刀必须“走直线”以确保切口平直（图 4-66）。

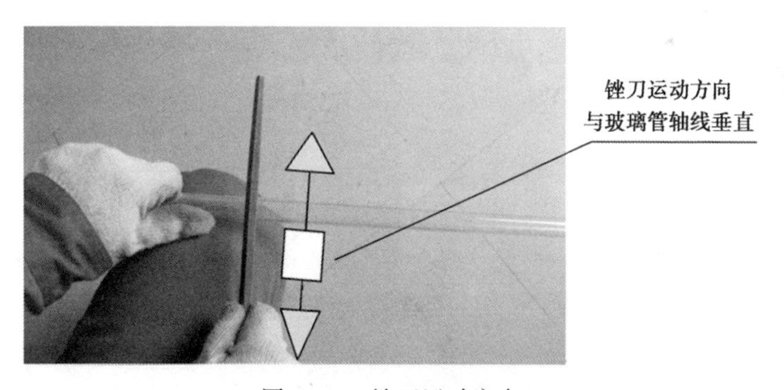

图 4-66　锉刀运动方向

（5）“速度快”是指三角锉刀往复运动的速度要快，停止切割后要快速向切口处喷射液体冷却（图 4-67）。

（6）“三分掰”是指放下三角锉刀后，用两只手分别握住玻璃管切割点两侧 2cm 处，拇指背对着切割点用三分力掰玻璃管（图 4-68）。

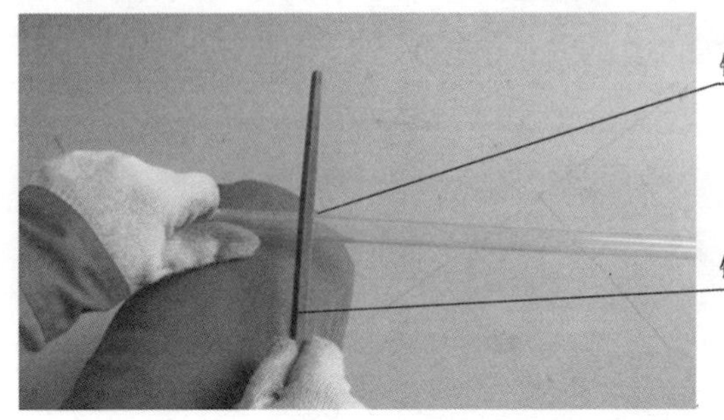

图 4-67　锉刀运动速度要快

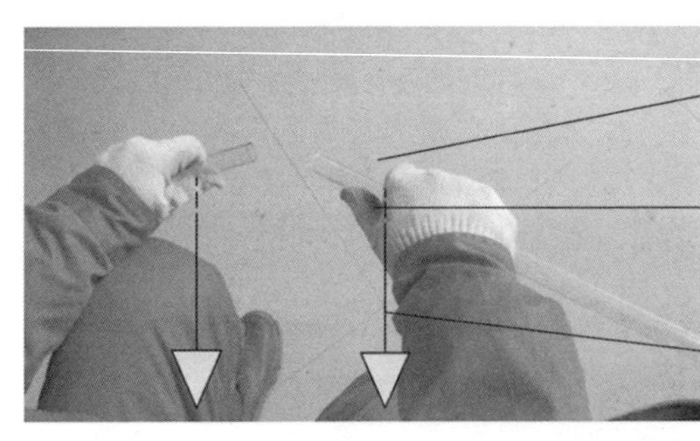

图 4-68　用三分力掰玻璃管

（7）“七分拽”是指用三分力掰玻璃管的同时，要用两只手对切割点处用七分力向左右两侧拽玻璃管（图 4-69）。

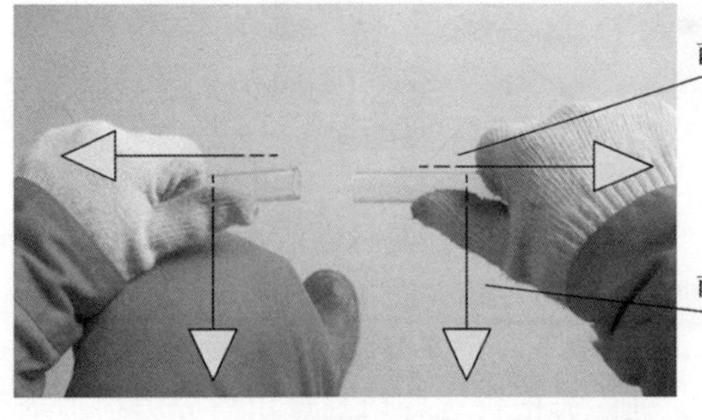

图 4-69　用七分力向两侧拽

（8）“肘为轴”是指在掰制玻璃管过程中，要使两只胳膊的肘关节为轴，从而实现“三分掰”“七分拽”的技术要求（图4-70）。

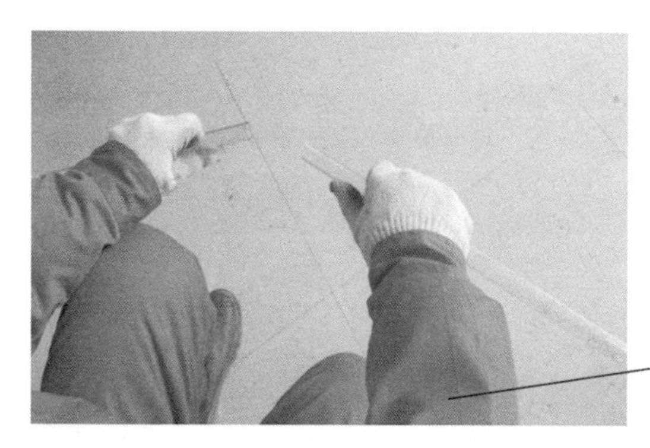

图 4-70　以肘关节为轴

（9）“成弧线”是指掰制玻璃管过程中，两只手在“三分掰”“七分拽”的作用下，其运行轨迹形成弧线，从而实现“肘为轴”的技术要求（图 4-71）。

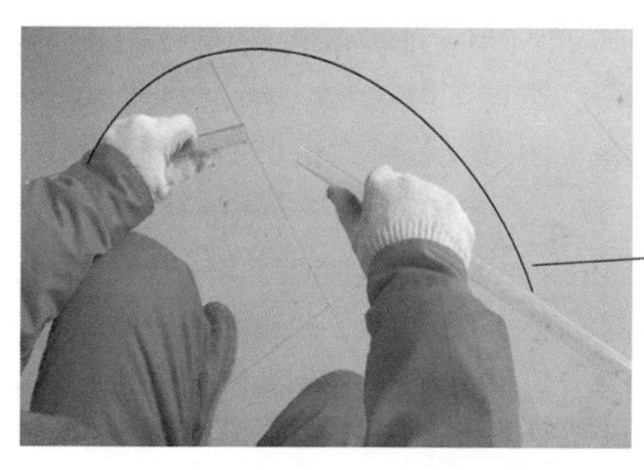

图 4-71　运行轨迹形成弧线

（10）玻璃管切口要达到平直、光滑、无裂纹，长度要符合要求（图 4-72）。

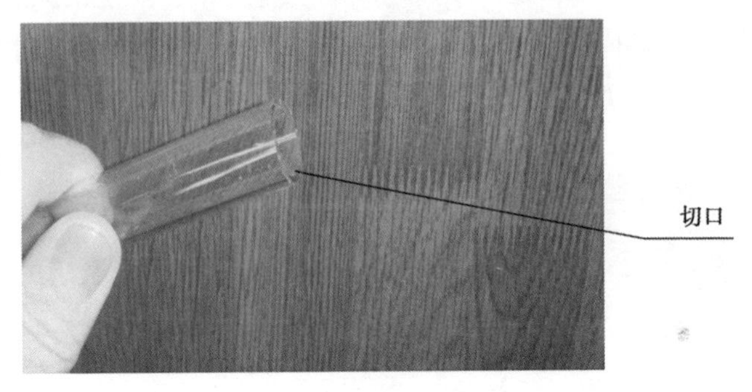

图 4-72　切口平直光滑

三、实施效果

在现场和培训教学过程中，应用该形象记忆法可使学员形象地记忆每个操作步骤和技术要领，使学员学起来接受快、印象深，很受学员的欢迎。该方法的应用不仅改善了培训教学的效果，还提高了培训质量，同时对提升员工的技能水平也起到了很大的作用。目前该操作技巧已在大庆油田采油二厂推广使用。

第七节　速画压力表量程线的技巧

一、问题的提出

目前大庆油田第九采油厂在用压力表数量达到 3800 余块，按照国家质检总局 JJG 49—2013《弹性元件式一般压力表和真空表检定规程》的要求，使用的压力表必须绘制 1/3 和 2/3 处的量程线，并且工作压力必须在该量程线范围之内。绘制量程线工作量大，手工绘制还不容易准确。不同的人使用传统方法绘制的量程线数值不统一（图 4-73）。

二、解决的方法及技术规范

（1）通过对比发现，不同量程、不同厂家生产，但同样表盘的压力表，最低、最高压力点的位置都是一样的，与表心相连成

图 4-73　传统方法绘制的压力表量程线

直角关系。(图 4-74、图 4-75)。

图 4-74　4MPa 压力表量程对比

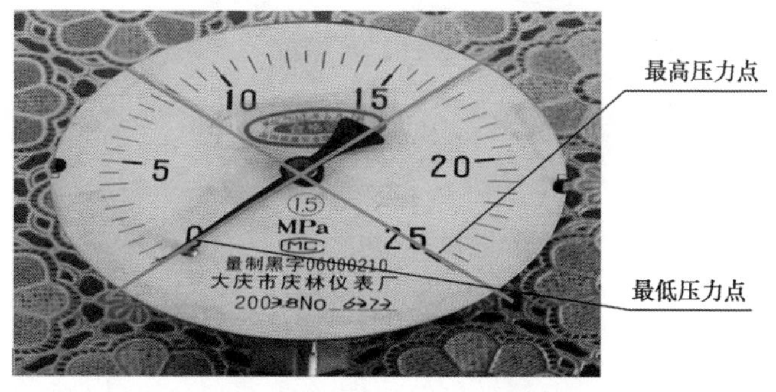

图 4-75　25MPa 压力表量程对比

（2）研制出快速画压力表量程线的模具。该模具采用塑料材质，普通的塑料板即可制作，直径100φmm，厚度2mm，线槽宽为2mm，线槽长为20mm（图4-76）。

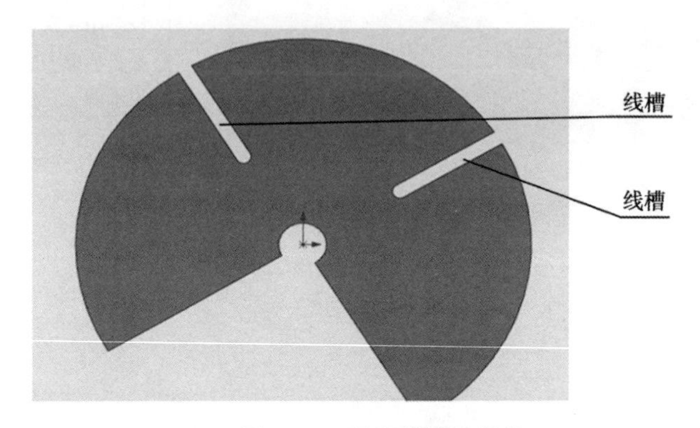

图4-76　量程线模具结构

（3）将模具卡到表盘刻度最低点和最高点的表针轴上，沿着两个线槽涂画即可。(图4-77)。

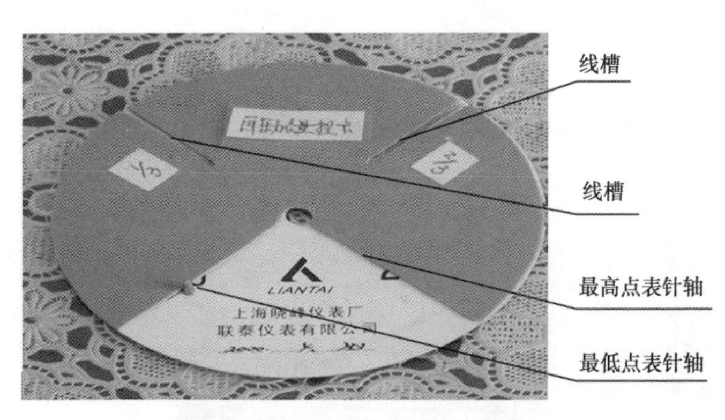

图4-77　使用量程线模具示意图

（4）该模具在现场的应用省去了计算刻度的过程，操作方便快捷，5s就可以画出各种压力表的量程线，大大提高了工作效率(图4-78、图4-79)。

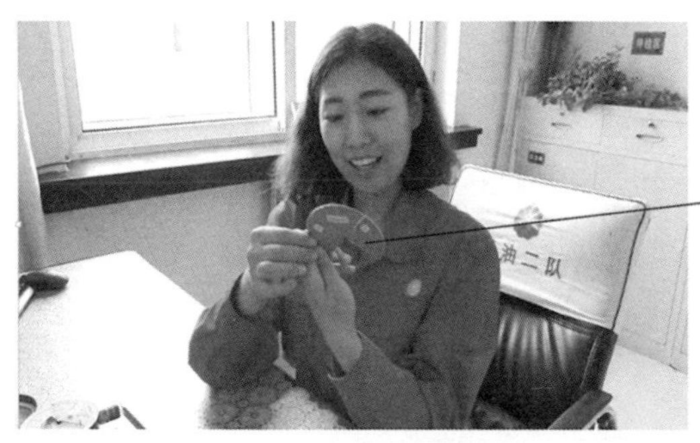

图 4-78　使用量程线模具图

图 4-79　应用量程线模具图

三、实施效果

快速画压力表量程线的模具结构简单，设计合理，可在同规格的不同厂家、不同量程的压力表上应用。该成果于 2015 年获大庆油田第九采油厂技术革新二等奖。

第八节　巧除柱塞泵出口杂物

一、问题的提出

目前注水系统广泛应用柱塞泵，长期运转使其组合阀弹簧、阀板等由于疲劳断裂进入出口管线，在出口管线上堵塞高压回流阀门，造成高压回流阀关闭不严，泵效降低。由于高压回流阀门是焊接在管线上的，堵塞的落物清理不出来，而更换高压回流阀门需要整个注水系统停产，花费大量的人力物力，且影响注水井的正常注水（图 4-80）。

图 4-80　高压管线落物堵塞阀门

二、解决的方法及技术规范

（1）针对这一问题，笔者研制了柱塞泵高压出口过滤器（图 4-81）。

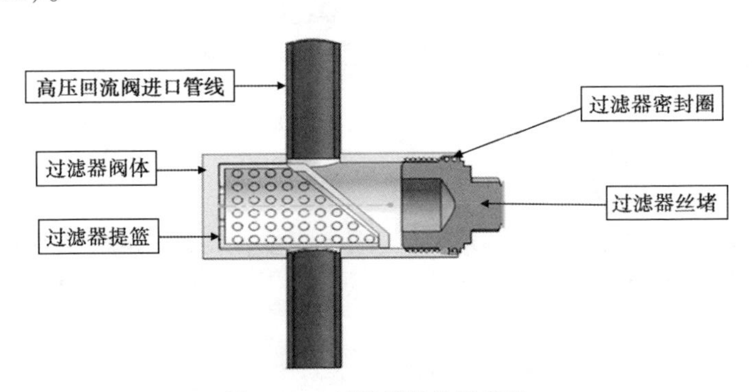

图 4-81　过滤器结构示意图

（2）研制的柱塞泵高压出口过滤器由过滤器主体、提篮、丝堵、密封圈组成。安装在高压回流阀门上端直管段上，当组合阀弹簧、阀板等落物由高压水携带通过过滤器时，落入过滤器提篮内。提篮是可拆卸式的设计，通过打开丝堵，提出提篮即可清理落物，避免落物堵塞高压回流阀门（图 4-82）。

图 4-82　使用过滤器效果

（3）过滤器工作压力达到 25MPa，试验压力达到 55 MPa。现场使用没有再出现异物卡住高压回流阀门，造成阀门关闭不严现象。成果在现场的应用受到岗位员工一致好评，因此具有较好的经济效益以及推广前景（图 4-83）。

图 4-83　现场安装过滤器

三、实施效果

柱塞泵高压出口过滤器节省空间，安装后操作简便，经现场实践应用，组合阀断裂零件的堵截率达到 100%。该成果于 2015 年获大庆油田有限责任公司技术革新二等奖。

第九节　“锥度压缩式”防出水密封盒

一、问题的提出

目前油田低产开发，沉没度小。这部分井在每次热洗井的过程中，热洗井的泵出口压力加上井筒管柱的静水柱压力，以及抽油泵的吸入口截流，导致大部分洗井水量先注入油层，其次的水量由抽油泵抽到地面。由于是低产井，理论排量相对较小，每次洗井过后，注入油层中的水至少需要5~7天，多则十天半月才能抽完。抽油泵在抽水生产的过程中，由于光杆与密封填料配合过程不润滑，产生的摩擦阻力增大，密封填料磨损的速度加快。另外原密封盒是直筒结构（图4-84），密封盒压盖在紧压密封填料的过程中，密封填料伸缩能力较小，密封效果差。这导致井口跑水、跑油现象严重（图4-85），影响油井正常生产，同时给岗位员工增加了清理污油的工作量。

图4-84　直筒密封盒解剖图

图4-85　密封盒跑水、跑油现象

二、解决的方法及技术规范

（一）改造直筒式密封盒

针对以上问题，笔者对直筒式密封盒进行了改造：一是在原密封囊的侧面深度 1/2 处加设一个黄油嘴（图 4-86），可打注黄油提高光杆的润滑效果，减少密封填料磨损，延长密封填料使用寿命；二是把原直筒式密封盒改为“锥度压缩式”防出水密封盒，密封盒内形成一个 5°夹角（图 4-86）。

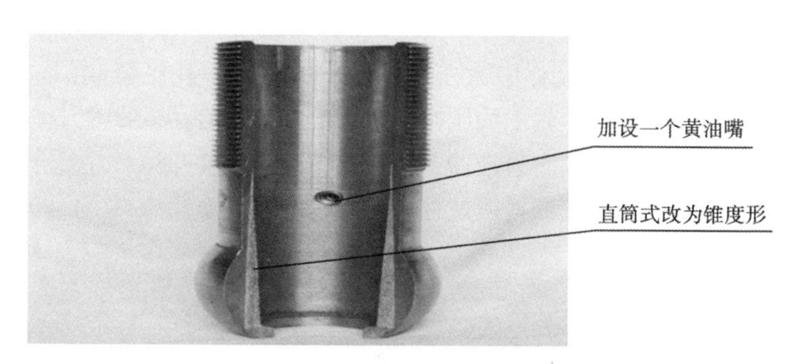

图 4-86　“锥度压缩式”防出水密封盒示意图

（二）“锥度压缩式”防出水密封盒使用方法

将密封填料放入到“锥度压缩式”密封盒内，在调整压紧密封盒压帽过程中，密封填料在内部会自动收缩以增加密封效果。该密封盒能延长密封填料使用寿命，减少加密封填料次数（图 4-87）。

图 4-87　“锥度压缩式”密封盒应用

三、实施效果

该成果结构简单，加工费用低。在现场应用操作方便，密封效果好，适用于沉没度较低的抽油机井。该成果于 2012 年获大庆油田第九采油厂技术革新二等奖。

第十节　阀门手轮压帽装卸专用扳手

一、问题的提出

采油生产工艺流程中大多采用手轮式阀门。在维修阀门过程中，需要装卸阀门手轮上的压帽。由于压帽安装在手轮凹面中心位置，用管钳装卸压帽时易滑脱，或损坏压帽(图 4-88)；用锤子装卸压帽时易损坏压帽凹槽或丝杠，且操作存在安全隐患(图 4-89)。

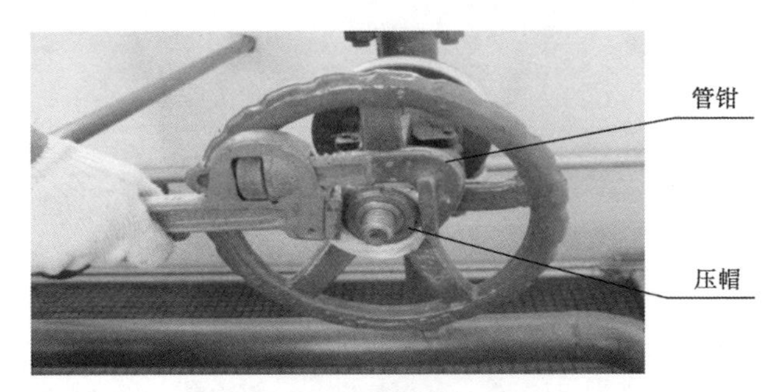

图 4-88　管钳装卸压帽

图 4-89　锤子装卸压帽

为了解决这一生产难题，提高工作效率，笔者研制出阀门手轮压帽装卸专用扳手。

二、解决的方法及技术规范

（一）手轮压帽装卸专用扳手结构

依据梅花扳手和勾头扳手结构原理设计手轮压帽装卸专用扳手。扳手用45号碳素钢加工，扳手两端分别加工成对应的上勾形头和下勾形头，中间是长度350mm的弓形把手，弓形把手与上勾形头和下勾形头不在一个平面，如同梅花扳手弓形结构(图4-90)。

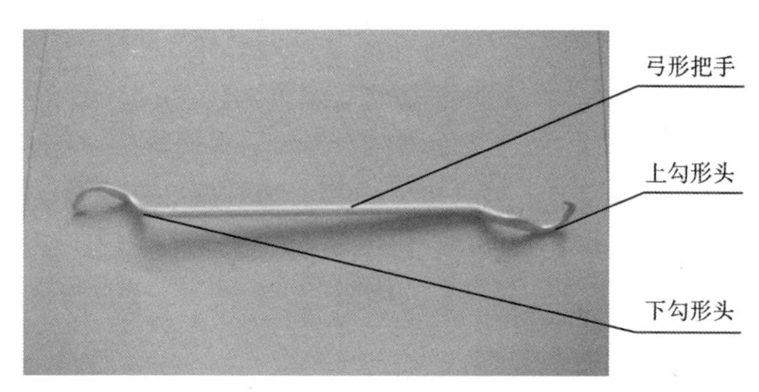

图4-90　手轮压帽装卸专用扳手

（二）手轮压帽装卸专用扳手使用方法

（1）专用扳手现场拆卸手轮压帽时，上勾形头可卡在手轮压帽上的四个凹槽上，旋转拆卸手轮压帽（图4-91）。

图4-91　拆卸手轮压帽

（2）专用扳手现场紧固手轮压帽时，上勾形头可卡在手轮压帽上的四个凹槽上，旋转紧固手轮压帽（图4-92）。

图4-92 紧固手轮压帽

（3）因为弓形把手与上勾形头和下勾形头不在一个平面上，因此可确保装卸手轮压帽时，勾形头能顺利卡入手轮凹面中心，且操作过程不损伤压帽和丝杠，同时不产生火花，提高了安全系数（图4-93）。

图4-93 紧固手轮压帽

（三）应用前景

该阀门手轮压帽装卸专用扳手加工费用少，适用于各种型号的阀门手轮压帽的安装与拆卸，实用性强，具有较好的推广前景。

三、实施效果

该专用扳手操作方便、灵活，既可降低员工的劳动强度，又能提高工作效率和安全系数，得到了岗位员工好评。该成果于2014年获大庆油田第二采油厂技术革新二等奖。

第十一节　楔入式刮蜡片打捞器

一、问题的提出

采油井中的自喷井和电泵井大多采用刮蜡片清蜡。在清蜡过程中，时常发生因机械原因或人为失误造成刮蜡片连同钢丝绳一起脱落掉入井筒中。由于刮蜡片顶端留有钢丝绳，打捞工作难度增大，打捞成功率低，同时也影响油井的正常生产。

为解决该难题，提高打捞成功率，笔者研制出楔入式刮蜡片打捞器。

二、解决的方法及技术规范

（一）楔入式刮蜡片打捞器的结构

由绳帽、加重杆、振荡器和打捞头四部分组成（图4-94）。

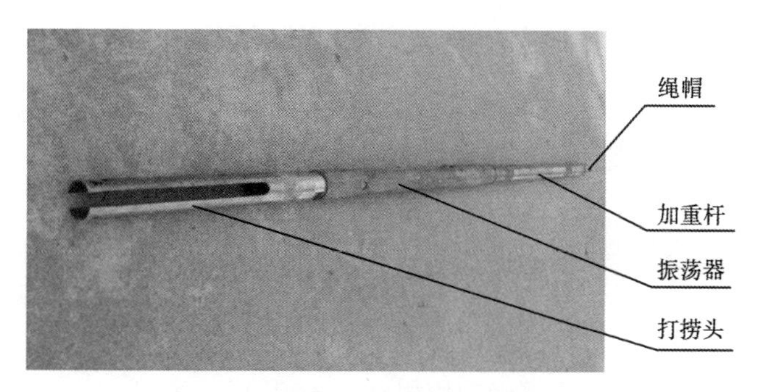

图4-94　楔入式刮蜡片打捞器组装图

（1）绳帽：全长120mm，它的头部可与录井钢丝绳连接，悬挂打捞工具，下部内螺纹可与加重杆上部外螺纹相连接。主要作用是连接打捞器与录井钢丝绳（图4-95）。

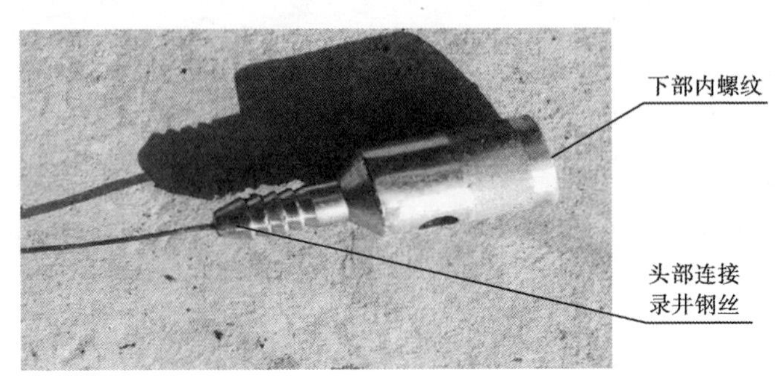

图 4-95 绳帽

（2）加重杆：全长 500mm、重 8kg，上部外螺纹可与绳帽连接，下部内螺纹与振荡器连接。加重杆可与振荡器密切配合使振荡器在井下工作，还可增加打捞器的重量使其能够顺利下入井筒中（图 4-96）。

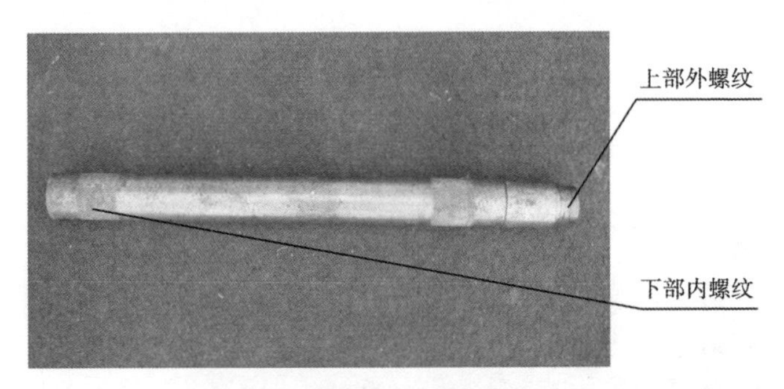

图 4-96 加重杆

（3）振荡器：全长 500mm、振荡行程 300mm，上部外螺纹与加重杆连接，下部内螺纹通过接头与打捞头连接。其作用是在打捞器遇卡时起到振荡解卡的作用（图 4-97）。

（4）打捞头：

①打捞头全长 300mm、内腔行程 260mm、内径 40mm，上部内螺纹通过接头与振荡器连接，下部由两个打捞爪组成（图 4-98）。

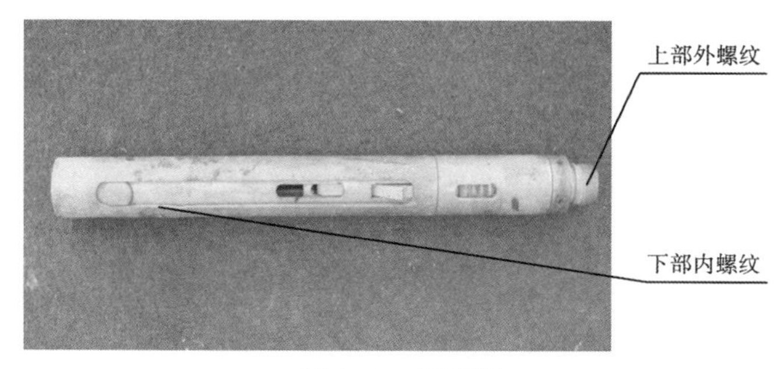

图 4-97　振荡器

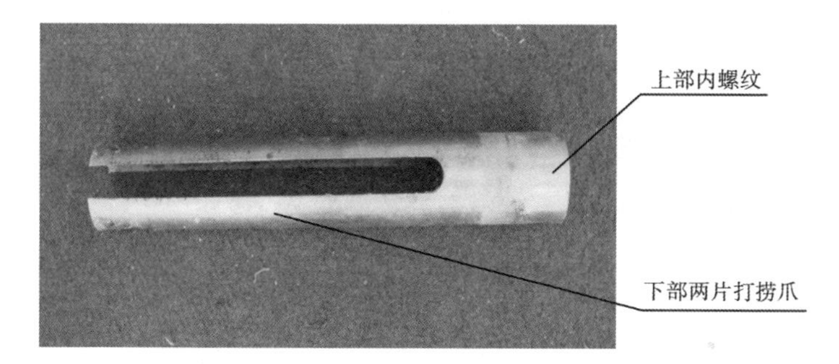

图 4-98　打捞头

②两个打捞爪前端各加工有一个主勾和两个副勾，主勾和副勾向里倾斜到打捞头内腔中。主、副勾的作用是锁住楔入到内腔的刮蜡片和接头，防止刮蜡片脱落，确保打捞工作的顺利进行（图 4-99）。

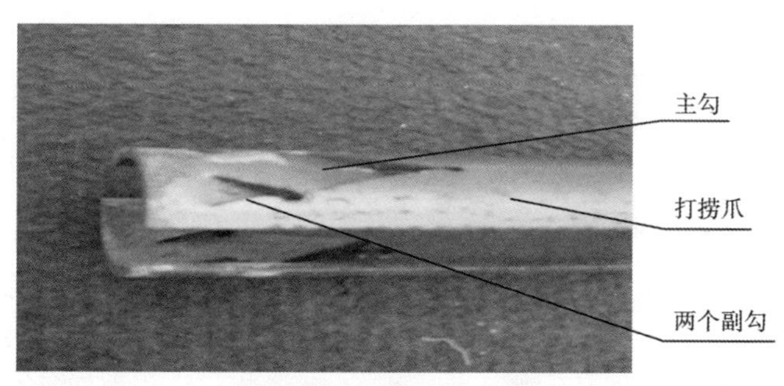

图 4-99　下部两片打捞爪

（二）楔入式刮蜡片打捞器工作原理

把连接好的刮蜡片打捞器通过录井钢丝绳连接下入到油井中。刮蜡片打捞器在油管内按一定速度下放，当刮蜡片打捞器上的打捞爪遇到掉落在井下的钢丝绳及绳帽接头时（图 4-100），由于刮蜡片顶部绳帽及接头的直径小于打捞头内径，绳帽接头和刮蜡片便楔入到打捞头内腔，同时两个打捞爪内的主勾和两个副勾将绳帽接头和刮蜡片牢牢钩住并卡紧。上提录井钢丝绳时刮蜡片打捞器在加重杆和振荡器的作用下振荡解卡。将掉落在井筒中的钢丝绳和刮蜡片一起捞出。

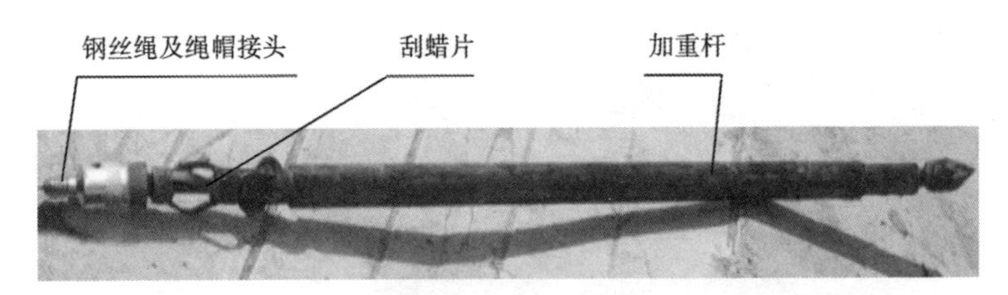

图 4-100　打捞原理

三、实施效果

楔入式刮蜡片打捞器结构简单、使用方便。笔者已在 18 口落物井上使用该打捞器，打捞成功率达到 100%。该打捞器通过现场应用，既可减轻员工的劳动强度，又可提高工作效率。该成果于 2009 年 1 月获大庆油田第三采油厂技术革新三等奖。

第十二节　依据电流大小判断抽油机平衡块调整方向

一、问题的提出

在技术培训过程中，经常遇到学员在调整游梁式抽油机井平衡时，依据电动机电流大小判断平衡块调整方向时出现错误。为了便于学员的理解和记忆，提高学员技能水平，笔者总结出依据电流大小判断平衡块调整方向的理解记忆方法。

二、解决的方法和操作步骤

（一）游梁式抽油机的运行特点

游梁式抽油机安装平衡装置是由抽油机的工作特点所决定的。平衡装置的作用，一是减少电动机运行中的负荷差异，二是确保抽油机的平稳运行，从而延长电动机和抽油机的使用寿命。

（1）当抽油机处于上冲程时，平衡块向下运行帮助克服驴头上的负荷（图 4-101）。

图 4-101　游梁式抽油机上冲程

（2）当抽油机处于下冲程时，平衡块向上运行储存能量（图 4-102）。

图 4-102　游梁式抽油机下冲程

（3）游梁式抽油机井所测取的电动机上、下冲程电流值（图 4-103），是指抽油机正常工作时驴头在上、下行程过程中的最高电流值（即电流峰值），它反应的是电动机工作时的电流。

图 4-103　测电动机工作电流

（二）依据电流大小判断平衡块调整方向

（1）现场要根据电动机正常工作时所测的上、下冲程电流值计算出平衡率，检查平衡率是否达到规定要求。一般规定游梁式抽油机井下冲程电流与上冲程电流比值的百分数在 85%～100%之间为合格。

（2）电动机在抽油机上、下冲程过程中，工作电流的变化有两种形式：一种是上冲程电流大、下冲程电流小；另一种是上冲程电流小、下冲程电流大。

（3）如果抽油机上冲程时电流大、下冲程时电流小，说明平衡块做功少，电动机费力，可确定将平衡块在曲柄上向远离减速箱输出轴方向调整（图 4-104）。调整后因为动力臂的长度增加

图 4-104　平衡块向远离减速箱输出轴方向调整

了，所以可帮助电动机在上冲程时克服阻力，使电动机在上冲程时的工作电流降下来，同时电动机在下冲程时的工作电流会相应增加。

（4）如果抽油机上冲程电流小、下冲程电流大，说明平衡块做功多，电动机省力，可确定将平衡块在曲柄上向输出轴方向调整（图 4-105）。因为减少了动力臂的长度，所以电动机在上冲程过程中的工作电流相应增加，同时电动机在下冲程时的工作电流会相应减少。

图 4-105　平衡块向减速箱输出轴方向调整方向

通过准确调整平衡块方向，可使抽油机上、下冲程中工作电流达到规定要求。既能节约电能又能够延长电动机的使用寿命，同时还能够确保抽油机平稳运行。

三、实施效果

该理解记忆方法可使学员从原理上了解和掌握游梁式抽油机在上、下冲程过程中，电动机电流变化的特点。强化了学员的理解和记忆能力，使学员能够依据电动机工作电流的大小，准确判断平衡块调整方向。该方法的现场应用有效地解决了生产实践和教学中的疑难问题，得到岗位员工的好评。目前该理解记忆方法已在大庆油田采油二厂推广应用。

第十三节　采油井专用多功能工具

一、问题的提出

随着油田开发的不断深入，地面井口工艺不断更新，新型组合井口、井口防盗组合阀等井用设施逐渐增多，与此同时专用维护工具的种类也不断增加。由于新老工艺共存，岗位工人上井检查维护时，要携带多达六七种各式各样的工具（图 4-106），非常不方便。

图 4-106　各种专用维护工具

为了减轻员工的劳动强度和提高工作效率，笔者研制出采油井专用多功能组合工具。

二、解决的方法及技术规范

（一）多功能组合工具的结构

该组合工具的主体由车床加工而成。把各种型号的组合阀套筒焊接在一起，就组成了多功能组合工具（图 4-107）。

（二）技术规范

（1）多功能组合工具中锥形头的用途如下。

锥形头是组合工具的主体部分，由车床加工而成，可在更换

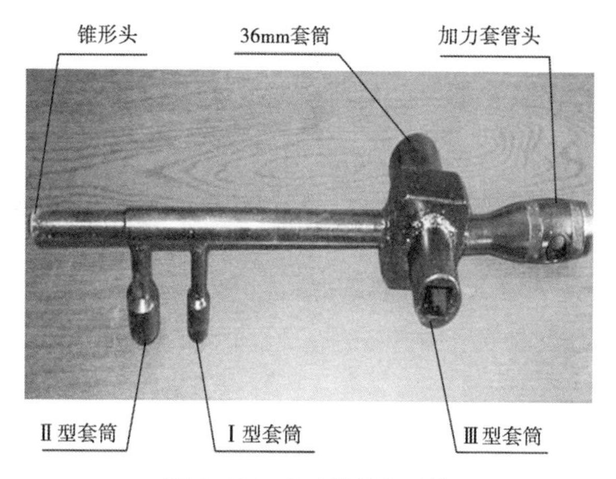

图 4-107　多功能组合工具

调整抽油机皮带时用于调整电动机顶丝（图 4-108）。

图 4-108　调整电动机顶丝

（2）组合工具中 36mm 套筒的用途如下。

① 36mm 套筒焊接在组合工具主体上，可用于调整紧固卡箍螺栓（图 4-109）。

②36mm 套筒还可以用于开关 250 型防盗阀门手轮（图 4-110）。

图 4-109　调整紧固卡箍螺栓

图 4-110　开关 250 型防盗阀门手轮

(3) 组合工具中加力套管头的用途如下。

加力套管头是组合工具主体部分，由车床加工，可用于调整密封盒压帽松紧度（图 4-111）。

图 4-111　调整密封盒压帽松紧度

（4）组合工具中Ⅰ型套筒的用途如下。

Ⅰ型套筒焊接在组合工具主体上，可用于井口防盗组合阀，开关取样阀门、油压表和套压表阀门（图4-112）。

图4-112　防盗井口取样阀门

（5）组合工具中Ⅱ型套筒的用途如下。

Ⅱ型套筒焊接在组合工具主体上，可用于井口组合阀，开关出油阀门、掺水阀门和直通等各种阀门（图4-113）。

图4-113　防盗井口组合阀

（6）组合工具中Ⅲ型套筒的用途如下。

Ⅲ型套筒焊接在组合工具主体上，可用于开关井口特殊组合阀上的阀门（图4-114）。

（7）组合工具中由Ⅰ型套筒和Ⅱ型套筒所形成的F形扳手，

图 4-114　井口特殊组合阀

可用于调整、开关各种阀门手轮（图 4-115）。

图 4-115　调整、开关阀门手轮

三、实施效果

采油井专用多功能工具的研制是从方便岗位员工的使用为出发点，把原使用的六七种工具组合成一件多功能工具，且大小适中、携带方便。该组合工具加工简单、成本低。该工具操作简便，既能减轻员工劳动强度，又能提高工作效率。该工具目前已在大庆油田第三采油厂推广应用。该成果于 2006 年 12 月获大庆油田有限公司技术创新三等奖，并于 2007 年 9 月获得专利，专利号：ZL200620132071. 8。

第十四节　采油井压力表防冻接头革新

一、问题的提出

进入冬季，在录取油井井口油压、套压过程中（图 4-116），一般录取一口井的压力后，压力表上的导压孔就会被油、水冻堵，无法传导压力，只能在井口掺水浇化或者拿到计量间融化后再录取下一口井资料，既影响现场压力资料的录取，同时也给员工增加工作量。

为了解决该难题，笔者研制出压力表防冻接头，以确保油井现场压力资料的及时录取，减轻员工劳动强度，提高油井管理水平。

图 4-116　采油井井口

二、解决的方法及技术规范

（1）压力表防冻接头由油盒、活塞、连接头三部分组成（图 4-117）。

（2）油盒内装有防冻液压油（变压器油），顶部内螺纹与压力表连接，内部安装有活塞（图 4-117），下部外螺纹与连接头上部内螺纹连接（图 4-118）。

（3）活塞上装有两道密封圈，安装在油盒内（图 4-117），活塞上两道 O 形耐油橡胶圈与油盒内径的过盈配合在 0.10mm 左右，使活塞在油盒内活动自如，确保压力值误差在规定范围内。

图 4-117　防冻接头结构图

图 4-118　压力表防冻接头组装

（4）连接头上部内螺纹与油盒下部外螺纹连接（图 4-118），连接头下部外螺纹可与井口油压或套压录取装置上的内螺纹连接（图 4-119、图 4-120）。

图 4-119　井口录取油压

（5）用压力表防冻接头现场录取油压（图 4-119）。

（6）用压力表防冻接头现场录取套压（图 4-120）。

图 4-120　井口录取套压

三、实施效果

应用该成果冬季在现场录取压力时，可以连续录取 15 口采油井不冻堵，方便快捷。其既能够提高现场资料录取效率，减轻员工劳动强度；又能提高油井管理水平，取得较好的经济效益和社会效益。该成果适用于油田采油井，于 2017 年获大庆油田第二采油厂技术革新二等奖。

第十五节　抽油机减速箱轴头密封装置

一、问题的提出

减速箱是抽油机的重要组成部件，它的作用是将电动机的高转速变成输出轴的低转速，同时支撑曲柄和平衡块工作。在现场减速箱轴头密封件常常发生磨损，导致轴头漏油现象（图 4-121）。漏油会造成以下危害：一是漏油导致减速箱内齿轮在缺油状况下工作磨损加快，减速箱使用寿命缩短；二是漏油产生浪费，增加生产成本；三是漏油造成减速箱箱体、底座及设备污染，既影响设备管理水平，又增加清理污油的工作量。

为了解决上述问题，笔者研制出抽油机减速箱轴头密封装置，目的是节约齿轮油，延长减速箱使用寿命，提高抽油机井管理水平。

图 4-121 抽油机减速箱

二、解决的方法及技术规范

（1）在减速箱轴头端盖底部，用特制的磁性钻头向减速箱壳体内打孔，孔的直径 ϕ14mm，形成回流孔道（图 4-122）。回流孔道的作用是将减速箱轴头漏失的齿轮油，通过回流孔道流回减速箱内。

图 4-122 减速箱打孔

（2）加工上密封盒和下密封盒，密封盒上的 6 个固定螺栓孔眼与减速箱轴头端盖上的 6 个孔眼对应一致（图 4-123）。

（3）先卸掉减速箱轴头端盖上的 6 条固定螺栓，在端盖边缘

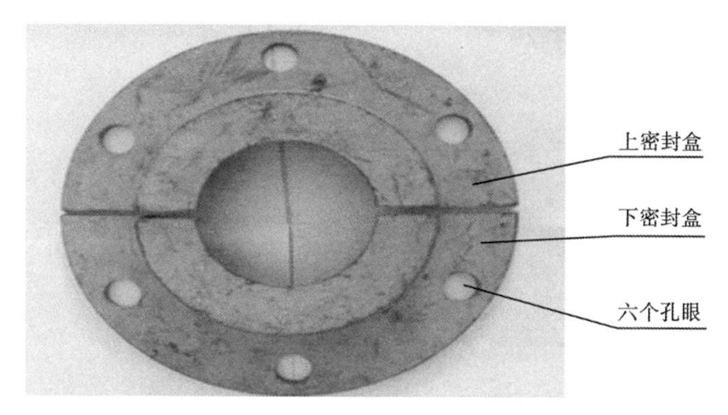

图 4-123　上、下密封盒

涂抹耐油密封胶。用 6 条螺栓将上密封盒和下密封盒固定在减速箱轴头端盖上，再用耐油密封胶将轴头与密封盒之间以及上密封盒与下密封盒接缝处密封，使密封盒与减速箱轴头端盖形成相对密闭的空间（图 4-124）。

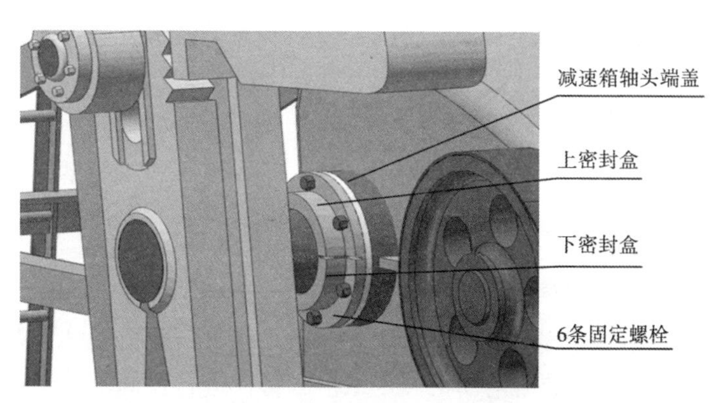

图 4-124　减速箱轴头密封装置

（4）减速箱轴头密封装置形成相对密闭的空间（图 4-125），一可阻止雨水、风沙侵入密封盒内；二能将减速箱轴头漏失的齿轮油，通过回流孔道疏导引流到减速箱内；三能防止减速箱轴头漏失的齿轮油污染箱体、底座和设备，节约齿轮油。

图 4-125　减速箱轴头密封装置的应用

三、实施效果

该成果在现场应用有以下几点优势：一是能防止减速箱轴头漏油，节约齿轮油费用；二是能降低减速箱故障率，延长其使用寿命，节约成本；三是可减少因停机维修造成的产量损失；四是能防止减速箱轴头漏油造成的设备和井场污染，减轻员工清理污油的工作量，提高设备管理水平。该密封装置适用于油田所有抽油机井减速箱轴头密封，推广前景好，覆盖率高。该成果于 2017 年获大庆油田第二采油厂技术革新一等奖。

第十六节　抽油机井电动机固定螺栓垫铁革新

一、问题的提出

抽油机井现场管理过程中，在对电动机进行更换安装以及调整四点一线时，要对电动机固定螺栓和垫铁进行拆卸安装。在这个过程中，存在两个问题：一是需要二人操作，一人用工具紧固螺栓，另一人必须固定电动机滑道下部的螺帽，费时费力（图 4-126）；二是在紧固螺栓时垫铁常常发生旋转偏移达不到管理要求（图 4-127），现场要求螺栓紧固后垫铁要横平竖直（图 4-130）。

为了减轻员工劳动强度，提高现场管理水平，笔者对电动机固定螺栓垫铁进行改进。

图 4-126　二人操作

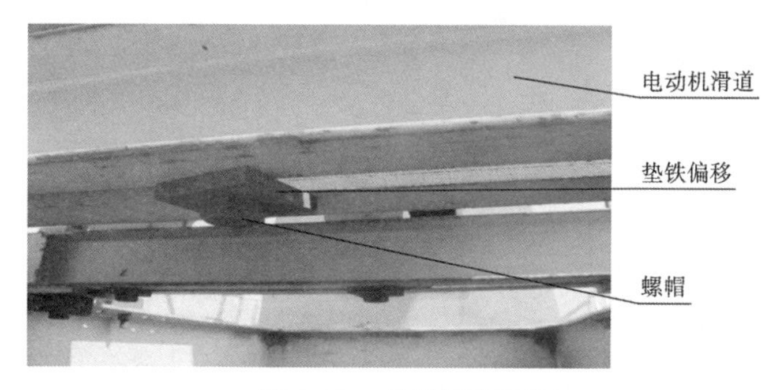

图 4-127　垫铁旋转偏移

二、解决的方法及技术规范

(1) 将垫铁上平面加工成凸型，凸高 4mm（图 4-128）。垫

图 4-128　垫铁上平面凸型

铁上平面的凸型槽可与电动机滑道下平面上凹型槽对应（图 4-130），能防止垫铁在螺栓紧固过程中发生旋转，使垫铁始终保持横平竖直，达到管理要求。

（2）将垫铁下平面加工成凹型槽，凹槽深 4mm（图 4-129）。

图 4-129　垫铁下平面凹型

（3）垫铁下平面的凹型槽能将螺栓一端的螺帽卡入固定（图 4-130），在紧固螺栓过程中能防止螺杆旋转。

图 4-130　垫铁现场安装

（4）现场对电动机固定螺栓和垫铁进行拆卸安装，只需一人操作，方便快捷（图 4-131）。

图 4-131　垫铁现场应用

三、实施效果

该成果在现场应用操作方便快捷，只需一人就可完成。其既节约人力，提高了工作效率，又减轻员工的劳动强度；同时还可防止垫铁旋转偏移，使垫铁达到横平竖直的管理要求，提高了现场管理水平。该成果于 2017 年获大庆油田第二采油厂第六作业区技术革新二等奖。

第十七节　螺杆泵驱动头防护罩革新

一、问题的提出

常规螺杆泵驱动头防护罩一般采用两片铁制网状防护罩组成（图 4-132），该结构防护罩用两条螺杆支撑固定在减速箱顶部，安全防护性能差，存在安全隐患。在现场使用时常出现以下问题：一是当防反转装置失灵时光杆会快速反转发生弯曲，造成防护罩损坏，发生设备损坏或人员伤亡事故；二是当方卡子螺栓松动脱落时，会造成铁制网状防护罩破损飞出伤人；三是由于防护罩底部没有封闭，容易造成头发、衣服或手套绞入其中发生伤人事故。

为了确保设备和人员安全，减少伤人事故，消除安全隐患，笔者对驱动头防护罩进行改进，从而提高防护罩的安全性能。

图 4-132　常规螺杆泵井

二、解决的方法及技术规范

（1）改进驱动头防护罩由 O 形底板，防护管螺纹座和防护管三部分组成。

（2）O 形底板用 8mm 厚的铁板加工而成，内径 220mm，外径与减速箱端盖直径一致；底板周边加工 8 个孔眼与减速箱端盖上 8 条固定螺栓孔眼同心（图 4-133）。

图 4-133　改进驱动头防护罩结构（一）

（3）用加长螺栓把 O 形底板固定在减速箱端盖上（图 4-134）。O 形底板下平面开有凹槽，凹槽的作用是排除雨水（图 4-136）。

（4）防护管螺纹座采用 245mm 无缝管材加工，高 100mm，

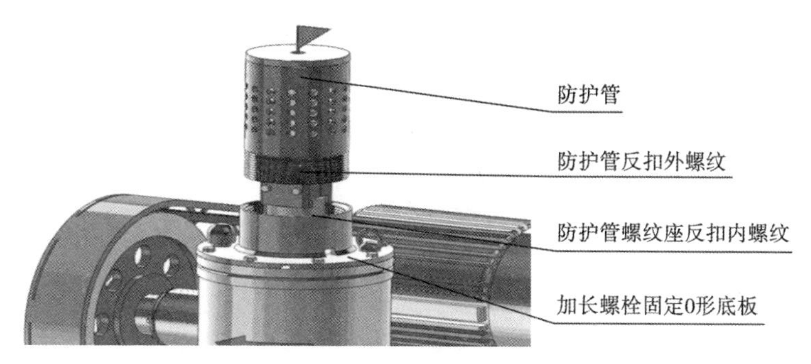

图 4-134　改进驱动头防护罩结构（二）

上部加工的反扣内螺纹可与防护管下部反扣外螺纹连接（图 4-134）；防护管螺纹座与防护管之间设计成反扣螺纹连接（图 4-135），其原因有两点：一是方便拆卸，便于对驱动头部位进行维修保养；二是可防止光杆反转时带动防护管退口，避免发生安全事故。

图 4-135　改进驱动头防护罩结构（三）

（5）防护管螺纹座下部与 O 形底板之间采用焊接。防护管螺纹座两侧对应开有两个凹槽，凹槽便于观察机械密封工作状况（图 4-136）。

（6）防护管采用 219mm 无缝管材加工，高度一般在 400mm 左右，高度以能露出光杆接头为准。防护管周边对称加工有 30

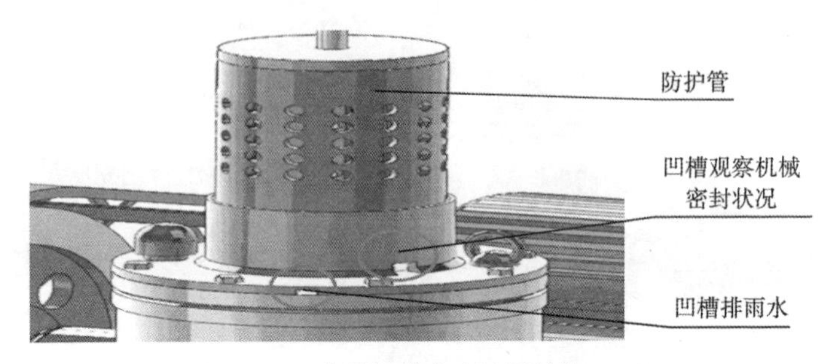

图 4-136　改进驱动头防护罩结构（四）

个 ϕ30mm 的孔眼，孔眼的作用是方便观察驱动头工作状况（图 4-137）。

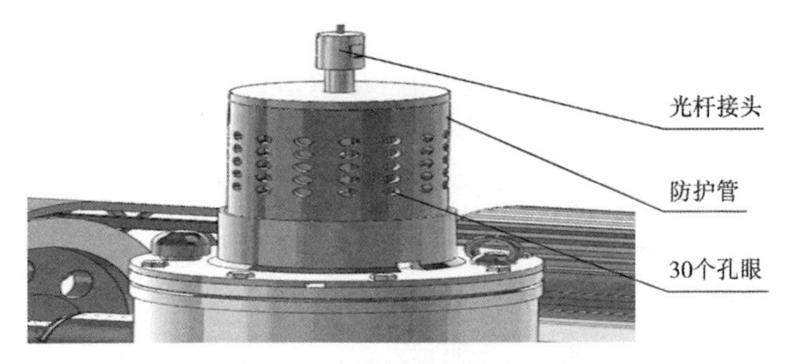

图 4-137　改进驱动头防护罩结构（五）

（7）改进驱动头防护罩在现场的应用如图 4-138 所示。

图 4-138　驱动头防护罩应用

三、实施效果

改进驱动头防护罩的安全防护性能得到较大提高。在现场应用具有3点优势：一是能够防止光杆反转弯曲，造成设备损坏或人员伤亡事故；二是可防止防护罩破损飞出发生的伤人事故；三是实现全封闭，能够避免头发、衣服或手套绞入其中发生伤人事故。该成果具有较好的经济效益和社会效益，于2016年获实用新型专利，专利号：ZL201620731913.5。

第十八节　抽油机内涨式刹车凸轮轴革新

一、问题的提出

抽油机内涨式刹车（图4-139）是通过刹车摇臂带动刹车凸轮轴旋转传递动力，实现对抽油机的制动。由于刹车凸轮轴（图4-140）在露天环境下受雨水、雪水及杂物的侵蚀，发生锈蚀，转动受阻，导致刹车不灵活，制动性能下降，影响抽油机井的日常维护和操作安全。

为了解决该技术问题，笔者对刹车凸轮轴进行改进，以确保人员和设备的安全。

图4-139　内涨式刹车结构

图 4-140　刹车凸轮轴

二、解决的方法及技术规范

（一）刹车凸轮轴锈蚀原因

由于凸轮轴与轴座之间没有润滑点，且存在配合间隙，在露天环境下，雨水、雪水和杂物很容易渗入到间隙中，使凸轮轴与轴座之间接触面产生锈蚀。

（二）解决的方法

（1）在凸轮轴的两端分别加工凹形槽（图 4-141）。

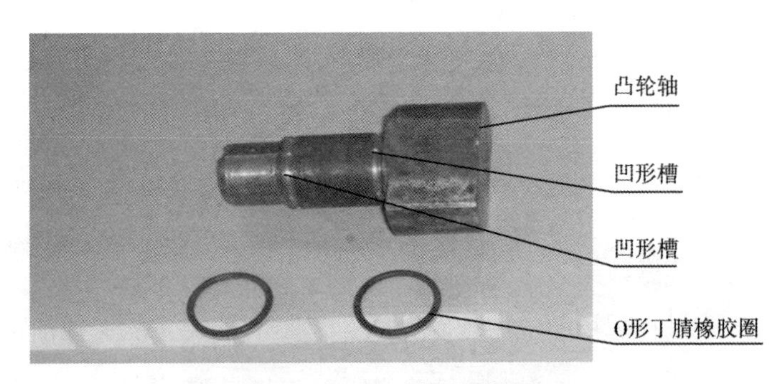

图 4-141　改进凸轮轴结构

（2）在凸轮轴表面涂抹少许黄油，选择一对合适的 O 形丁腈橡胶圈装入凹形槽内（图 4-142）。

（3）把改进的凸轮轴安装在轴座内，使 O 形丁腈橡胶圈与轴座紧密配合。凸轮轴与轴座之间的过盈配合在 0.10mm 左右，能

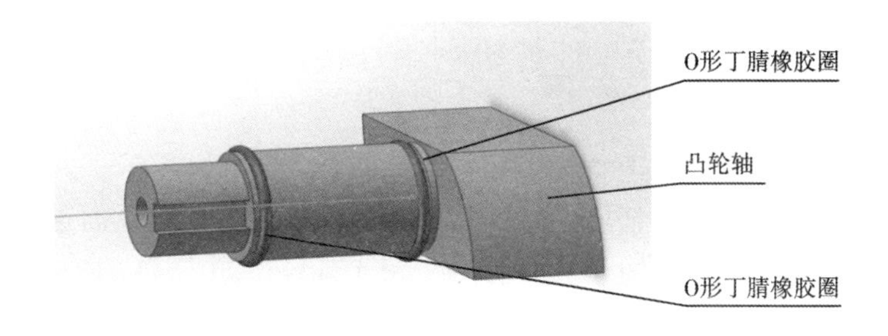

图 4-142　安装 O 形丁腈橡胶圈

有效密封两者之间的间隙，防止雨水、雪水和杂物进入，同时确保凸轮轴旋转自如（图 4-143）。

图 4-143　凸轮轴现场应用

三、实施效果

该成果在现场的应用既能提高刹车制动性能，确保抽油机维修操作的安全，又能减轻员工维修刹车的工作量，同时具有较好的社会效益。该成果适用于油田所有抽油机内涨式刹车，推广前景好，覆盖率高。该成果于 2017 年获大庆油田第二采油厂技术革新一等奖。

第十九节　抽油机刹车连杆传动轴革新

一、问题的提出

抽油机刹车连杆传动轴的作用是连接横向连杆和纵向连杆，传递动力，实现对抽油机的制动（图 4-144）。由于传动轴与轴座之间存在配合间隙，在户外露天环境下雨水、雪水及杂物容易侵入间隙中，使传动轴锈蚀，转动不灵活，造成刹车制动性能下降，存在安全隐患。另外传动轴不是密闭的，在加油后常常造成浪费和设备污染。

为了确保抽油机各种维修操作的安全，提高安全系数，笔者对传动轴进行改进。

图 4-144　抽油机刹车结构

二、解决的方法及技术规范

（一）连杆传动轴锈蚀的原因

由于传动轴与轴座之间存在配合间隙（图 4-145），在露天环境下，雨水、雪水和杂物很容易渗入到间隙中，导致传动轴与轴座之间的接触面产生锈蚀，使传动不灵活，制动性能下降。虽然轴座顶部装有黄油嘴，但由于雨水从传动轴的两端渗入到轴座内，使黄油变质而失去润滑性能。

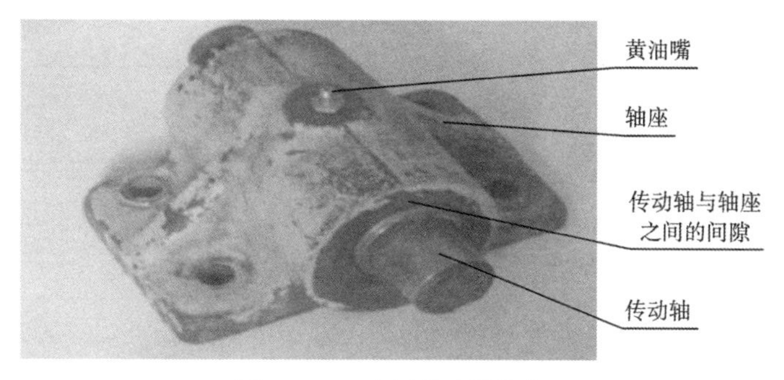

图 4-145　连杆传动轴结构

（二）解决的方法

（1）在传动轴两端合适的位置分别车出凹形槽（图 4-146），再选择一对合适的 O 形丁腈橡胶圈，使其与轴座内径的过盈配合在 0.10mm 左右。

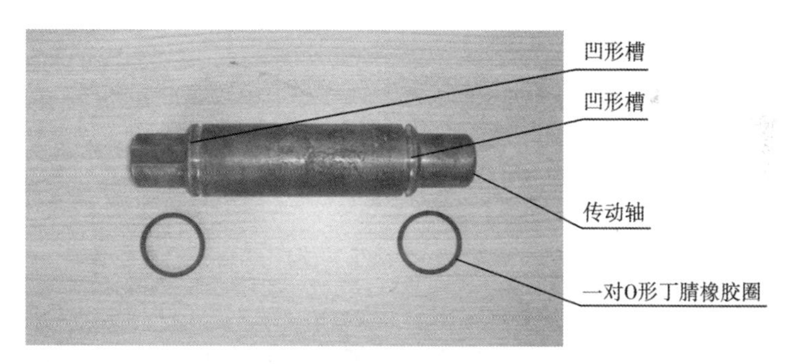

图 4-146　改进传动轴结构

（2）在传动轴表面涂抹少许黄油，将一对 O 形丁腈橡胶圈装入凹形槽内（图 4-147）。

（3）把改进后的传动轴安装在轴座内。改进方法能有效密封传动轴与轴座两端的间隙，防止雨水、雪水和杂物进入轴座内。同时还可以实现密闭加油，既能节约黄油又可防止设备污染（图 4-148）。

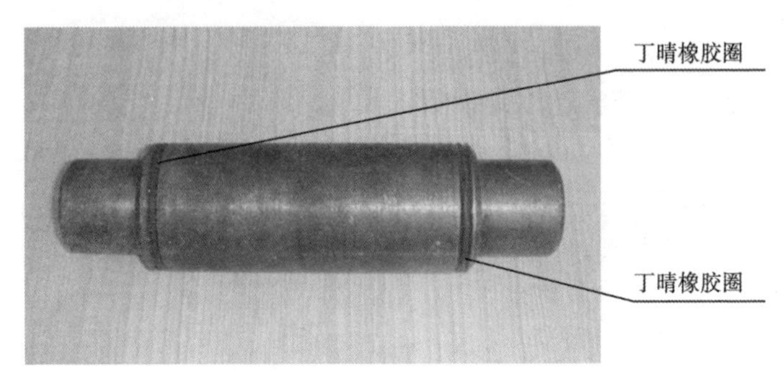

图 4-147　安装 O 形丁腈橡胶圈

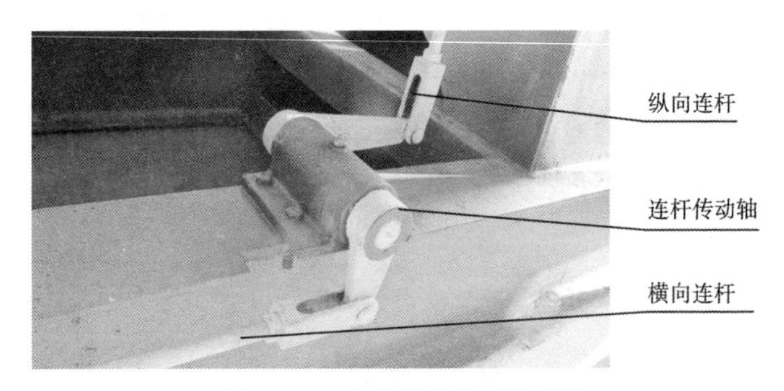

图 4-148　改进传动轴现场应用

三、实施效果

改进的传动轴在现场应用旋转自如，操作灵活可靠。其既能提高刹车制动性能和安全系数，同时又能确保维修操作人员的安全，减轻员工维修刹车的工作量。该成果适用于油田所有抽油机井，覆盖率高，推广前景好。该成果于 2006 年获大庆油田第二采油厂技术革新三等奖。

第二十节　抽油机刹车轮锁定装置革新

一、问题的提出

油田抽油机井刹车制动装置一般采用内涨式和外抱式两种刹

车结构。手动刹车在现场使用过程中，如果刹车片磨损严重、刹车片上有油污、刹车传动机构发生断脱或刹车没有刹紧，常常发生刹车失灵或自动溜车，会造成抽油机摆动，给维修人员的安全带来隐患。为了确保操作人员的安全，抽油机刹车系统设计时在减速箱中间轴靠刹车轮一侧，安装有刹车轮锁定装置（图 4-149）。它的作用是抽油机停机后，把锁钩挂入刹车轮上的凹形槽内锁定刹车轮（图 4-150），防止抽油机摆动。由于设计上有缺陷，刹车轮锁定装置存在两个问题：一是抽油机停机后操作人员

图 4-149　刹车轮锁定装置

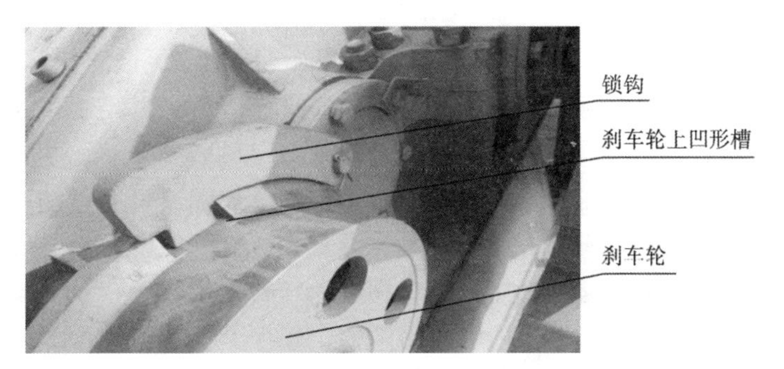

图 4-150　锁钩锁定刹车轮

要爬到减速箱上才能悬挂锁钩，站在减速箱上操作存在滑脱坠落的风险；二是刹车轮锁钩悬挂后，如果在维修过程中发生刹车失灵或自动溜车，锁钩与刹车轮上的凹形槽之间会形成自锁而无法

再打开，给下一步维修处理刹车故障带来困难和危险。

为确保抽油机各项维修操作的安全，笔者对刹车轮锁定装置进行改进，使锁钩能够自由解锁，从而提高刹车制动系统的安全系数，确保维修人员和设备的安全。

二、解决的方法及技术规范

（1）改进刹车轮锁定装置由刹车轮锁钩、偏心轴、偏心轴轴座三部分组成。

（2）将原刹车轮锁钩孔眼直径增大（图 4-151），使其大于偏心轴轴头直径 1mm，确保锁钩能够自由旋转。

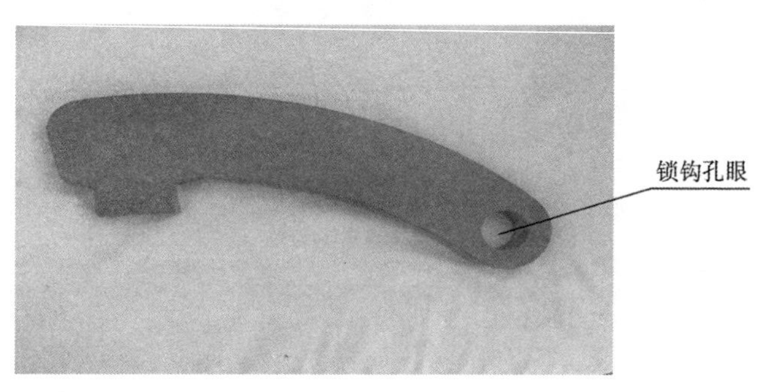

图 4-151　刹车轮锁钩

（3）偏心轴由 45 号碳素钢加工。偏心轴轴头直径小于刹车轮锁钩孔眼直径 1mm；中间轴直径小于偏心轴轴座孔眼直径 1mm，使其能够在偏心轴轴座上旋转；轴上外螺纹可通过螺帽将偏心轴固定在轴座上。偏心轴另一端加工成方形头，调整旋转方形头角度，可使偏心轴旋转带动刹车轮锁钩前后移动，从而实现锁钩在刹车轮凹形槽内能够自由解锁，确保了下一步维修操作的安全（图 4-152）。

（4）轴座底板由 12mm 钢板制作，钢板上加工有两个螺纹孔，可通过减速箱上两条固定螺栓固定。偏心轴轴座用 40mm 钢板制作，焊接在轴座底板上，轴座的作用是支撑偏心轴（图 4-153）。

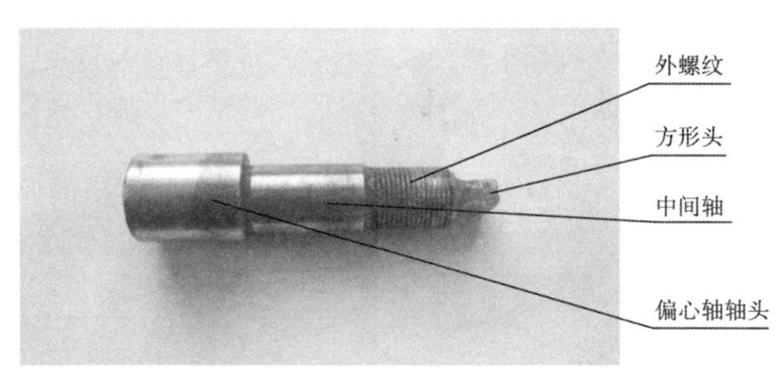

图 4-152　偏心轴结构

图 4-153　改进刹车轮锁定装置

（5）把原锁钩安装位置由中间轴一侧（图 4-149），改装到有操作台一侧的安全区域（图 4-154），人员站在操作台上就可以悬挂、拆卸锁钩。该改进方法能有效防止人员滑脱坠落，提高

图 4-154　刹车轮锁定装置安装位置

了安全系数。

（6）抽油机停机刹车悬挂锁钩后，在维修操作过程中，如果刹车失灵或自动溜车，锁钩与刹车轮凹形槽就会形成自锁锁定抽油机（图 4–155），防止抽油机摆动。

图 4–155　锁钩锁定刹车轮

（7）现场如发生刹车失灵或自动溜车，锁钩锁定刹车轮后，此时先查找刹车失灵的原因。如果刹车没有刹紧、刹车片有油或磨损严重，可重新刹紧刹车，卸松偏心轴备帽，缓慢旋转偏心轴使锁钩向前或向后位移。观察刹车轮，如不动，可将锁钩打开，解除锁钩与刹车轮凹形槽自锁角的约束（图 4–156）从而实现安全解锁。最后更换磨损的刹车片，清理油污。

图 4–156　锁钩解锁状态

三、实施效果

该成果在大庆油田第二采油厂第六作业区的三口抽油机井上应用。现场 3 年多的使用效果表明，该装置操作方便快捷，安全性能高，可从根本上杜绝因刹车失灵和自动溜车造成的伤亡事故，能确保抽油机各项维修操作的安全。该成果适用于油田各种型号抽油机的内涨式或外抱式刹车，推广前景好，具有较好的经济效益和社会效益。该成果于 2015 年获大庆油田第二采油厂技术革新二等奖。

第二十一节　抽油机减速箱呼吸阀革新

一、问题的提出

抽油机减速箱呼吸阀（图 4–157）由于结构设计缺陷，在露天环境下工作，雨水和空气中的灰尘颗粒等杂物很容易通过呼吸孔道侵入到减速箱内。造成的危害有以下 3 点：一是雨水侵入到减速箱内，污染齿轮油使其润滑性能降低；二是杂物常常堵塞呼吸阀上的呼吸孔道（图 4–158），使呼吸阀不能正常工作，造成减速箱憋压漏

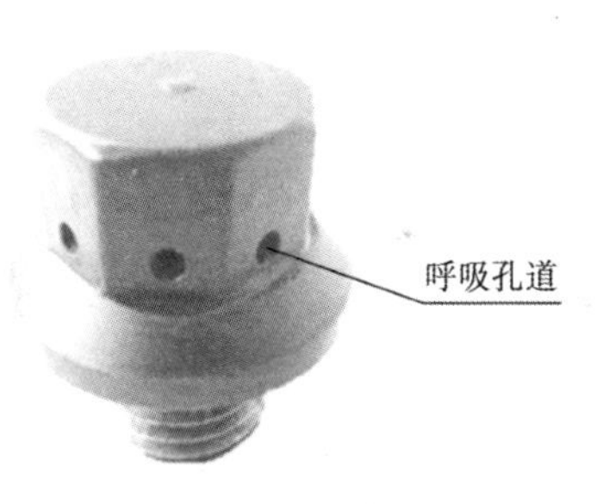

图 4–157　呼吸阀结构

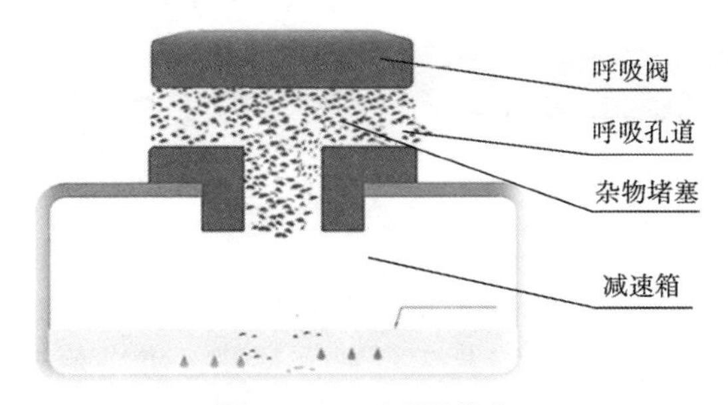

图 4–158　呼吸阀堵塞

油，既浪费了齿轮油又污染设备，还增加员工清理污油工作量；三是灰尘颗粒侵入减速箱造成齿轮磨损加快，使减速箱寿命缩短、故障率增高。

为了解决以上问题，笔者对减速箱呼吸阀的结构进行了改进，使呼吸阀具有防水、防尘和防堵塞功能。这既降低减速箱故障率又延长减速箱使用寿命，还节约润滑油费用，同时减少环境污染，提高抽油机井的管理水平。

二、解决的方法及技术规范

（1）改进呼吸阀由防水帽、卡簧、滤网、呼吸阀主体和密封圈组成（图 4–159）。

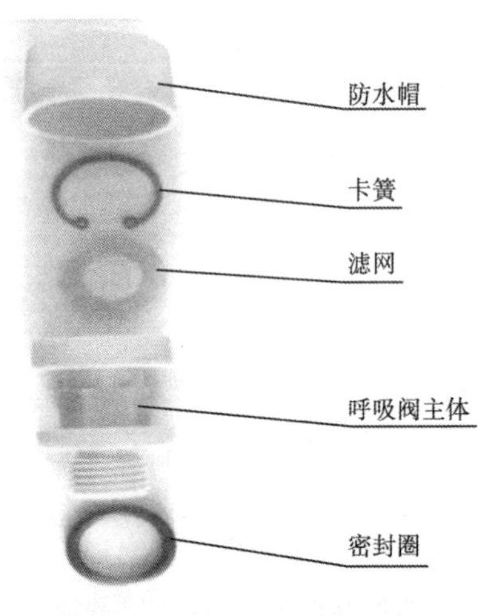

图 4–159　改进呼吸阀结构

（2）防水帽内卡钩与呼吸阀主体上部卡槽连接固定，可防止雨水通过呼吸孔道侵入到减速箱内。防水帽采用耐油聚丙烯材料加工制作。

（3）滤网采用 80 目不锈钢丝制作，通过卡簧固定（图 4–159），可过滤空气中的灰尘颗粒等杂物，防止杂物进入减速箱内。

（4）呼吸阀主体上的呼吸孔道改为上下垂直结构（图 4-160），可使过滤出的杂物在重力作用下自行分离脱落，能防止呼吸阀堵塞。呼吸阀主体采用耐油聚丙烯材料加工。

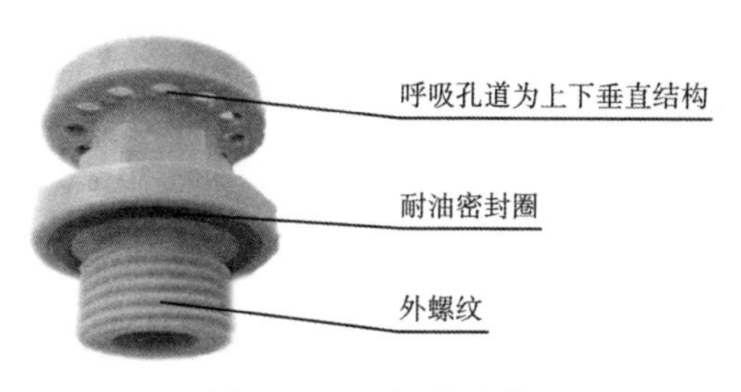

图 4-160　呼吸阀主体

（5）呼吸阀主体下部外螺纹可与减速箱顶部内螺纹连接（图 4-161）。

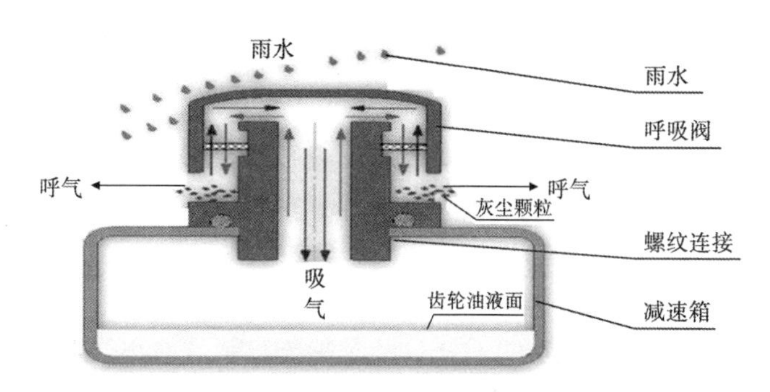

图 4-161　改进呼吸阀工作原理

（6）耐油密封圈安装在呼吸阀主体下平面的凹槽内（图 4-162），可防止雨水由呼吸阀底部侵入减速箱。

三、实施效果

2012 年至今，改进呼吸阀已在大庆油田 3700 多口抽油机井推广应用。多年应用证明，改进呼吸阀能够实现防水、防尘和防堵塞三项功能；既可节省齿轮油费用，又能降低减速箱故障率，延长减速箱使用寿命。该成果适用于油田所有抽油机减速箱，前

图 4-162　改进呼吸阀现场应用

景好，覆盖率高。2010 年获大庆油田有限责任公司重大技术革新一等奖。2013 年获实用新型专利，专利号：ZL201320411502. 4 。

第二十二节　采油井井口立式掺水单流阀革新

一、问题的提出

在现场使用油井井口立式掺水单流阀过程中，当掺水液中的砂粒、污垢等杂物通过单流阀时常常卡在阀座与阀球之间，导致单流阀失灵，发生倒灌现象，使油、气进入掺水管线，造成掺水管线堵塞冻结事故，影响油井的正常生产。

为了防止单流阀失灵，减少产量损失，笔者对单流阀进行改进，从而确保油井的正常生产。

二、解决的方法及技术规范

（1）原单流阀由阀体、弹簧、平面阀球和阀座 4 部分组成［图 4-163（a)］。

（2）改进单流阀由阀体、弹簧、锥形阀球、阀座及过滤器 5 部分组成［图 4-163（b)］。

（3）原单流阀中的阀体、弹簧结构尺寸不变。笔者对原阀球的结构进行改进，把平面阀球改为锥形阀球（图 4-163)。锥形阀球在工作中与阀座可实现线密封，对细小杂物有剪切作用，能有效

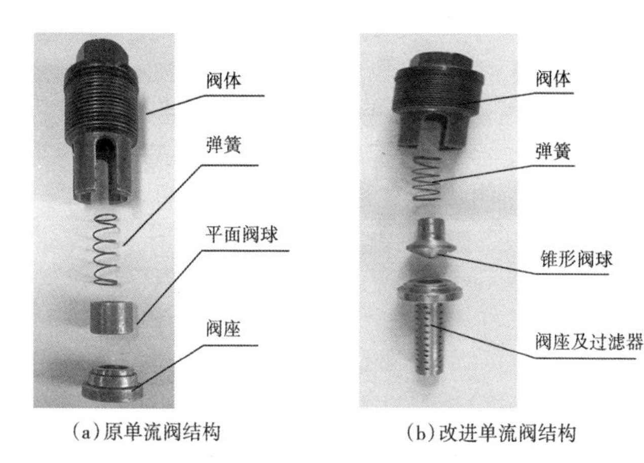

(a)原单流阀结构　　(b)改进单流阀结构

图 4-163　单流阀结构

防止通过过滤器的细小杂物堵塞单流阀，避免发生倒灌现象。

（4）在阀座进口处增加过滤器，过滤器与阀座加工为一体（图 4-163）。过滤器表面有 70 个 ϕ2.0mm 的孔眼，其过流面积达到 220mm^2 以上，能够满足单井掺水流量的需求。

（5）因过滤器的中轴线与掺水管线同轴（图 4-164），所以过滤器（能过滤直径大于 2.0mm 的杂物）过滤掉的杂物会在重力的作用下，沿着掺水管线滑落到底部，便于清理维修，同时能防止单流阀堵塞。

图 4-164　单流阀应用

三、实施效果

该成果在现场应用具有以下优点：一是可避免因倒灌造成的管线堵塞冻结停产事故；二是维修清理方便，减轻了员工的劳动强度，同时提高了抽油机井运转时率和油井的管理水平。该成果于 2016 年在大庆油田第二采油厂革新示范区推广应用。2016 年获得大庆油田有限责任公司重大技术革新三等奖，2017 年获实用新型专利，专利号：ZL 201621277473. 7。

第二十三节　采油井取油样桶革新

一、问题的提出

采油井取油样桶一般采用塑料或铁制材料加工制作。塑料和铁制油样桶在使用过程中存在以下 4 个问题：一是桶口易发生变形，造成油样桶盖与油样桶密封不严漏失洒样（图 4-165），导致含水化验结果不准确；二是油样桶提手悬挂不牢固，在取送油样桶过程中易脱出，造成油样桶与桶盖脱落发生泄漏；三是油样桶上没有放置井号标签的位置，标签易丢失、污染（图 4-165），尤其是下雨天，雨水常常把标签淋湿，使字迹模糊看不清，影响取样工作；四是铁制样桶使用过程中易产生锈蚀，且油样桶底部易磨损发生漏失，既影响油样化验准确性又缩短油样桶使用寿命。

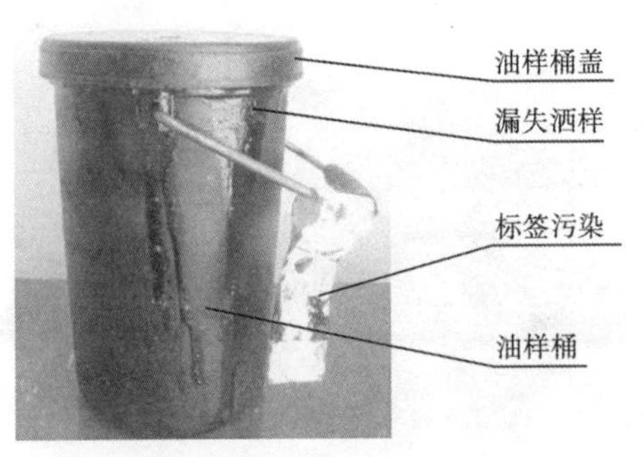

图 4-165　原油样桶结构

为了提高录取油样的质量和工作效率，延长油样桶使用寿命，节约费用，笔者对油样桶的材料和结构进行改进。

二、解决的方法及技术规范

（1）改进取油样桶采用耐温、耐油的聚丙烯材料加工制作。聚丙烯材料耐磨性好，可延长油样桶使用寿命。

（2）改进油样桶盖上平面增加了井号标签盒，标签盒顶部安装有有机玻璃罩，既可以防止雨水淋湿标签，又便于放置和查看井号标签（图 4-166）。

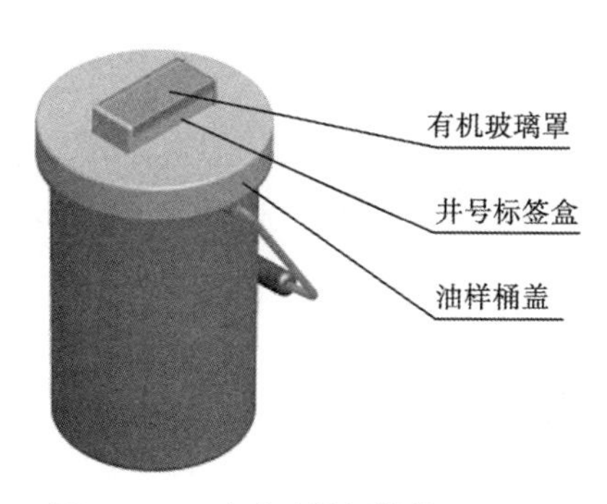

图 4-166　改进油样桶结构（一）

（3）改进油样桶桶口加厚到 5mm。在桶口上平面加工有上宽 2.7mm、下宽 3.0mm 的梯形凹槽。在梯形凹槽内安装截面 ϕ3.0mm 的 O 形丁腈橡胶圈（图 4-167），且 O 形橡胶圈与油样桶桶口上平面有一定过盈量。当旋转上紧油样桶盖与油样桶时，

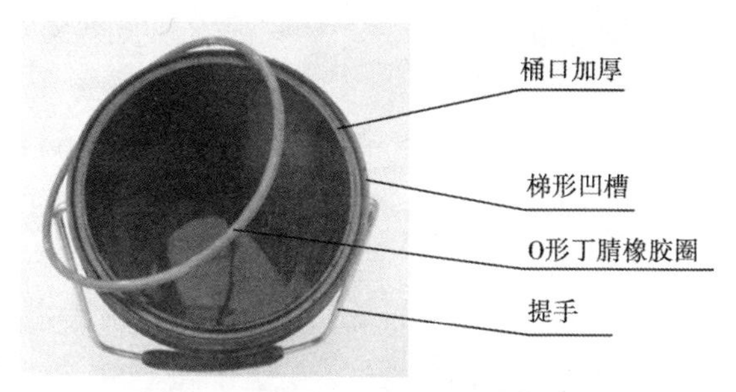

图 4-167　改进油样桶结构（二）

O 形橡胶圈上平面与油样桶盖下平面紧密接触，实现过盈密封，可确保油样桶不漏失、不洒样。

（4）将油样桶盖的内螺纹和油样桶桶口的外螺纹扣数由原来的 2 扣增加到 5 扣（图 4-167），现场使用时可旋转油样桶盖使其与油样桶连接，使两者之间密切配合，提高密封强度。

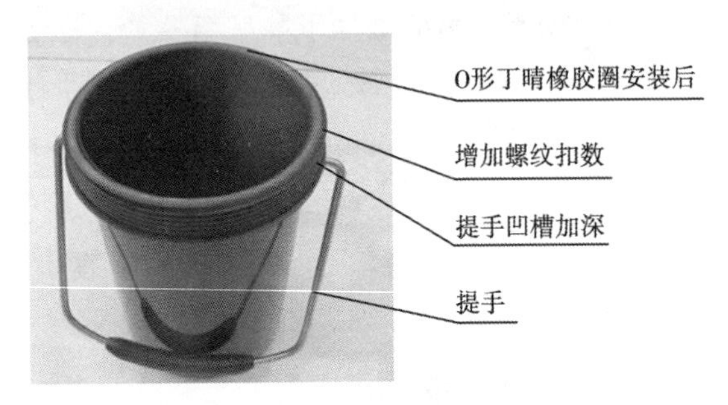

图 4-167　改进油样桶结构（三）

（5）把油样桶两侧悬挂提手的凹槽加深到 6mm（图 4-167），使提手悬挂在凹槽内既能灵活自如，又能防止取送油样桶过程中提手脱出（图 4-168），避免油样桶脱落造成油样泄漏的问题。提手采用金属材料加工。

图 4-168　改进油样桶现场应用

三、实施效果

2015 年在大庆油田第二采油厂推广应用 800 个改进取油样桶。经过 3 年多的现场应用，未发生洒样和井号标签丢失、损坏现象。既确保资料录取准确率，同时又提高取油样的质量和工作效率。该成果适用于油田所有采油井录取油样，应用前景好，覆盖率高。2015 年获实用新型专利，专利号：ZL 201520392900. 5。

第二十四节　抽油机驴头对中调整锁定装置

一、问题的提出

目前油田抽油机井大多采用可卸式驴头。该结构的驴头在安装时要先把驴头座在游梁前端的驴头座上，再把驴头销子穿过驴头两侧销子孔眼和驴头销座上的孔眼，将驴头悬挂在游梁前端的驴头座上（图 4-169）。按驴头安装的技术要求，驴头内侧的宽度必须大于游梁外侧的宽度。因此，驴头安装后驴头内侧与游梁外侧边缘之间存在空隙（图 4-170）。当测示功图或维修操作卸载荷时，驴头在驴头座上易产生振动发生左右位移，导致驴头与

图 4-169　驴头安装图（一）

图 4-170　驴头安装图（二）

井口不对中，从而影响抽油机井的正常生产和管理。

为了解决这一生产难题，笔者研制出抽油机驴头对中调整锁定装置。

二、解决的方法及技术规范

（一）驴头不对中的危害

（1）易发生毛辫子与驴头前端边缘偏磨，严重时会造成毛辫子磨损断脱，使抽油机不能正常工作（图 4-171 ）。

图 4-171　驴头运行到上死点

（2）易产生光杆与井口偏磨现象，加快光杆与密封填料之间的磨损，造成井口跑油、冒油，增加了岗位员工清理污油和加密封填料的工作量。

（3）驴头不对中降低了抽油机井管理指标中的驴头对中率，影响抽油机井生产管理水平。

（二）调整锁定装置的结构

（1）该装置由调节杆、调节座和锁片组成（图 4-172）。

（2）调节杆、调节座和锁片外螺帽的加工尺寸可统一为 41mm、46mm 或 55mm，以方便与常规工具配套使用。锁定装置的内径加工尺寸必须大于驴头销子的直径；锁定装置的调节行程范围在 10~150mm 之间，可以满足各种型号抽油机驴头对中的调整和锁定（图 4-173）。

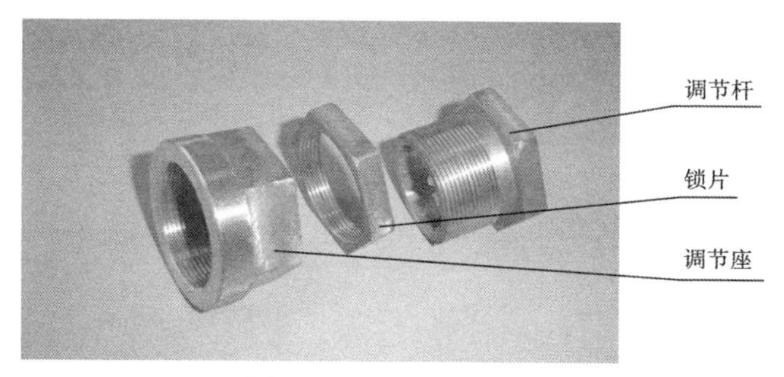

图 4-172　锁定装置结构

图 4-173　锁定装置参数

（三）调整锁定装置的安装方法

（1）调整锁定装置安装在驴头销座两侧与驴头销孔眼内侧的空隙中（图 4-174、图 4-175）。

图 4-174　调整锁定装置安装前

（2）先把驴头销子上的销钉拔掉，抽出驴头销子，再把一对调整锁定装置分别套装在驴头销座与驴头内侧销子孔眼之间的空隙中，最后再上好驴头销子上的销钉（图 4-175 ）。

图 4-175　调整锁定装置安装后

（四）调整锁定装置的使用方法

（1）按操作规程和步骤停机后，先卸掉驴头上的载荷，调整驴头两侧顶丝使驴头达到对中后，再调整锁定装置的调节杆行程，使其膨胀填满驴头销座两侧与驴头销孔眼内侧之间的空隙，最后拧紧锁片锁定驴头，实现抽油机驴头对中与锁定。

（2）调整锁定装置还可同时与驴头两侧顶丝配合进行驴头对中的调整。由以前驴头两侧两点顶丝调整，增加为两侧四个点的调整与锁定，因此确保了驴头在驴头座上悬挂的牢固性和可靠性。使驴头在载荷发生变化时不会再出现振动位移现象，提高了驴头对中率，减少光杆与密封填料之间的磨损，减轻员工清理污油和加密封填料的工作量。

三、实施效果

该调整锁定装置操作方便、灵活。以前单井年平均调整驴头对中 5~8 次，现在只需在每个井下作业周期（平均 500 天左右）调整一次即可。因此减轻了员工的劳动强度，提高了运转时率，增加了产油量。该成果于2016年在大庆油田第二采油厂革新示范区推广应用。2012年获大庆油田重大技术革新二等奖，2010年获实用新型专利，专利号：ZL201020123089.8。

第二十五节　压力表防喷接头的研制

一、问题的提出

压力资料的录取是油田生产管理中一项非常重要的基础工作。压力表是保证安全生产中常用的压力指示仪表，它能直观地显示出压力的变化（图4-176）。然而，压力表在使用过程中，由于振动、油污较多、长时间磨损以及锈蚀等各方面的原因，压力表原有计量性能改变，精度以及误差超出相关规定要求。压力表在使用过程中生产环境不良或使用不当等原因将会导致压力表弹簧管破损（图4-177），进而造成油气泄漏、环境污染、人身伤害等事故，严重影响了油田的安全生产。针对压力表破损造成油气泄漏这个难题，笔者对传统压力表接头进行了改进。

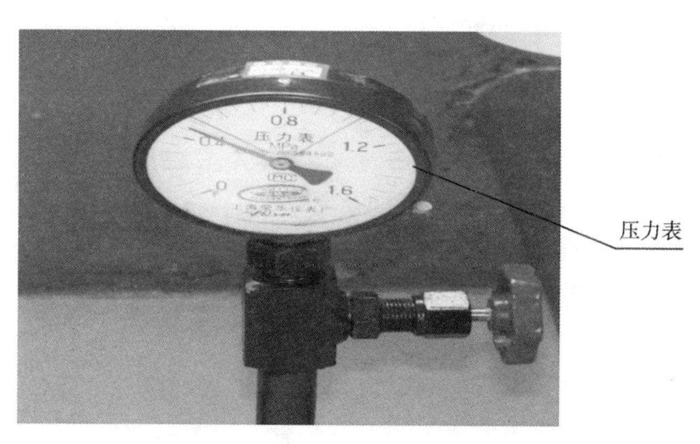

图4-176　原压力表现场应用

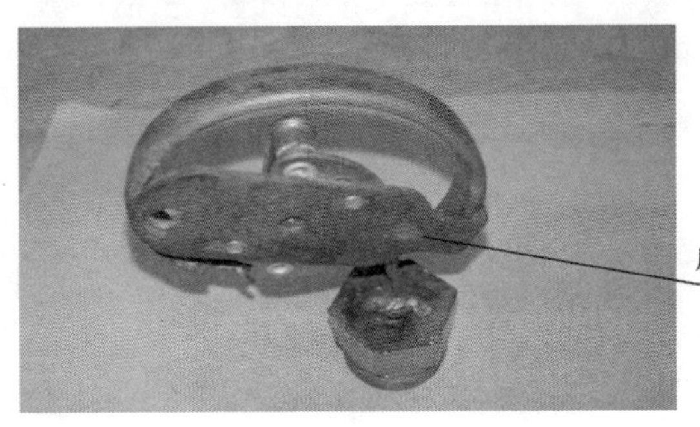

图 4-177　压力表弹簧管破损

二、解决的方法及技术规范

(一) 原有压力表接头的工作缺陷

在原油生产中，压力表通常通过阀门、压力表接头安装在管线上，阀门起到截断的作用。由于压力表下部通常为 M20mm×1.5mm 螺纹，阀门为相应直径的管螺纹，压力表接头起到连接阀门和压力表的作用。实际工作中，当阀门拧开后，压力通过阀门、压力表接头内通道传给压力表。通过阀门截断更换压力表。旧的压力表接头仅起到阀门与压力表之间的连接作用。当压力表被拆下或破损后，如果阀门开启，管线内的液体将毫无阻碍地流出，造成大面积油、气、水泄漏，污染环境，严重的会发生爆燃等安全生产事故。

(二) 压力表防喷接头结构及原理

压力表防喷接头主要由上接头、缸体、活塞、密封圈、下接头、控制阀门 6 部分组成（图 4-178）。

1. 工作原理

压力表防喷接头底部下接头与控制阀门连接，顶部上接头与压力表连接，形成一个密闭的空腔，空腔内装有液压油可传递压力。活塞上装有两道密封圈，活塞在缸体内可上下移动（图 4-178）。压力表正常工作时，管线内的介质推动活塞上、下移动，此时液压油可传递压力给压力表，使压力表指针偏转，并在刻度

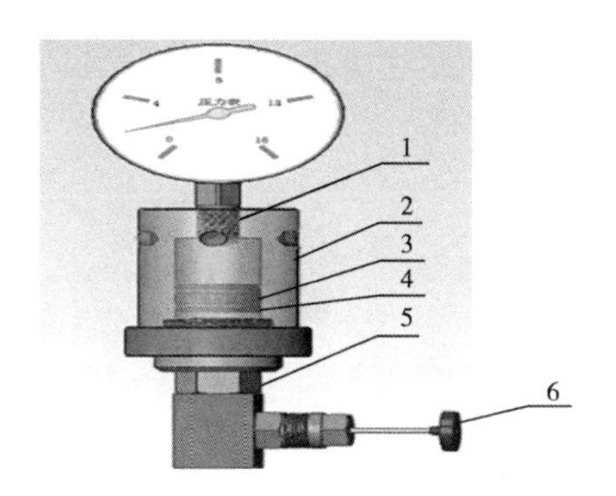

图 4-178　压力表防喷接头结构

1—上接头；2—缸体；3—活塞；4—密封圈；5—下接头；6—控制阀门

盘上指示出被测压力值。如果压力表弹簧管破裂，活塞在管线内介质压力的作用下向上移动，排出空腔内的液压油，当活塞移动到缸体顶部时，可将压力表防喷接头上接头的传压孔堵住，从而防止管线内介质外泄。

2. 主要技术指标

（1）上接头采用普通内螺纹与压力表连接。

（2）缸体采用 45 号钢加工。

（3）密封圈规格是 ϕ39. 5mm×3mm，与空腔采用过盈配合设计；

（4）向缸体内加注液压油前，要将活塞推到缸体最底部；

（5）下接头采用锥管螺纹与压力表控制阀连接（图 4-179）。

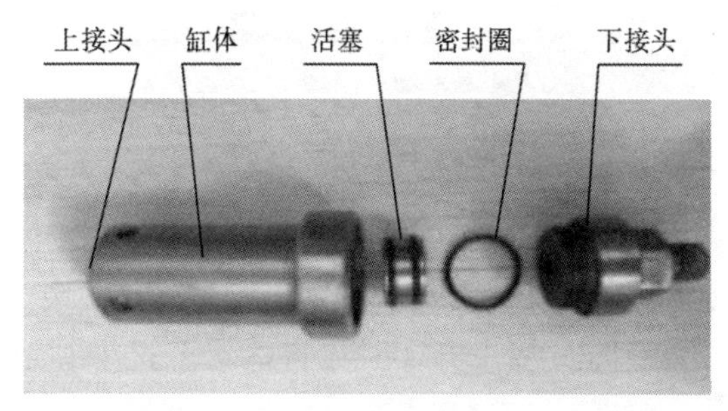

图 4-179　压力表防喷接头结构

3. 校对、安装

（1）将加工制作好的压力表防喷接头安装到压力表校对仪上，并调试至正常指示状态（图4–180）。

图4–180　校对、安装压力表防喷接头

（2）现场安装时，先将压力表防喷接头的下接头安装在压力表控制阀上，将缸体里的活塞推入底部，然后将活塞上部加入液压油，最后安装压力表（图4–181）。

图4–181　压力表防喷接头现场应用

4. 压力表防喷接头及压力表在应用中的安全注意事项

（1）压力表防喷接头安装时螺纹不能偏。

（2）压力表防喷接头安装时先将活塞装置推到最底部的位置，再倒满液压油。

（3）压力表防喷接头安装时要缠好密封胶带。

（4）压力表必须垂直安装，且要使用扳手旋紧，不能用手强行旋转扭动压力表。

（5）压力表使用范围应在压力表最大量程的1/3~2/3之间。

（6）压力表要按期进行检定，如发现故障应及时修理。

现场应用研制的压力表防喷接头后，有效地解决了因多种原因导致压力表损坏而造成的原油、污水、天然气的泄漏问题，避免了原油、污水、天然气对环境的污染和人身的伤害，减少了操作员处理泄漏事故的工作量，确保了安全生产。

三、实施效果

压力表防喷接头适用于联合站、中转站、计量间、阀组间、抽油机井、注水井、螺杆泵井、电泵井的压力表。自2013年以来，压力表防喷接头在大庆油田各单位推广应用，得到了岗位员工一致好评。该成果于2013年获得大庆油田有限责任公司重点技术革新一等奖。

第二十六节　抽油机光杆带状密封填料研制

一、问题的提出

抽油机井光杆密封填料大多使用“O”形橡胶密封圈（图4-182）。由于“O”形密封圈的耐磨、耐温性能差且强度低，在现

图4-182　“O”形橡胶密封圈

场使用过程中经常发生密封填料磨损跑油现象，岗位员工需要经常更换密封填料，致使单井停机次数多。这样会造成以下两个问题：一是降低抽油机井时率，影响产油量；二是增加员工的劳动强度。为了解决该技术难题，笔者研制出光杆带状密封填料。

二、解决的方法及技术规范

该带状密封填料加工过程中，在橡胶内硫化聚酯线绳，使密封填料耐磨、耐温性能和强度有了较大提高。带状密封填料设计有两种结构：第一种是不受密封盒内径与光杆直径尺寸限制的带状密封填料（图 4-183、图 4-184）；第二种是根据密封盒内径与光杆之间环形空间尺寸加工的带状密封填料（图 4-188、图 4-189）。

图 4-183　第一种带状密封填料结构

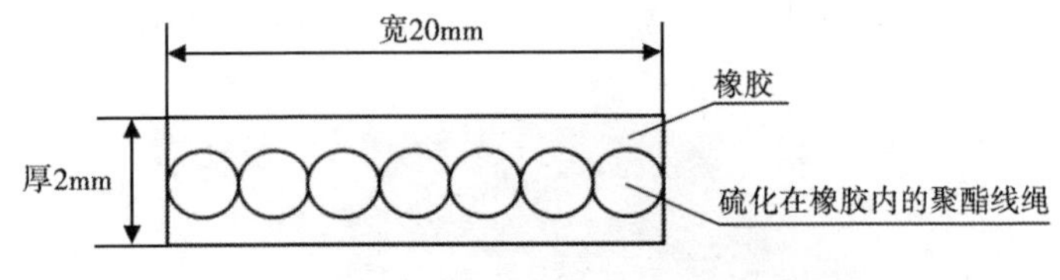

图 4-184　第一种带状密封填料截面图

（一）第一种带状密封填料结构

第一种是不受密封盒内径与光杆直径尺寸限制的带状密封填料结构（图 4-183、图 4-184）。带状密封填料一般加工为长度 5m 左右、宽度 20mm 左右、厚度 2mm 左右。

（1）该结构带状密封填料的安装使用方法如下。

①先用刀在带状密封填料的一端切割出导角（图 4-185），切割导角的目的是使缠绕在光杆上的密封填料与光杆之间的缝隙缩小，从而起到良好的密封作用。

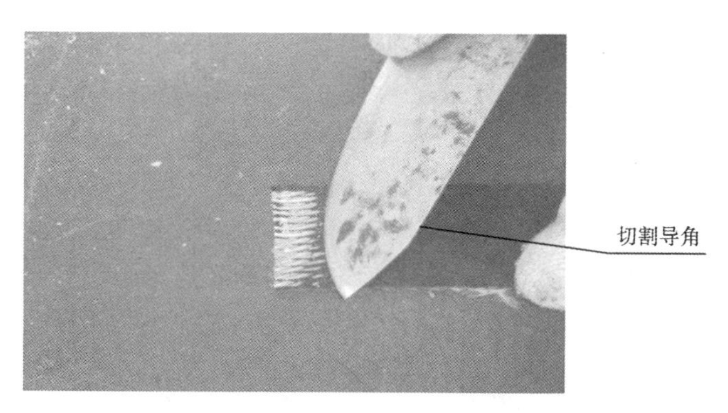

图 4-185　切割密封填料导角

②按操作规程停机、刹车、切断空气开关、关闭井口胶皮阀门、松密封盒压帽泄压，待无压力后取出格兰和旧密封填料，把带状密封填料按顺时针方向紧密缠绕在光杆上（图 4-186）。

图 4-186　在光杆上缠绕密封填料

③最后用起子和锤子将缠在光杆上的密封填料加入密封盒内（图 4-187）。

图 4-187　加入密封填料

④每加入一层后可在光杆表面和密封盒内壁喷入少许机油或变压器油，使缠绕在光杆上的密封填料能够顺利进入密封盒内。依次加满密封填料后，安装好格兰，上紧密封盒压帽，打开一侧胶皮阀门试压后再按要求启机。

（2）该结构带状密封填料的特点如下。

①该结构密封填料不受密封盒与光杆规格尺寸限制，适用于各种规格的光杆与密封盒。

②当光杆与井口不对中、光杆与密封盒不同心时，可先将带状密封填料的头部缠在光杆与密封盒之间空隙较大的一侧，缠满后的尾端也收尾在空隙较大的一侧，使带状密封填料紧密充满在密封盒与光杆之间的环形空间内，能有效解决光杆不对中的难题。

（二）第二种带状密封填料结构

第二种是根据密封盒内径与光杆之间环形空间尺寸加工的带状密封填料，如图 4-188、图 4-189 所示。

该带状密封填料，一般加工为长 5m 左右、宽 15mm 左右。厚度是根据密封盒内径与光杆之间环形空间尺寸设计加工的，一般可加工为 8~18mm，该加工厚度范围能够满足各种规格的光杆

图 4-188　第二种带状密封填料

与密封盒尺寸（图 4-189）。

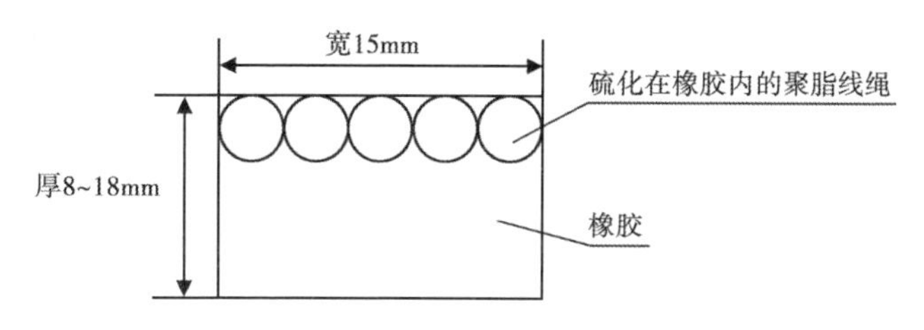

图 4-189　第二种带状密封填料截面图

（1）密封盒内径与光杆之间的环形空间如图 4-190 所示。

图 4-190　环形空间的结构

（2）该结构带状密封填料的安装使用方法如下。

①先用刀在带状密封填料的一端切割出导角（图 4-191），其目的是使密封填料螺旋缠绕在光杆上时，上下层之间紧密配合充满在密封盒内，起到较好的密封作用。

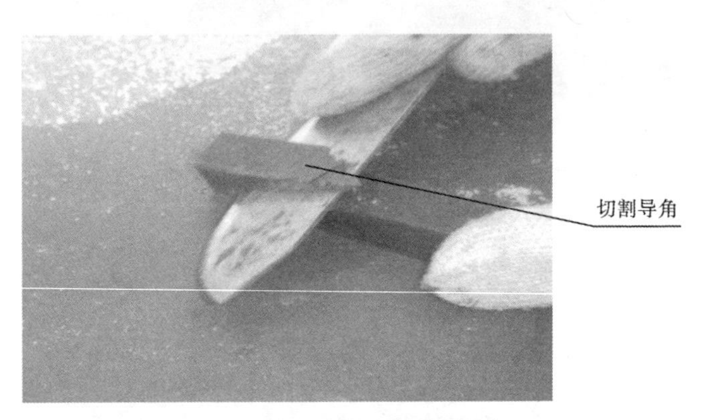

图 4-191　切割密封填料导角

②按操作规程停机、刹车、切断空气开关、关闭井口胶皮阀门、松密封盒压帽泄压，待无压力后取出格兰和旧密封填料，把带状密封填料有聚酯线绳的一侧贴近光杆表面，按顺时针方向螺旋缠绕在光杆上（图 4-192）。

图 4-192　缠绕密封填料

③用锤子将缠绕在光杆上的密封填料螺旋加入到密封盒内（图 4-193）。安装好格兰，上紧密封盒压帽，打开一侧胶皮阀门试压后再按要求启机。

图 4-193　加入密封填料

（3）该结构带状密封填料的特点如下。

①该带状密封填料的厚度是按密封盒内径减去光杆直径后除以 2 设计加工的。因此，在使用前要根据该井密封盒内径和光杆的直径选择规格合适的密封填料。

②该带状密封填料安装时，由一根整体密封填料从密封盒内底部，按顺时针方向螺旋缠绕填满光杆与密封盒之间的环形空间。因此，其安装方便、结构紧密、密封效果好、使用周期长。

（三）带状密封填料安装后使用注意事项

（1）抽油机启抽后要及时调整密封盒压帽的松紧度。如密封盒压帽调节过紧，会使光杆发烫造成密封填料磨损加快，减少密封填料的使用寿命；如压帽调节太松，会造成密封盒漏气或跑油。所以密封盒压帽松紧度的调节要以光杆不烫手，密封盒没有漏气声且不带油为准。

（2）抽油机洗井时，由于密封填料受洗井液高温的影响磨损加快，可在洗井过程中对光杆表面涂抹少许黄油或润滑油以减少密封填料的磨损，延长其使用寿命。洗井结束后要将密封盒压帽拧紧半圈防止跑油。

三、实施效果

该带状密封填料在橡胶内硫化聚酯线绳，使密封填料的耐磨性、耐温性和强度有了较大提高。该带状密封填料的使用寿命是其他各类密封填料的4~8倍，与原密封填料相比可节约费用30%~60%。因此，使用该带状密封填料可减少更换密封填料次数，提高抽油时率，增加产油量，同时还可以减轻员工的劳动强度。该成果于2003年获大庆油田第二采油厂岗位创效三等奖；于2000年2月23日获国家专利，专利号：ZL00203860.9。

第二十七节　抽油机井洗井过程中对洗井液温度变化规律的认识

一、问题的提出

抽油机井大多采用反洗法洗井。反洗法洗井是先将洗井液经油套环形空间注入井下，再经过泵吸入口通过油管返回到地面，其目的是清洗油套环形空间、抽油泵、油管和抽油杆上的蜡、死油及各类杂物，以确保抽油机井的正常工作。

通过现场摸索实验，初步掌握了洗井液温度变化规律，为加强抽油机井的管理，提高洗井质量起到积极作用。

二、洗井液随温度变化划分各阶段

大庆油田抽油机井大多采用双管流程。洗井前，首先中转站加热炉需将洗井液加热到75~80℃之间，由热洗泵通过热洗管线输送到计量间，再经单井掺水管线流到井口，然后通过油套环形空间流入井下泵吸入口，接着经油管返回井口，最后通过出油管线流回计量间（图4-194）。

根据洗井液温度变化特点，将其划分为五阶段。

第一阶段：中转站至计量间之间。

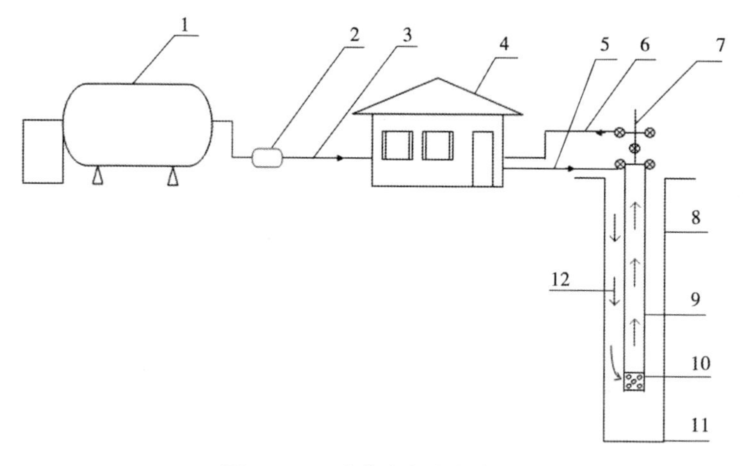

图 4-194　洗井液走向示意图

1—加热炉；2—热洗泵或循环泵；3—热洗管线；4—计量间；5—单井掺水管线；6—单井出油管线；7—油井井口；8—套管；9—油管；10—吸入口；11—人工井底；12—洗井液运动方向

第二阶段：计量间至单井井口之间。

第三阶段：单井井口至泵吸入口之间。

第四阶段：泵吸入口返回至井口之间。

第五阶段：井口至计量间之间。

三、洗井液各阶段温度变化规律和特点

（一）洗井液各阶段温度变化的规律

（1）第一阶段洗井液由中转站至计量间。

在这一过程中洗井液先被加热到75℃左右，然后通过热洗管线由中转站输送到计量间。此段洗井液温度呈下降趋势，为每1000m温度下降1～3℃（该数据是洗井时，同步在中转站和计量间两点测得的洗井液温度差值）。温度下降的幅度与单井洗井时流量大小及计量间与中转站距离有关，流量越大则降幅越小，距离越远则降幅越大。

（2）第二阶段洗井液由计量间至单井井口。

洗井液通过掺水管线流至单井井口，在这一过程中，洗井液温度仍然是每1000m下降1~3℃（该数据是洗井时，同步在计量间和井口两点测得的洗井液温度差值）。温降的多少与抽油泵的排量和泵效有关，泵效好、排量大则温降少，反之则多。

（3）第三阶段洗井液由井口至井下泵吸入口。

洗井液温度在这一过程中呈大幅下降趋势，为每100m深度下降1~3℃。其原因是油管壁及杆柱和液体、套管壁及水泥环和地层吸收了一部分热量（图4-195），同时油管及环形空间内的蜡块、死油和杂质也吸收了部分热量。所以当洗井液从井口油套环形空间向下流动到泵吸入口附近时温度降至最低点，一般在42~58℃之间（该数据是洗井时，在井口同步环空测试，下入小直径温度计测得）。

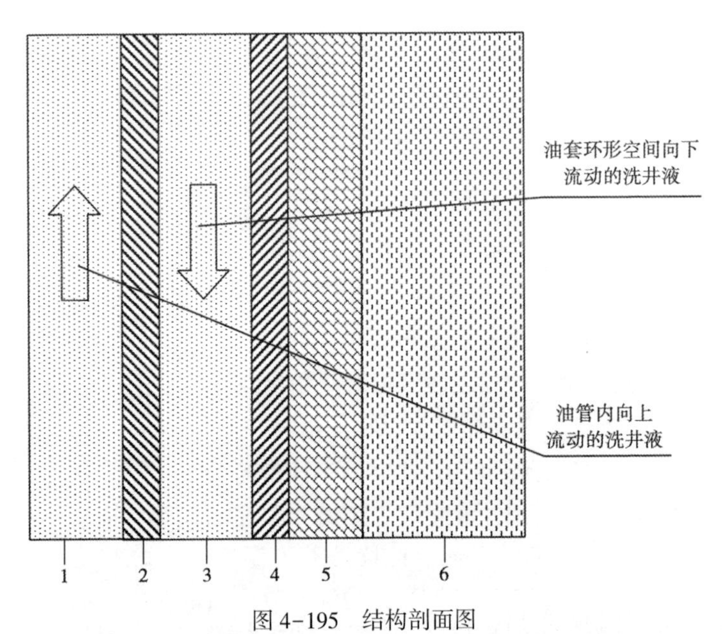

图4-195 结构剖面图

1—油管内向上流动的洗井液；2—油管壁；3—环形空间向下流动的洗井液；4—套管壁；5—套管壁外的水泥环；6—井壁周围的沉积岩

（4）第四阶段洗井液由泵吸入口经油管返回至井口。

洗井液由泵吸入口经井下油管返回井口过程中温度逐渐上

升，当洗井液向上流到井口附近时温度被间接加热达到最高值。其原因是油管内的洗井液在上升过程中，不断受到油套环形空间向下流动的洗井液对流和热传递作用而吸收热量，所以到达井口附近时洗井液温度被加热上升到最高值。

（5）第五阶段洗井液由井口返回至计量间。

洗井液由井口经出油管线流到计量间过程中，温度一般为每1000m降低1~3℃（该数据是洗井时，同步在井口和计量间两点测得的洗井液温度差值）。温降的多少与抽油泵的泵效和排量大小有关，泵效好、排量大则温降少，反之则多。

（二）洗井液各阶段温度变化的特点

（1）第一阶段、第二阶段和第三阶段洗井液温度逐渐下降。

（2）第四阶段洗井液温度逐渐上升。

（3）第五阶段洗井液温度逐渐下降。

其中第四阶段洗井液温度变化特点说明，在计量间观察到的回油温度值，是洗井液在井筒油管内距井口附近时，被环形空间向下流动的洗井液重新加热造成的温度假象，而此时井下泵吸入口附近的实际温度值，远低于计量间观测的回油温度值。因此说明在计量间观测的回油温度，不能代表井筒内各点的实际温度，只能作为在洗井过程中对井下各点温度的间接参考。

四、判断和提高洗井质量的方法

（一）回油温度峰值延时洗井法

根据洗井液温度变化规律可知，计量间观测的回油温度是采出液在井筒内被洗井液重新加热造成的一种假象。所以当回油温度上升到最高值时（即回油温度峰值），并不能说明井下油管内各点的实际温度也达到过该值。所以可根据各井的实际情况，当回油温度达到峰值后，再洗井60~120min以提高洗井质量。

（二）测电流法

洗井后必须测抽油机工作电流，将其与洗井前电流值进行比较。一般洗井前杆、管结蜡使电动机载荷增大，电流值增高；洗井后电动机载荷变小，上、下行程电流值均下降。因此，可通过洗井后实测抽油机工作电流的方法来验证洗井质量。

（三）油、套压观察法

洗井完毕后观察油、套压变化情况。此时井口套压归零，油压随抽油机驴头上、下冲程波动较明显，同时在上冲程时可听到排液声音增大，则说明洗井达到效果。

（四）井口验证法

打开井口取样阀门，观察洗井液中是否有蜡块、油污排出，如没有杂物排出可以确定洗井已经达到要求。

（五）提高洗井液温度

提高洗井液出站温度到80~85℃，使洗井液到达泵吸入口附近时的温度能够大于溶蜡点，从而提高洗井质量。

（六）洗井挂牌制度

采取洗井挂牌制度。可在正在洗井的单井计量间（图4-196）和井口（图4-197）挂牌警示，防止他人误操作造成洗井中断或不连续而影响洗井效果和质量。

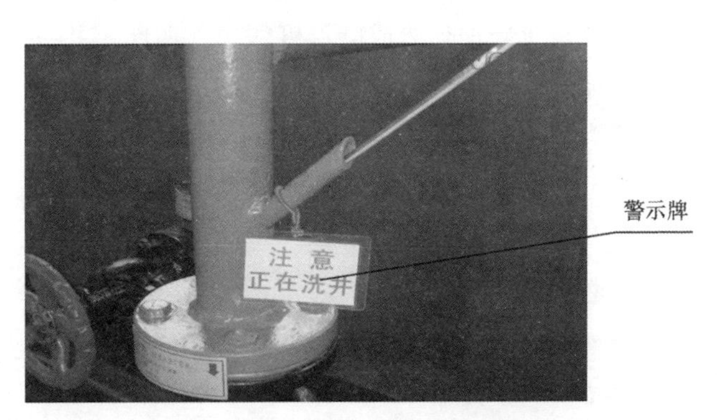

图4-196 计量间单井回油管线

五、实施效果

通过对洗井液温度变化的认识，掌握了洗井液各阶段温度变化的特点和规律。同时结合油田单井的实际情况制订合理的热洗制度和周期，通过现场应用使抽油机井的洗井质量和管理水平有了较大提高。

图 4-197　单井井口掺水阀

第二十八节　抽油机井杆柱滞后现象的认识与防治

一、抽油杆柱滞后现象的认识

抽油杆柱滞后是指在抽油机下行程过程中，抽油杆柱的下行速度小于驴头下行速度，即方卡子下行速度低于悬绳器的下行速度，使悬绳器上平面与方卡子下平面之间产生相对位移，发生悬绳器与方卡子之间的撞击现象（图 4-198）。抽油杆柱发生滞后有以下几种现象。

图 4-198　抽油杆柱滞后现象

（1）抽油杆柱发生滞后前，上行载荷增大，下行载荷逐渐变小，测取的上、下冲程电流有上升趋势。随着时间推移下冲程电流上升较明显，同时电动机在下行程过程中声音变大。

（2）抽油杆柱滞后，有时会发生光杆顶端与驴头相碰击现象，造成光杆弯曲（图 4-199）。

图 4-199　光杆被驴头顶弯

（3）抽油杆柱滞后严重时，悬绳器与方卡子之间发生周期性撞击，使方卡子松动脱落，造成井下抽油泵不能工作（图 4-200）。

图 4-200　方卡子脱落

（4）抽油杆柱轻微滞后时，下行程过程中悬绳器、毛辫子和光杆有晃动现象；杆柱严重滞后会造成悬绳器、毛辫子脱出，抽油机不能正常工作（图 4-201）。

图 4-201　毛辫子、悬绳器脱出

（5）抽油杆柱轻微滞后时，电动机皮带在抽油机下行程中发生打滑或发出异常声响；杆柱严重滞后会造成皮带断脱或烧毁（图 4-202）。

图 4-202　皮带脱落

（6）实测示功图下载荷逐渐变小，下载荷线向基线靠近且变的光滑、出现“凹底”。当下载荷线与基线接触时就会发生杆柱滞后现象（图4-203、图4-204）。

载荷（kN）
50
40
30
20
10
0
位移（米）
0.0
1.2
2.4
3.6
4.8
6.0

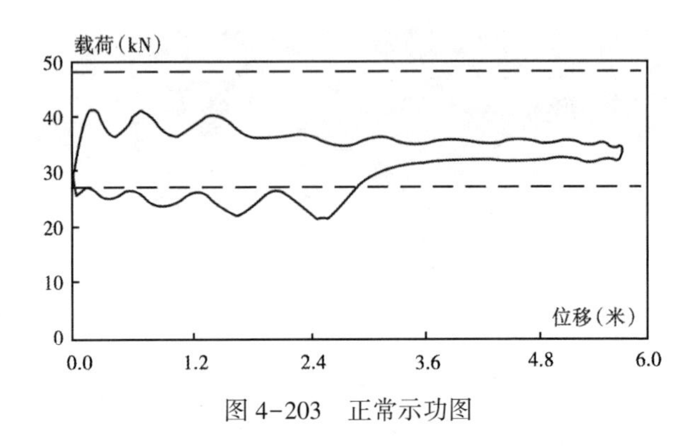

图4-203　正常示功图

载荷（kN）
60
48
36
24
12
0
下载荷线
“凹底”
基线
位移（米）
0.0
1.1
2.2
3.3
4.4
5.5

图4-204　快发生杆柱滞后时的示功图

（7）计量单井原油产量逐渐下降。

（8）化验单井采出液中聚合物浓度有上升趋势。

二、抽油杆柱滞后产生的原因

（1）井筒结蜡是造成杆柱滞后的一个原因。杆、管结蜡严重使抽油杆柱下行时阻力增大，结蜡特别严重时杆柱会卡死在井筒中，使抽油机无法工作。

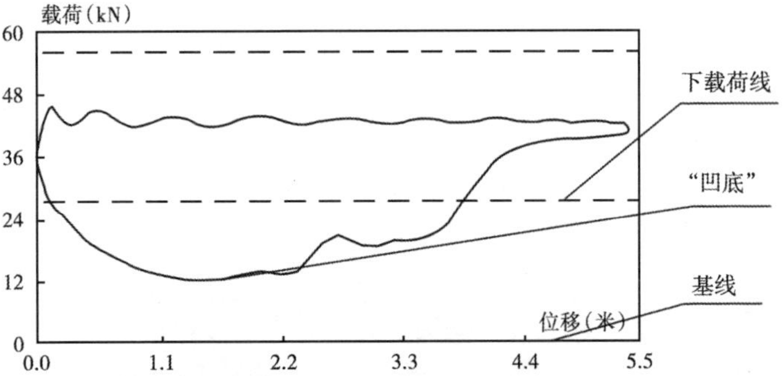

（2）抽油泵柱塞拉伤或衬套破坏是造成杆柱滞后现象的另一个原因。

（3）聚合物工业化投产后，随着抽油机井见聚浓度的上升和采出液的黏度增大，抽油杆柱下行程时与井筒内液体间的摩擦阻力增大，易发生杆柱滞后。

（4）沉没度低的井发生杆柱滞后现象的概率高。其原因是这部分井由于长期供液不足，泵的充满程度差，泵在工作时柱塞与液面之间存在液击现象，使抽油杆柱下行时遇阻，易发生杆柱滞后现象。

（5）部分井抽汲参数偏大，生产压差大，造成动液面过低，导致地层出砂。砂子进入泵筒使柱塞与衬套间的摩擦力增大，从而造成杆柱滞后。

三、抽油杆柱滞后的预防和治理

（1）根据实测示功图和电流变化情况，对示功图显示下载荷线出现“凹底”，有发生杆柱滞后前期征兆的井，提前采取热洗进行预防。热洗后要复测示功图和电流进行对比验证，为制订合理的热洗周期提供可靠的依据。这种预防措施对因泵筒结蜡造成的杆柱滞后井有较好的效果。

（2）对已发生杆柱滞后的井可先利用中转站热洗泵进行热洗处理，如果无效可采用高温高压热洗车进行热洗处理，有条件还可用吊车上提抽油杆柱进行热洗处理。如果上述几种处理方法均无效则要上报井下作业部门。这几种方法对处理因泵筒内有蜡、细砂和聚合物造成杆柱滞后的井效果较好。

（3）对供液不足的抽油机井，应及时调小参数，制订合理的工作制度，防止地层出砂影响抽油泵的工作。

（4）对冲次较快的井，要根据供排关系降低冲次，适当调整冲程。采用长冲程慢冲次工作制度，以减少杆柱滞后现象的发生。

四、现场应用情况

从 2012 年 3 月至今，采用上述抽油杆柱滞后的预防和治理方法，共预防处理了 56 口井，收到较好的效果。其中根据示功图和电流变化情况，提前利用中转站热洗泵进行热洗预防 16 口井；采用高温高压热洗车对 22 口发生滞后的井进行处理；采取降低冲次，相应增大冲程处理 4 口；对 5 口供液不足的井调小参数，制订了合理的工作制度，减少杆柱滞后发生的概率；有 9 口井上报井下作业部门处理。

五、结论及认识

（1）依据示功图和电流变化，利用泵站热洗泵进行热洗，提前预防，效果较好。

（2）采用高温高压热洗车对发生滞后的井进行处理，成功率较高。

（3）采取降低冲次，相应增大冲程的方法，可以减少杆柱滞后现象的发生。

（4）对供液不足的井调小参数，制订合理的工作制度，可减少地层出砂对抽油泵的影响，降低杆柱滞后发生的概率。

（5）运用上述预防和治理方法，可减少因杆柱滞后造成的光杆弯曲、毛辫子断脱等机械故障的发生，提高抽油机井的时率，增加产油量，具有较好的推广前景。

第二十九节　便携式阀门拆卸工具

一、问题的提出

在油田注水井工艺流程中，250 阀门连接方式一般采用卡箍连接。在更换 250 阀门时需要拆卸开卡箍，由于在应力作用下，取下卡箍后工艺流程管线经常发生变形，严重时两侧流程管线把 250 阀门卡死，造成更换阀门困难。通常情况下，需要多人配合使用撬杠把需更换的 250 阀门撬下来（图 4-205）。安装的时候再用撬杠把管线撬开间隙，把 250 阀门塞进管线中间。操作过程既费时又费力，且撬杠易发生滑脱、碰挤等现象，存在安全隐患。为了减轻维修人员劳动强度，提高工作效率，确保安全，笔者研制出了便携式阀门拆卸工具。

图 4-205　用撬杠撬

二、解决的方法及技术规范

(1) 便携式阀门拆卸工具主要由 U 形支撑座、平面支撑座、直圆管、旋转杆 4 部分组成（图 4-206）。便携式阀门拆卸工具的材质由 45 号钢制成，具有较高的强度。

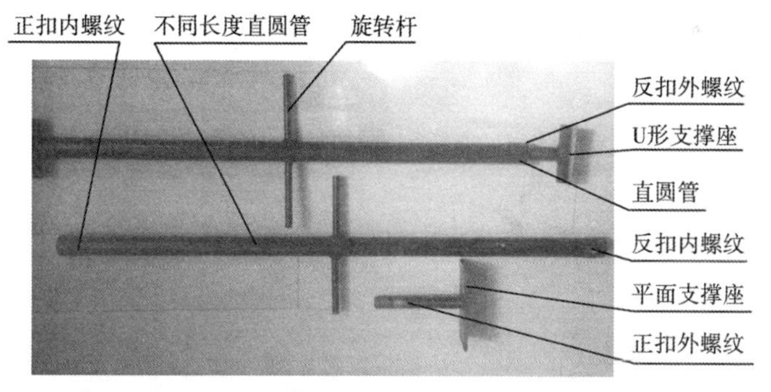

图 4-206　便携式阀门拆卸工具结构

①U 形支撑座：U 形支撑座下部是反扣外螺纹，安装使用时可与直圆管顶部反扣内螺纹连接；U 形支撑座上部加工成 U 形，可与工艺流程紧密接触，防止滑脱（图 4-207）。

②平面支撑座：平面支撑座上部是正扣外螺纹，安装使用时可与直圆管底部正扣内扣连接；平面支撑座下部可坐在地面或工

艺设备上，起支撑作用（图 4-207）。

③直圆管：可依据工艺流程空间加工不同长度的直圆管（图 4-206），直圆管顶部是反扣内螺纹，底部是正扣内螺纹，中部焊接有两个可安装旋转杆的调节孔座。

④旋转杆：旋转杆采用 ϕ22mm、长度 500mm 的钢筋制成，把旋转杆插入孔座内即可旋转直圆管，使两侧的支撑座同时向外伸长或向内缩短（图 4-207）。

（2）现场更换阀门时，可先卸掉卡箍螺栓，取下卡箍片，用便携式阀门拆卸工具两侧的支撑座顶住阀门两侧的工艺流程管线，旋转旋转杆使阀门与管线之间的间隙增大。这样便于拆卸阀门，可实现快速安装和拆卸（图 4-207）。该工具也可以在其他空间小的工作环境中安装拆卸各类阀门。

图 4-207　便携式阀门拆卸工具现场应用

三、实施效果

该工具在现场的应用既能减轻维修工的劳动强度，提高工作效率，又能确保操作的安全。该成果于 2014 年获大庆油田有限责任公司重大技术革新二等奖。

第三十节　双驴头毛辫子专用调整垫

一、问题的提出

双驴头抽油机在油田生产中应用广泛。在生产中，由于后毛辫子钢丝绳自身的塑性原因，经常出现四根毛辫子受力不均造成毛辫子长短不一，常常发生毛辫子脱落或断股现象（图 4-208）。当一根毛辫子破损后就不能用了，其余完好的毛辫子与新的毛辫子长短不一，就会出现偏载运行现象，对抽油机中轴、曲柄销子、减速箱及抽油机底座均有异常磨损，存在翻机的安全隐患。

图 4-208　毛辫子脱落、断股现象

二、解决的方法及技术规范

（一）调整垫的规格

根据长短不一的斜拉现象，我们研发了双驴头毛辫子专用调整垫。调整垫材质为普通低碳钢，内径 30mm，外径 60mm，厚度由 1mm、3mm、5mm、7mm、9mm、1cm、3cm、5cm、7cm、9cm 组成（图 4-209），两个单数互补成双数。能调整 1~100mm 范围内的误差，适用于双驴头抽油机各机型后毛辫子。

图 4-209　厚度规格不同的调整垫

(二) 调整垫安装办法

(1) 将存在问题的抽油机驴头停在上死点，拉紧刹车，断开空气开关。确保安全后，登上减速箱，用直角拐尺在毛辫子下吊耳最高点画直角平行线，测量长短误差并记录。

(2) 按测量的数据准备调整垫。将抽油机后毛辫子卸载，拆下抽油机游梁上的毛辫子固定挡板，按测量结果加入调整垫让其进入固定座凹槽，装好固定挡板，使其恢复拉力平衡（图 4-210）。

图 4-210　现场安装调整垫

三、实施效果

该成果于 2016 年起在大庆油田采油八厂第二油矿 6 个采油队 50 口抽油机井上应用，没有出现毛辫子偏载、斜拉脱落等现象，有效延长了毛辫子的使用寿命，减少了毛辫子更换次数，避免了因磨损造成翻机的安全隐患。这既减轻了员工劳动强度，又提高了抽油机时率；增加产油量。该成果于 2015 年获得国家实用新型专利，专利号：ZL20150970754. X。

第五章　常用工具

第一节　常用手工具

一、手钳的分类及使用

手钳是用来夹持零件、切断金属丝、剪切金属薄片或将金属薄片、金属丝弯曲成所需形状的常用手工工具。手钳的规格是指钳身长度，按用途可分为钢丝钳、尖嘴钳、扁嘴钳、圆嘴钳、弯嘴钳等。

（一）钢丝钳

钢丝钳用于夹持或折弯薄片形、圆柱形金属零件或金属丝，旁边带有刃口的钢丝钳还可以用于切断细金属（带有绝缘塑料套的可用于剪断电线），是应用最广泛的手工工具。其结构如图 5-1 所示。

图 5-1　钢丝钳

钢丝钳按照柄部可分为铁柄（不带塑料套）和绝缘柄（带塑料套）两种；按照钳口形式可分为平钳口、凹钳口和剪切钳口三种。其规格见表 5-1。

表 5-1　钢丝钳的规格

类　型		工作电压（V）	钳身长度（mm）		
柄部	旁剪口				
铁柄	有		160	180	200
	无				
绝缘柄	有	500			
	无				

钳身长度为160m、180mm、200mm的钢丝钳能切断HRC不大于30中的碳钢丝的最大直径分别为2mm、2.5mm、3mm。

（二）尖嘴钳

图5-2 尖嘴钳

尖嘴钳适用于夹持比较狭小的工作空间位置上的小零件，主要用于仪器仪表、电信、电器行业安装维修工作，带刃口的尖嘴钳还可以切断细金属丝。其结构如图5-2所示。

尖嘴钳按照柄部可分为不带塑料套和带塑料套两种。铁柄尖嘴钳禁止用于电工，绝缘柄尖嘴钳耐压强度为500V。常用的有125mm、140mm、160mm、180mm、200mm五种规格。

尖嘴钳的钳头部分尖细，且经过热处理，故夹持物体不能过大，用力不能过猛，以防损伤钳头。使用时不能用尖嘴去撬工件，以免钳嘴变形。

（三）扁嘴钳

扁嘴钳适用于在狭窄或凹下工作空间中装拔销子、弹簧等小型零件及弯曲金属薄片或细丝。其结构如图5-3所示。

图5-3 扁嘴钳

扁嘴钳按照钳头可分为短嘴式和长嘴式两种。其规格见表5-2。

表5-2 扁嘴钳的规格

钳身长度（mm）		125	140	160	180	200
钳头部长度（mm）	短嘴式	25	32	40		
	长嘴式	32	40	50	63	80

（四）圆嘴钳

圆嘴钳可将金属薄片或细丝弯曲成圆形，是仪器仪表、电信器材、家电装配、维修行业中常用的工具。其结构如图5-4所示。

圆嘴钳按照柄部可分为带塑料套和不带塑料套两种。铁柄圆嘴钳禁止用于电工，绝缘柄圆嘴钳耐压强度为500V。常用的圆嘴钳有125mm、140mm、160mm、180mm、200mm五种规格。

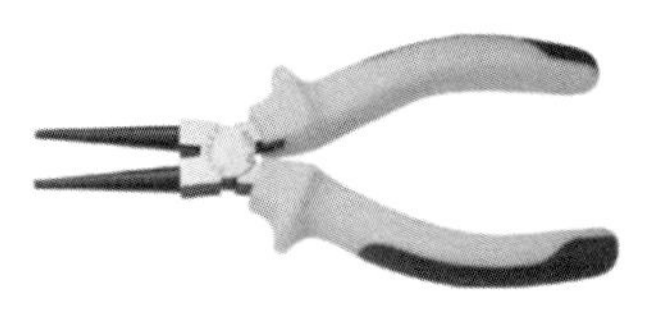

图 5-4　圆嘴钳

（五）弯嘴钳

弯嘴钳与扁嘴钳相似，主要用于在狭窄或凹下的工作空间中夹持零件。其结构如图 5-5 所示。

弯嘴钳按照柄部可分为带塑料套和不带塑料套两种。铁柄弯嘴钳禁止用于电工，绝缘柄弯嘴钳耐压强度为500V。常用的有140mm、160mm、180mm、200mm四种规格。

（六）斜嘴钳

斜嘴钳是剪断金属丝的常用工具。平口斜嘴钳还可在凹坑中完成对金属丝的剪切。其常用于电力及电线安装工作场合。其结构如图 5-6 所示。

图 5-5　弯嘴钳

图 5-6　斜嘴钳

斜嘴钳按照柄部可分为带塑料套和不带塑料套两种。铁柄斜嘴钳禁止用于电工，绝缘柄斜嘴钳耐压强度为500V。其规格见表 5-3。

表 5-3　斜嘴钳的规格

钳身长度（mm）	125	140	160	180	200
加载距离（mm）	80	90	100	112	125

（七）挡圈钳

挡圈钳专用于拆装弹簧挡圈。挡圈钳分为轴用和穴用两种，可适应于各种位置上挡圈的拆装。其结构如图 5-7 所示。

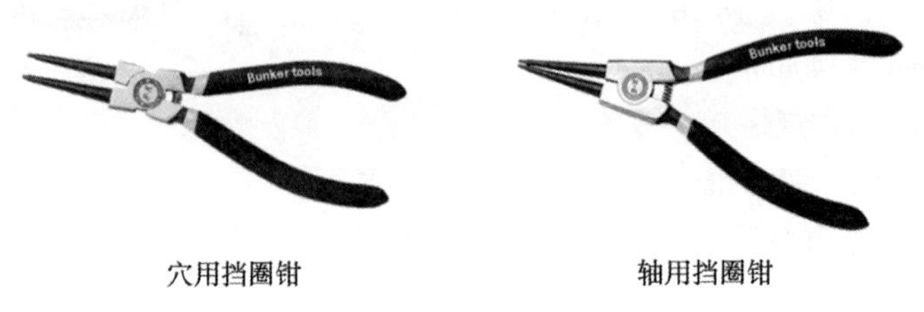

穴用挡圈钳　　　　轴用挡圈钳

图 5-7　挡圈钳

挡圈钳按钳口形状又可分为直嘴式和弯嘴式两种结构（弯嘴结构一般为 90°，也有 45°的产品），常用的有 150mm、175mm 两种规格。使用挡圈钳时应防止挡圈弹出伤人。

（八）鲤鱼钳

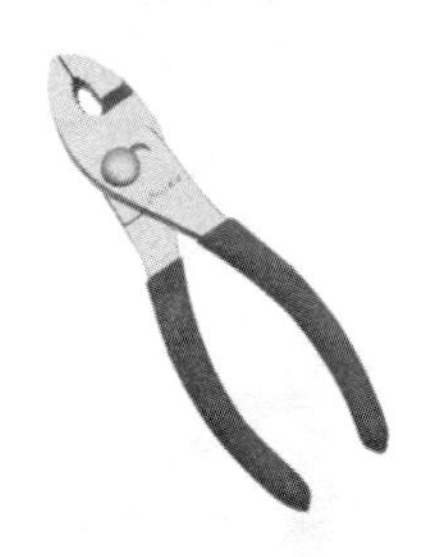

图 5-8　鲤鱼钳

鲤鱼钳用于夹持扁形或圆柱形金属零件，其钳口的开口宽度有两挡调节位置，使其可夹持较厚或较大的零件，刃口可切断金属丝，也可代替扳手用于拆装螺栓、螺帽等。其结构如图 5-8 所示。常用有 125mm、150mm、165mm、200mm、250mm 五种规格。

（九）胡桃钳

胡桃钳可用于剪切钉子或其他金属丝，拔起钉入木材或其他非金属材质中的钉子或金属丝，主要用于木料或鞋中钉子的拔起。其结构如图 5-9 所示。

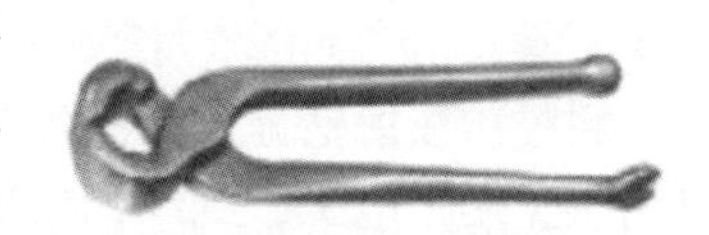

图 5-9　胡桃钳

胡桃钳可分为圆肩式（A 型）和方肩式（B 型）两种。常用的有 125mm、150mm、175mm、225mm、250mm、260mm 六种规格。

（十）顶切钳

顶切钳常用于机械、电器的装配及维修工作中，用于切断金属丝。其结构如图 5-10 所示。

顶切钳有 100mm、125mm、140mm、160mm、180mm、200mm 六种规格。

（十一）大力钳

大力钳能夹持管子、管材及其他零件，还可夹紧零件进行铆接、焊接、磨削等加工，另外还可作扳手用。由于具有夹持后钳口能自锁，不会自然脱落，夹持力大，且钳口有多挡调节位置等优点，大力钳成为一种多功能、使用方便的工具。其结构如图 5-11 所示。

图 5-10　顶切钳

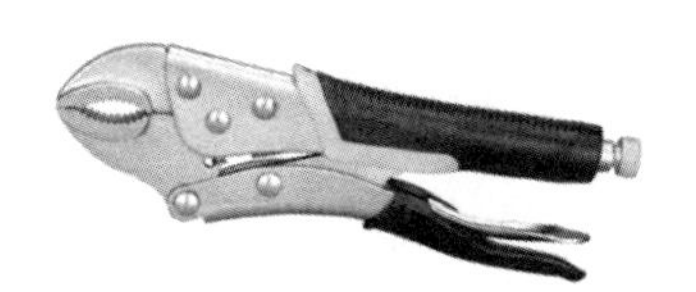

图 5-11　大力钳

大力钳的规格是指钳身长度（mm）×钳口最大开口（mm），常用的为 220mm×50mm。

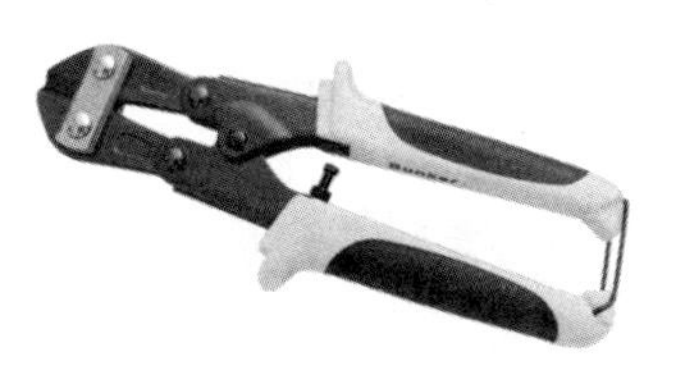

图 5-12　断线钳

（十二）断线钳

断线钳用于切断较粗和较硬的金属丝、线材盘条、刺铁丝及电线等。其结构如图 5-12 所示。

断线钳按钳柄分为管柄式、可锻铸铁柄式和绝缘柄式。其规格见表 5-4。

表 5-4　断线钳的规格

断线钳的长度(mm)	300	350	450	600	750	900	1050
断线钳安装绝缘套后的长度(mm)	305	365	460	620	765	910	1070

续表

剪切直径（mm）	黑色金属	≤4	≤5	≤6	≤8	≤10	≤12	≤14
	有色金属	2~6	2~7	2~8	2~10	2~12	2~14	2~16

（十三）手钳使用注意事项

手钳在使用时应根据工作需要选择合适的规格和类型。钳把带塑料套的不能在工作温度100℃以上的情况下使用，以防塑料套熔化。带绝缘柄的电工钳可供电工使用，绝缘保护套耐压值为500V，只适合在低压带电设备上使用。带电操作时，手与金属部分应保持2cm以上的距离。剪切带电导线时，不得用钳口同时剪切相线和零线，或同时剪切两根相线（均会造成线路短路）。手钳夹持工件应用力得当，防止变形损坏工件。手钳不能剪硬质合金钢，不能当作锤子或其他工具使用。

二、扳手的分类及使用

扳手主要用来扳动一定范围尺寸的螺栓、螺帽，启闭阀类，装、卸杆类螺纹等。常用扳手有呆扳手、梅花扳手、两用扳手、活扳手、内六角扳手、套筒扳手、钩形扳手、棘轮扳手、F形扳手等。

（一）呆扳手

呆扳手俗称死板手，在扭矩较大时可与手锤配合使用。呆扳手又可分为单头呆扳手和双头呆扳手两种。单头呆扳手用于紧固或拆卸某一种固定规格的六角头或方头螺栓、螺钉或螺帽。其结构如图5-13所示。双头呆扳手用于紧固或拆卸具有两种固定规格的六角头或方头螺栓、螺钉或螺帽。其结构如图5-14所示。

图5-13　单头呆扳手

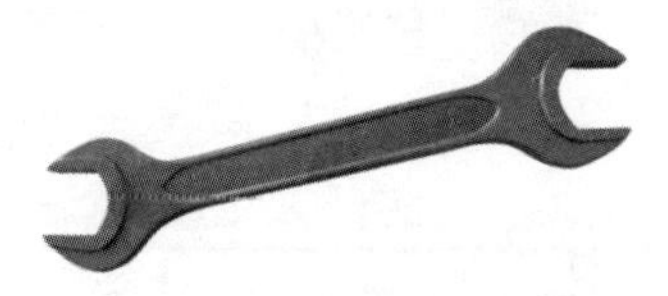

图5-14　双头呆扳手

呆扳手的规格是指扳手开口宽度。单头呆扳手的规格为：5.5mm，6mm，7mm，8mm，9mm，10mm，11mm，12mm，13mm，14mm，15mm，16mm，17mm，18mm，19mm，20mm，21mm，22mm，23mm，24mm，25mm，26mm，27mm，28mm，29mm，30mm，31mm，32mm，34mm，36mm，38mm，41mm，46mm，50mm，55mm，60mm，65mm，70mm，75mm，80mm。双头呆扳手的规格见表5-5。

表5-5　双头呆扳手的规格

规格类型		开口宽度尺寸系列（mm）
单件双头呆扳手		3.2×4，4×5，5×5.5，5.5×7，6×7，7×8，8×9，8×10，9×11，10×11，10×12，10×13，11×13，12×13，12×14，13×14，13×15，13×16，13×17，14×15，14×16，14×17，15×16，15×18，16×17，16×18，17×19，18×19，18×21，19×22，20×22，21×22，21×23，21×24，22×24，24×27，24×30，25×28，27×30，27×32，30×32，30×34，32×34，32×36，34×36，36×41，41×46，46×50，50×55，55×60，60×65，65×70，70×75，75×80
成套双头呆扳手	6件组	5.5×7（或6×7），8×10，12×14，14×17，17×19，22×24
	8件组	5.5×7（或6×7），8×10，10×12（或9×11），12×14，14×17，17×19，19×22，22×24
	10件组	5.5×7（或6×7），8×10，10×12（或9×11），12×14，14×17，17×19，19×22，22×24，24×27，30×32
	新5件组	5.5×7，8×10，13×16，18×21，24×27
	新6件组	5.5×7，8×10，13×16，18×21，24×27，30×34

（二）梅花扳手

梅花扳手的用途与呆扳手相似。梅花扳手可分为单头梅花扳手和双头梅花扳手两种。单头梅花扳手仅适用于紧固或拆卸一种规格的六角头螺栓、螺帽，其结构如图5-15所示。双头梅花扳手适用于紧固或拆卸两种规格的六角头螺栓、螺帽，其结构如图5-16所示。梅花扳手可以在扳手转角小于60°的情况下，一次一次地扭动螺帽。使用时一定要选配好规格，使被扭螺帽和梅花扳手的规格尺寸相符，不能松动打滑，否则会将梅花扳手棱角损坏。

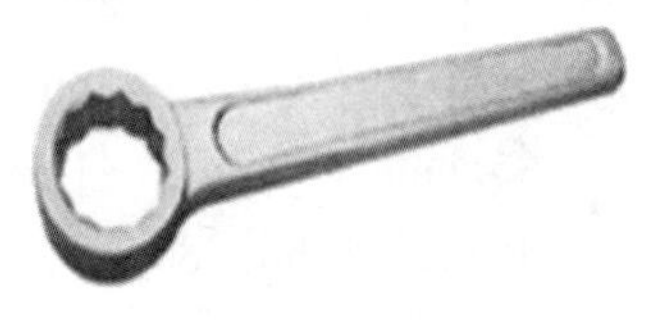

图 5-15　单头梅花扳手

图 5-16　双头梅花扳手

梅花扳手的规格是指梅花的对边距离。单头梅花扳手又分为矮颈和高颈两种，其规格为：10mm，11mm，12mm，13mm，14mm，15mm，16mm，17mm，18mm，19mm，20mm，21mm，22mm，23mm，24mm，25mm，26mm，27mm，28mm，29mm，30mm，31mm，32mm，34mm，36mm，38mm，41mm，46mm，50mm，55mm，60mm，65mm，70mm，75mm，80mm。双头梅花扳手可分为矮颈、高颈、直颈和弯颈四种型式，其规格见表 5-6。

表 5-6　双头梅花扳手的规格

规格类型		梅花对边距离尺寸系列（mm）
单件双头梅花扳手		6×7，7×8，8×9，8×10，9×11，10×11，10×12，10×13，11×13，12×13，12×14，13×14，13×15，13×16，13×17，14×15，14×16，14×17，15×16，15×18，16×17，16×18，17×19，18×19，18×21，19×22，20×22，21×22，21×23，21×24，22×24，24×27，24×30，25×28，27×30，27×32，30×32，30×34，32×34，32×36，34×36，36×41，41×46，46×50，50×55，55×60
成套双头梅花扳手	6 件组	5.5×8，10×12，12×14，14×17，17×19（或 19×22），22×24
	8 件组	5.5×7，8×10（或 9×11），10×12，12×14，14×17，17×19（或 19×22），22×24，24×27
	10 件组	5.5×7，8×10（或 9×11），10×12，12×14，14×17，17×19，19×22，22×24（或 24×27），27×30，30×32
	新 5 件组	5.5×7，8×10，13×16，18×21，24×27
	新 6 件组	5.5×7，8×10，13×16，18×21，24×27，30×34

（三）两用扳手

两用扳手的一头与单头呆扳手相同，另一端与梅花扳手相同，适用于紧固或拆卸相同规格的螺栓、螺钉、螺帽，其结构如图 5-17 所示。

图 5-17　两用扳手

两用扳手的规格是指扳手的开口宽度或梅花对边尺寸距离。其规格见表 5-7。

表 5-7　两用扳手的规格

规格类型		开口宽度（或梅花对边距离）尺寸系列（mm）
单件两用扳手		5.5，6，7，8，9，10，11，12，13，14，15，16，17，18，19，20，21，22，23，24，25，26，27，28，29，30，31，32，33，34，36
成套两用扳手	6 件组	10，12，14，17，19，22
	8 件组	8，9，10，12，14，17，19，22
	10 件组	8，9，10，12，14，17，19，22，24，27
	新 6 件组	10，13，16，18，21，24
	新 8 件组	8，10，13，16，18，21，24，27

（四）活扳手

图 5-18　活扳手

活扳手的开口宽度可以调节，可用于扳拧一定尺寸范围的六角头或方头螺栓、螺钉、螺帽。其结构如图 5-18 所示。

扳手规格是指首尾全长×最大开口宽度。如扳手上标有“200×24”字样，“200”表示扳手全长为 200mm，“24”表示扳手虎口全开时为 24mm。其规格见表 5-8。

表 5-8　活扳手的规格

扳手全长（mm）	100	150	200	250	300	375	450	600	650
最大开口宽度（mm）	13	14	24	28	34	45	55	60	65

活扳手在使用时应根据所扳动的螺帽、螺栓的规格大小来选择合适的扳手。扳手使用前应检查扳手的张合度、滑轨是否灵

活，销子是否良好，虎口有无裂痕。根据螺栓或螺帽的规格将开口调到合适的尺寸，使松紧合适，活动扳唇与用力方向一致。活扳手扳动较小的螺帽时，应握在接近头部的位置，施力时手指可随时旋调蜗轮，收紧活动扳唇，以防打滑。扳动时扳手要用力拉动，不能推动，拉力的方向要与扳手的手柄成直角。在某些非推不可的场合时，要用手掌推，手指伸开，防止撞伤指关节。

(五) 内六角扳手

内六角扳手专门用于拆装各种内六角螺钉。其结构如图 5-19 所示。

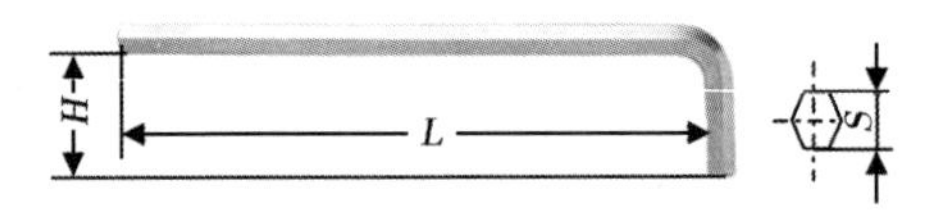

图 5-19　内六角扳手

H—短脚长度；*L*—长脚长度；*S*—公称尺寸

内六角扳手的规格是指所适用内六角螺钉的对边距离，即内六角扳手的公称尺寸 *S*。其规格见表 5-9。

表 5-9　内六角扳手的规格

公称尺寸 *S*	2	2.5	3	4	5	6	7	8	10	12	14	17	19	22	24	27	32	36
长脚长度 *L*	50	56	63	70	80	90	95	100	112	125	140	160	180	200	224	250	315	355
短脚长度 *H*	16	18	20	25	28	32	34	36	40	45	56	63	70	80	90	100	125	140

(六) 套筒扳手

套筒扳手分为手动和机动（电动、气动）两种，由各种套筒（工作头）、传动附件和连接附件组成。除具有一般扳手紧固和拆卸六角头螺栓、螺帽的功能外，还特别适用于工作空间狭小或深凹的场合。手动套筒扳手应用十分广泛。其结构如图 5-20 所示。

图 5-20　套筒扳手

套筒扳手可分为小型、普通型和重型三种类型。套筒扳手在使用时根据被拆装螺帽选准规格，根据螺帽所在位置大小选择合适的手柄，将套筒套在螺帽上。拆装前必须把手柄接头安装稳定后才能用力，防止打滑脱落导致伤人，拆装过程中用力要平稳。

（七）钩形扳手

钩形扳手用于拆卸机床、车辆设备上的圆（锁紧）螺帽。其结构如图 5-21 所示。

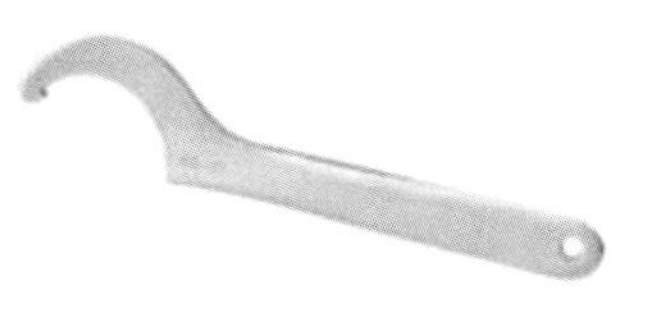

图 5-21　钩形扳手

钩形扳手的规格是指适用的圆螺帽的外径尺寸和扳手长度。其规格见表 5-10。

表 5-10　钩形扳手的规格

适用圆螺帽的外径尺寸（mm）	22～26	28～32	34～36	38～42	45～52	55～62	68～72	78～85	90～95	100～110	115～130
扳手长度（mm）	120	130	140	150	170	190	210	230	250	270	290

（八）棘轮扳手

棘轮扳手利用棘轮机构可在旋转角度较小的工作场合进行操作，分为普通式和可逆式两种。其结构如图 5-22 所示。普通式棘轮扳手需要与方榫尺寸相应的直接头配合使用，可逆式棘轮扳手的旋转方向可正向或反向。

图 5-22　棘轮扳手

（九）F 形扳手

F 形扳手由钢筋棍直接焊接而成，主要应用于阀门的开关操作中，是非常简单而好用的专用工具。其结构如图 5-23 所示。

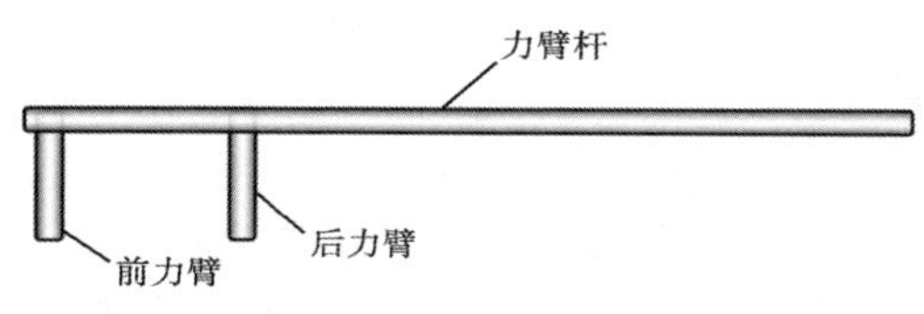

图 5-23　F 形扳手结构示意图

F 形扳手规格通常为：两力臂距 150mm、力臂杆长 100mm、总长 600~700mm。F 形扳手在开压力较高的阀门时一定要开口朝外进行操作（图 5-24），以防止丝杠打出伤人。

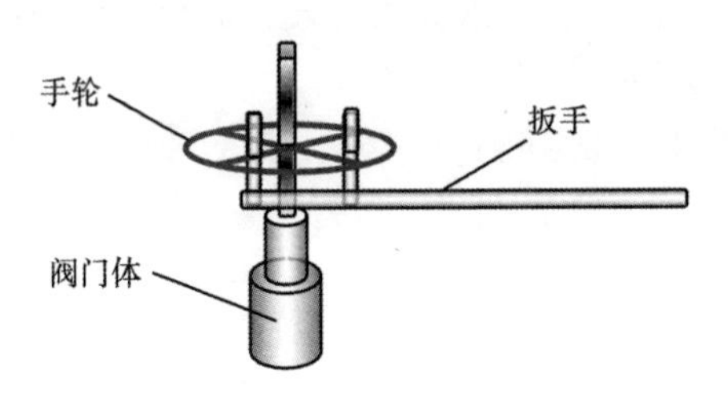

图 5-24　F 形扳手使用示意图

（十）扳手使用注意事项

扳手在使用时应根据被扳动对象以及尺寸选择合适的类型及规格。使用前应检查扳手及手柄有无裂痕，无裂痕方可使用。使用扳手时不能在手柄上接加力杠，防止超过应力范围而造成伤害。扳手用过后应及时擦洗干净。

三、螺钉旋具的分类及使用

螺钉旋具又称螺旋凿、起子、改锥和螺丝刀，是一种紧固和拆卸螺钉的工具。螺钉旋具的样式和规格很多，常用的有一字形螺钉旋具、十字形螺钉旋具、夹柄螺钉旋具、多用螺钉旋具和内六角螺钉旋具。

（一）一字形螺钉旋具

一字形螺钉旋具用于紧固或拆卸一字槽螺钉、木螺钉。穿心式一字形螺钉旋具能承受较大的扭矩，且可在尾部用手锤敲击使用；一字形方形旋杆螺钉旋具还可用相应扳手夹住旋杆扳扭，以增大扭矩。其结构如图 5-25 所示。

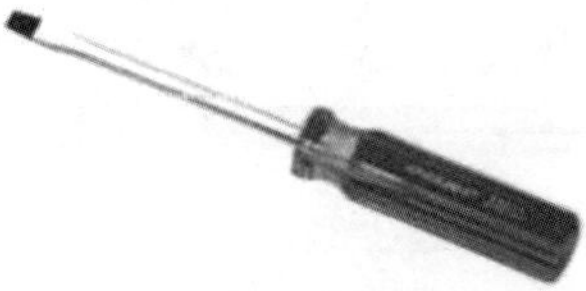

图 5-25　一字形螺钉旋具

一字形螺钉旋具规格用旋杆长×旋杆直径来表示。按照柄部结构可分为普通式和穿心式两种；

按照材质可分为木柄和塑料柄；此外还可分为方形旋杆和短粗型旋具。其规格见表 5-11。

表 5-11　一字形螺钉旋具的规格

公称尺寸（mm）	公称尺寸（mm）	公称尺寸（mm）	公称尺寸（mm）	公称尺寸（mm）	公称尺寸（mm）	公称尺寸（mm）
50×3	75×4	50×5	100×6	100×7	125×8	125×9
65×3	100×4	65×5	125×6	125×7	150×8	250×9
75×3	150×4	75×5		150×7	200×8	300×9
100×3	200×4	200×5			250×8	350×9
150×3	150×4	250×5				
200×3		300×5				

（二）十字形螺钉旋具

十字形螺钉旋具用于拆装十字槽螺钉。其结构如图 5-26 所示。

十字形螺钉旋具规格用旋杆长×旋杆直径来表示。其规格见表 5-12。

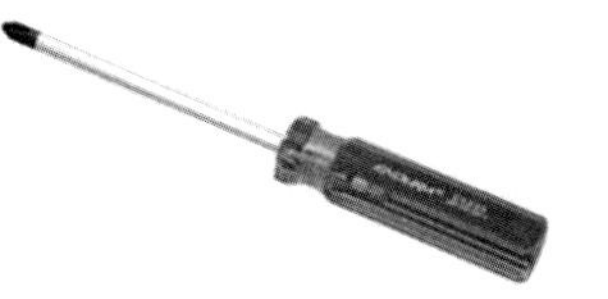

图 5-26　十字形螺钉旋具

表 5-12　十字形螺钉旋具的规格

公称尺寸（mm）	公称尺寸（mm）	公称尺寸（mm）	公称尺寸（mm）	公称尺寸（mm）
50×4	50×5	50×6	50×8	50×9
75×4	75×5	75×6	75×8	75×9
90×4	90×5	90×6	90×8	90×9
100×4	100×5	125×6	100×8	250×9
150×4	200×5	150×6	150×8	300×9
200×4		200×6	200×8	350×9
			250×8	400×9

（三）夹柄螺钉旋具

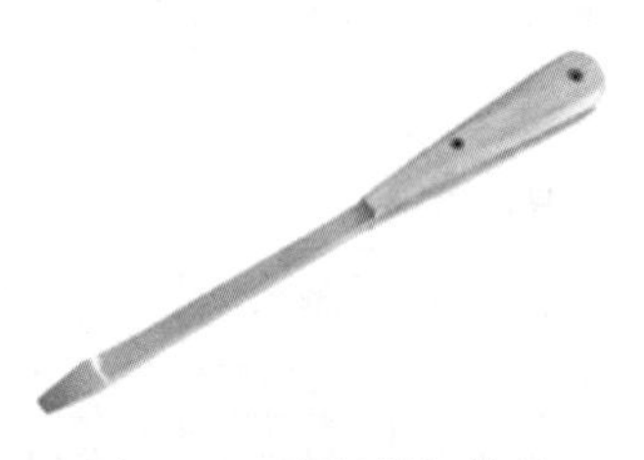

图 5-27　夹柄螺钉旋具

夹柄螺钉旋具由于能承受较大的扭矩，除可用于紧固或拆卸一字槽形螺钉、木螺钉和自攻螺钉外，还可以在尾部敲击、在无电场合下作凿子使用。其结构如图 5-27 所示。

夹柄螺钉旋具的规格是指旋具全长，常用的有 150mm，200mm，250mm，300mm 四种规格。

（四）多用螺钉旋具

多用螺钉旋具用于紧固或拆卸多种形式的带槽螺钉、木螺钉和自攻螺钉，并可钻木螺钉孔眼以及作试电笔用。其结构如图 5-28 所示。

图 5-28　多用螺钉旋具

多用螺钉旋具的规格是指旋具全长；通常其规格为 230mm。

（五）内六角螺钉旋具

内六角螺钉旋具用于紧固或拆卸内六角螺钉。其结构如图 5-29 所示。

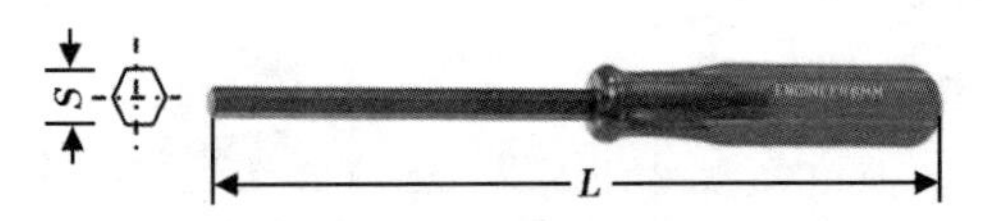

图 5-29　内六角螺钉旋具

S—旋头六角对边距；*L*—长度

内六角螺钉旋具的规格见表 5-13。

表 5-13　内六角螺钉旋具的规格

型号	T40				T30		
长度 *L*（mm）	100	150	200	250	125	150	200
旋头六角对边距 *S*（mm）	4，4.5，5，5.5，6，7，8，9，10，11，12，13，14						

（六）螺钉旋具使用注意事项

（1）螺钉旋具在使用时应根据螺钉槽选择合适的类型和规格，旋具的工作部分必须与槽型、槽口相配，防止破坏槽口。

（2）普通型旋具端部不能用手锤敲击，不能把旋具当凿子、撬杠或其他工具使用。

（3）使用旋具紧固或拆卸带电的螺钉时，手不得触及螺丝刀的金属杆，以免发生触电事故。

（4）为了防止螺钉旋具的金属杆触及皮肤或触及邻近带电体，应在金属杆上套上绝缘管。

（5）电工不可使用金属杆直通柄顶的螺钉旋具，否则很容易造成触电事故。

（6）螺钉旋具的刀口因长时间使用变圆后，可以在磨石上修磨。切勿在砂轮机上打磨，以免退火失去刚性。

第二节　钳 工 工 具

一、钳类工具的分类及使用

钳类工具主要用于夹持中、小工件，以便进行锯割、凿削、锉削等操作。

（一）普通台虎钳

台虎钳又称台钳，是中、小型工件凿削加工专用工具。普通台虎钳安装在钳工工作台上，用于稳定地夹持工件，以便钳工进行各种操作。按钳体旋转性能可分为固定式和转盘式两种，常用的是固定式台虎钳，其结构如图 5-30 所示。

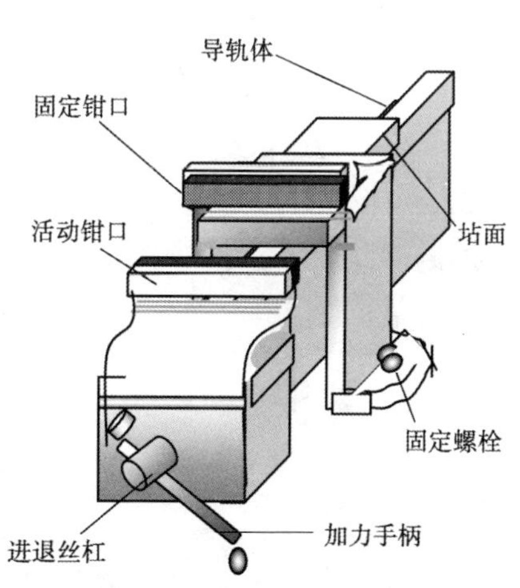

图 5-30　固定式台虎钳结构示意图

台虎钳由固定部分和活

动部分组成。转动手柄，进退丝杠就可以带动活动钳口前后移动，固定钳口用螺栓固定在工作台上。工件放在两个钳口之间，旋转手柄就可紧固或松开工件。台虎钳的规格是以钳口最大宽度表示。固定式台虎钳规格有 50mm、75mm、100mm、125mm、150mm、175mm、200 和 300mm；转盘式台虎钳规格有 75mm、100mm、125mm、150mm 和 200mm。

台虎钳使用注意事项如下。

(1) 工件要夹在台虎钳钳口的中间，如果非使用钳口一边不可时，另一边要用与工件尺寸相应、硬度相近的物件支撑。

(2) 工件若超出钳口太长，应将另一端支撑起来。

(3) 夹持精致工件或软质金属时，应垫上软质衬垫。

(4) 紧固工件时，不能在台虎钳手柄上使用加力管或用锤敲击。

(5) 操作时防止敲击、锯、锉钳口。对于有坫座的台虎钳，允许将工件放在上面做轻微的敲打。

(6) 不能将台虎钳当坫子用。

(7) 螺旋杆要保持清洁，应经常加注润滑油。

(二) 桌虎钳

桌虎钳与普通台虎钳相似，其特点是钳体轻便、安装场地随意性大、移动方便，适用于夹持小工件进行操作加工，因多固定在桌面边缘而得名。其结构如图 5-31 所示。桌虎钳的规格是以钳口最大宽度表示，常用的有 40mm、50mm、60mm 和 65mm。

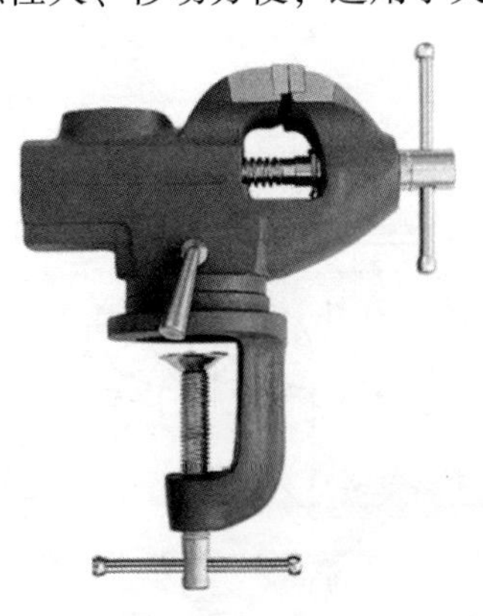

图 5-31　桌虎钳

(三) 手虎钳

手虎钳作为一种手持工具，可以用来夹持轻巧小型工件并进行操作。凡是不能握持的小工件，均可以用它来夹持。其结构如图 5-32 所示。

手虎钳的规格是以钳口最大

图 5-32　手虎钳

宽度表示，常用的有 25mm、30mm、40mm 和 55mm。

二、钻类工具的分类及使用

电钻是常用的钻类工具，用于在工件上钻孔。电钻分为手电钻和台式电钻两种。

（一）手电钻

手电钻是用来对金属或工件进行钻孔的钻类工具，常用的有手握式和手提式两大类。手电钻的特点是自重较小、携带方便、使用灵活，尤其在检修工作中使用广泛。其结构如图 5-33 所示。

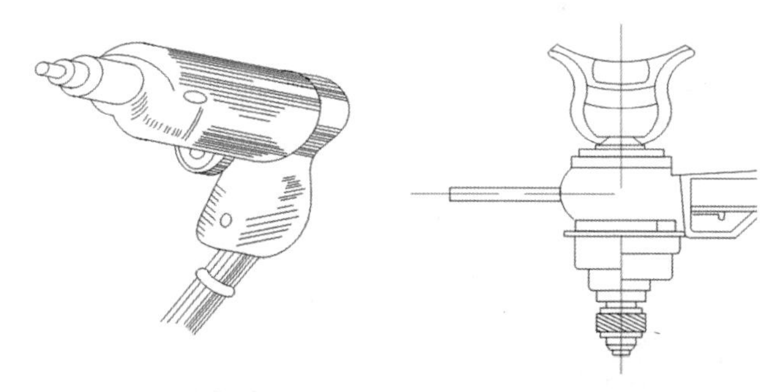

图 5-33　手电钻结构示意图

单相电钻（一般采用 220V 电压），按钻孔直径划分为 6mm 和 10mm 的手握式电钻，13mm 和 19mm 的手提式电钻；三相电钻（一般采用 380V 电压），按钻孔直径划分为 13mm、19mm、23mm、32mm、48mm 等规格。

手电钻使用注意事项如下。

（1）手电钻由工人直接手持操作，应特别注意用电安全。

（2）使用前要检查外壳接地是否可靠。

（3）通电后要检查外壳是否带电。

（4）操作时应戴橡皮手套（低压及双层绝缘的手电钻除外），穿电工鞋或站在绝缘板上，以防触电。

（二）台式电钻

常用的台式电钻有台式钻床（台钻）、立式钻床（立钻）、摇臂钻床三种。其结构如图 5-34 所示。

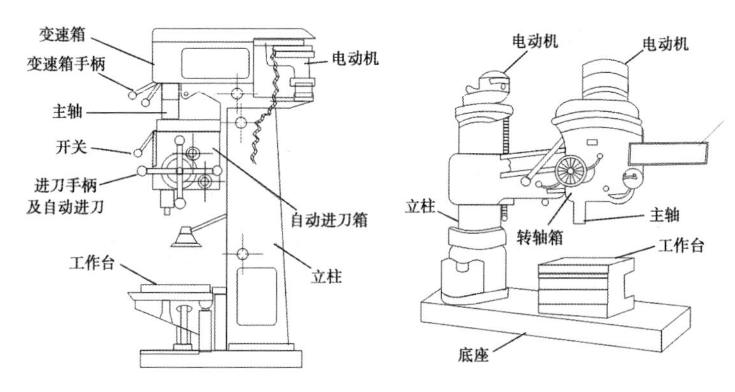

图 5-34　常用钻床结构示意图

1. 台式钻床

台式钻床是一种常用的小型钻床，分电动式和手摇式两种。台式钻床一般用来钻 ϕ12mm 以下的孔，手摇封闭台式钻床可钻 1. 5~13mm 的孔，也有的台式钻床最大钻孔直径可达 20mm，但这种钻床体积较大，使用不普遍。台式钻床在使用过程中，工作台面必须保持清洁。钻通孔时必须使钻头能通过工作台面上的让刀孔，或在工件下面垫上垫铁，以免钻坏工作台面。

2. 立式钻床

立式钻床一般用来钻中、小型工件上的孔，其钻孔直径为 25mm、35mm、40mm、50mm 几种。立式钻床在使用前必须先空转试车，在钻床各机构都能正常工作时才可操作。在工作过程中不采用机动进给时，必须将三星手柄端盖向里推，断开机动进给传动。在变换主轴转速或机动进给量时，必须在停车后进行。应经常检查润滑系统的供油情况。

3. 摇臂钻床

用立式钻床在一个工件上加工多个孔时，每加工一个孔，工件就要移动找正一次，这对于加工大型工件来说非常麻烦。另外，还要使钻头中心准确地与工件上的钻孔中心重合，这也是很困难的。因此，采用主轴可移动的摇臂钻床来加工这类工件就比较方便。摇臂钻床在加工多孔工件时，只要调整摇臂和主轴箱在摇臂上的位置，即可方便地对准中心孔。摇臂还可沿着立柱上下升降，使主轴箱的高低位置适合于工件加工。

4. 钻床在操作过程中的注意事项

（1）操作钻床时不可戴手套，袖口必须扎紧，女工必须戴工作帽。

（2）工件必须夹紧，特别是在小工件上钻直径较大的孔时装夹必须牢固。

（3）钻通孔在将要钻穿前，必须减少进给量。钻不通孔时，要按钻孔深度调整好挡块。

（4）钻孔时不可用手、棉纱或嘴清除铁屑，必须用毛刷清除。钻出长条切屑时，要用钩子钩断后清除。

（5）操作者的头部不准与旋转着的主轴靠得太近。停车时应让主轴自然停止，不可用手去刹住，也不能用反转制动。

（6）严禁在开车状态下装拆工件。检查工件和变换主轴转速，必须在停车状况下进行。

（7）清洁钻床或加注润滑油时，必须切断电源。

三、锤类工具的分类及使用

锤子又叫榔头、手锤，常用于矫正小型工具、打样冲和敲击錾子进行切削以及切割等。锤子分为硬锤子和软锤子。硬锤子一般是钢铁制品，软锤子一般是铜锤、铝锤、木锤、橡胶锤等。锤子由锤头和木柄组成。锤子的规格是以锤头质量来表示。常用的有斩口锤、圆头锤和钳工锤等。

（一）斩口锤

斩口锤用于对金属板或皮制品表面进行平整及翻边等。其结构如图 5-35 所示。斩口锤常用的规格有 0.0625kg、0.125kg、0.25kg 和 0.5kg。

（二）圆头锤

圆头锤用于钳工、锻工、钣金工、安装工等敲击工件或整形。其结构如图 5-36 所示。圆头锤常用的规格有 0.11kg、0.22kg、0.34kg、0.45kg、0.68kg、0.9kg、1.13kg 和 1.36kg。

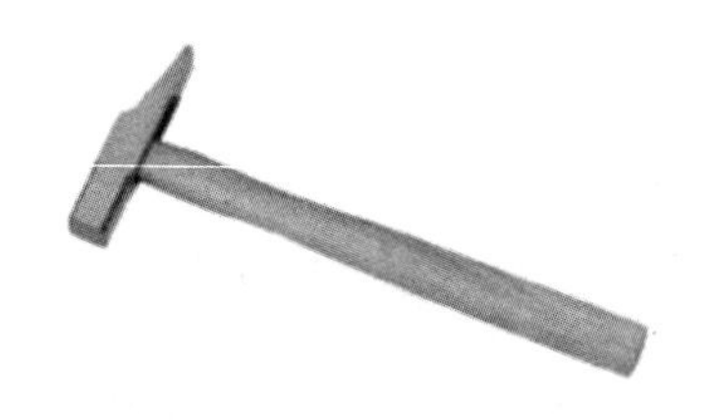

图 5-35　斩口锤

图 5-36　圆头锤

图 5-37　钳工锤

（三）钳工锤

钳工锤供钳工、锻工、安装工、冷作工维修装配工作时敲击或整形用。其结构如图 5-37 所示。钳工锤常用的规格有 0.1kg、0.2kg、0.3kg、0.4kg、0.5kg、0.6kg、0.8kg、1.0kg、1.5kg 和 2.0kg。

（四）手锤的使用方法及注意事项

1. 手锤的使用方法

木柄装入锤头中必须稳固可靠，防止脱落伤人。为此装木柄的锤孔要做成椭圆形，两端大、中间小。木柄敲入孔中后应打入楔子，使锤头不易脱出。手柄长度一般为 300mm 左右，太长则操作不方便，太短则弹力不够。锤子使用时要注意两点：一是握锤，二是挥锤。

（1）握锤方法。

握锤分紧握法和松握法两种。紧握法是用右手握手锤，五指满握，大拇指轻压在食指上，虎口对准锤头方向，木柄尾端露出手掌15~30mm。松握法是只用大拇指和食指始终握紧锤柄。

（2）挥锤方法。

挥锤的方法有手挥、肘挥和臂挥三种。手挥只有手腕的运动，锤击力小；肘挥是用腕和肘一起挥锤，其锤击力较大，应用最广泛；臂挥是用手腕、肘和全臂一起挥动，其锤击力最大。

2. 手锤使用注意事项

（1）根据工作需要，选择合适的类型和规格。

（2）手锤的锤柄安装不好会直接影响操作。因此安装手锤时，要使锤柄中线与锤头中线垂直，然后打入锤楔，以防使用时锤头脱出发生意外。

（3）操作空间要够用，工具要握牢，人要站稳。

（4）使用手锤时右手应握在木柄的尾部，这样才能使出较大的力量。在锤击时，用力要均匀，落锤点要准确。

四、锯、锉、刮工具的规格与使用

（一）手钢锯

手钢锯是用来进行手工锯割金属管子或工件的工具。由锯弓和锯条两部分组成，有可调式和固定式两种。其结构如图5-38所示。

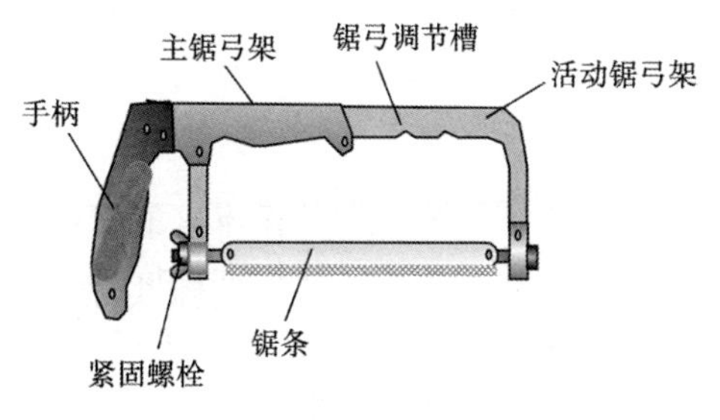

图5-38　手钢锯的结构示意图

手钢锯的规格以锯条长度来表示。调节式手钢锯有200mm，250mm，300mm三种规格，固定式手钢锯是300mm规格。常用的锯条规格是300mm。锯条按锯齿粗细分为三种：粗齿（18齿/in）、中齿（24齿/in）、细齿（32齿/in）。粗齿锯条齿距大，适合锯割软质材料或厚的工件；细齿锯条齿距小，适合锯割硬质材料。一般来说，粗齿锯条适用于锯割铜、铝、铸铁、低碳钢和中碳钢等；中齿锯条适用于锯割钢管、铜管、高碳钢等；细齿锯条适用于锯割硬钢、薄管子、薄板金属等。

手钢锯在前推时才起到切削作用，因此安装锯条时应使齿尖的方向朝前。在调节锯条松紧时，蝶形螺帽不宜旋得太松或太紧，太紧时锯条受力太大，在锯割中用力稍有不当就会折断；太松时锯条容易扭曲，也容易折断，而且锯出的锯缝容易歪斜。其松紧程度可用手扳动锯条，感觉硬实即可。锯条安装后，要保证锯条平面与锯弓中心平面平行，不得倾斜和扭曲，否则，锯割时割缝极易歪斜。

手钢锯使用注意事项如下。

（1）锯条安装要松紧适当，锯割时不要突然用力过猛，防止工作中锯条折断从锯弓上崩出伤人。

（2）当锯条局部的锯尺崩裂后，应及时在砂轮机上进行修整。

（3）工件将要锯断时，压力要小，避免因压力过大而使工件突然断开，使手向前冲造成事故。一般工件将要锯断时，要用左手扶住工件断开部分，避免掉下砸伤脚。

（二）锉刀

锉刀是用来手工锉削金属表面的一种钳工工具。锉刀由锉身和锉柄两部分组成。按锉刀断面形状来分，有齐头扁锉、尖头扁锉、方锉、圆锉、半圆锉、三角锉等几种；按锉刀工作部分的锉纹密度（即每10mm长度内的主锉纹数目）来分，有1、2、3、4、5号五种；按锉刀长度可分为100mm、150mm、250mm和300mm四种。其结构如图5-39所示。

锉刀的粗细规格是按锉刀齿纹的齿距大小来表示的，其粗细等级分为5种。其规格见表5-14。

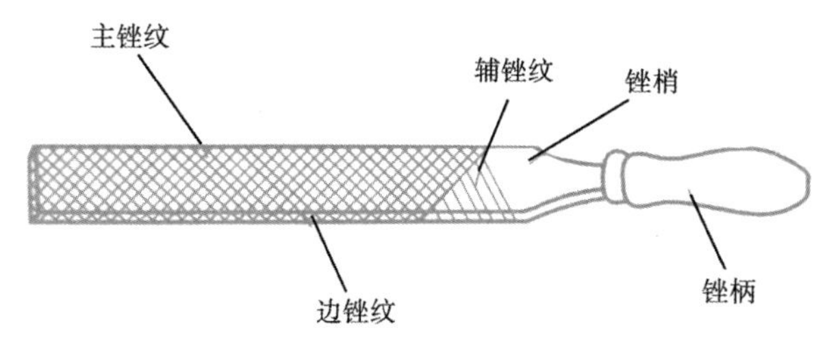

图 5-39　锉刀的结构示意图

表 5-14　锉刀的粗细规格等级表

等级	粗细规格	齿距（mm）
1 号	粗锉刀	0. 83～2. 3
2 号	中粗锉刀	0. 42～0. 77
3 号	细锉刀	0. 25～0. 33
4 号	双细锉刀	0. 2～0. 25
5 号	油光锉	0. 16～0. 2

每种锉刀都有一定的用途，如果选择不当，就不能充分发挥它的效能，甚至会过早地丧失切削能力。应根据被锉削工件表面形状和大小选用锉刀的断面形状和长度。锉刀的粗细规格的选取决定于工件材料的性质、加工余量的大小、加工精度和表面粗糙度的高低。例如，粗锉刀由于锯齿较大不易堵塞，一般用于锉削铜、铝等软金属及加工余量大、精度低和表面粗糙的工件；而细锉刀则用于锉削钢、铸铁以及加工余量小、精度要求高和表面粗糙度低的工件；油光锉用于最后修光工件表面。

1. 锉刀使用方法

锉削平面的方法有两种：一是顺向锉，二是交叉锉。

（1）顺向锉。

锉刀运动方向与工件夹持方向始终一致，在锉宽平面时，为使整个加工表面能均匀地锉削，每次退回锉刀时应做适当的横向移动。顺向锉的锉纹整齐一致，比较美观，是最基本的锉削方法。

（2）交叉锉。

锉刀运动方向与工件夹持方向成30°～40°角，且锉纹交叉。由于锉刀与工件的接触面大，锉刀容易掌握平稳。同时，从锉痕上可以判断出锉削面的高低，便于不断地修整锉削部位。交叉锉法一般适用于粗锉，精锉时必须采用顺向锉，使锉痕变直，纹理一致。

（3）平面锉削时产生平面不平的形式和原因见表5-15。

表5-15　锉削平面不平的形式和原因

形式	产生原因
平面中凸	①锉削时双手的用力不能使锉刀保持平衡； ②锉刀在开始推出时，右手压力太大，锉刀被压下，锉刀推到前面，左手压力太大，锉刀被压下，形成前后面多锉； ③锉削姿势不正确； ④锉刀本身中凹
对角扭曲或塌角	①左手或右手施加压力时重心偏在锉刀的一侧； ②工件未夹正确； ③锉刀本身扭曲
平面横向中凸或中凹	锉刀在锉削时左右移动不均匀

2. 锉刀使用注意事项

（1）新锉刀要先使用一面，用钝后再使用另一面。

（2）在锉削时，应充分使用锉刀的有效长度，既能提高锉削效率，又可避免锉齿局部磨损。

（3）不可锉毛坯件的硬皮和经过淬火的工件。

（4）铸件表面如有硬皮，应先用砂轮磨去或用旧锉刀锉去，然后再进行正常锉削加工。

（5）锉削时锉刀不能撞击到工件，以免锉刀柄脱落造成事故。

（6）没有装柄的锉刀、锉刀柄已经裂开的锉刀或没有锉刀柄箍的锉刀不可使用。

（7）如锉屑嵌入齿缝内，必须及时用钢丝刷沿着锉齿的纹路进行清除。在锉削时不能用嘴吹锉屑，也不能用手擦摸锉削表面。

（8）锉刀不可作为撬杠或手锤使用。

（9）锉刀上不可沾油或沾水，锉刀使用完毕必须清刷干净，以免生锈。

（10）在使用过程中或放入工具箱时，不可与其他工具或工件堆放在一起，也不可与其他锉刀互相重叠堆放，以免损坏锉齿。

（三）刮刀

刮刀是在金属表面进行修整与刮光用的工具。刮削时，由于工件的形状不同，要求刮刀有不同的形式。一般可分为平面刮刀和曲面刮刀两大类。

平面刮刀用于刮削平面和刮花，一般多采用 T12A 钢制成。当工件表面较硬时，也可以焊接高速钢或硬质合金刀头。常用的平面刮刀有直头刮刀和弯头刮刀两种。弯头刮刀因其头部较薄、呈弯曲状，头部与刀体部分具有一定的弹性，使得刮削省力，适用于大面积轻力刮削，工件可达较高精度；曲面刮刀用于刮削内曲面，常用的有三角刮刀、蛇头刮刀和柳叶刮刀。三角刮刀用于刮削工件上的油槽、内孔表面及边缘。三角刮刀结构如图 5-40 所示。

刮刀规格以长度（不带柄）表示，有 100mm、125mm、150mm、175mm、200mm 和 250mm 等规格。

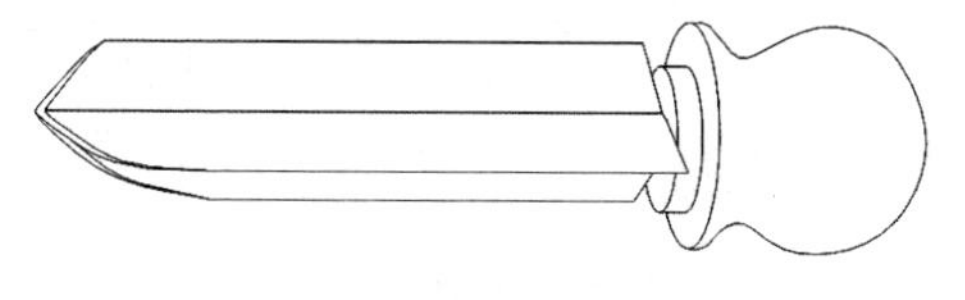

图 5-40　三角刮刀结构示意图

1. 刮削方法

刮削方法可分为手刮法和挺刮法。采用手刮法时右手握刀柄，左手四指向下蜷曲握住刮刀近头部约50mm处，刮刀与被刮削表面成20°~30°角。同时，左脚前跨一步，上身随着往前倾斜，增加左手压力，也容易看清刮刀前面点的情况。刮削时右手随着上身前倾，使刮刀向前推进，左手下压，落刀要轻，同时当推进到所需要的位置时，左手迅速提起，完成一个手刮动作。手刮法动作灵活，适应性强，应用于各种工作位置，对刮刀长度要求不太严格，姿势可合理掌握，但是手较易疲劳，所以不适用于加工余量较大的场合。挺刮法是将刮刀柄放在小腹右下侧，右手并拢握在刮刀前部距刀刃80mm处，刮削时刮刀对准研点，左手下压，利用腿部和臀部力量，使刮刀向前推挤，在推动后的瞬间，同时双手将刮刀提起，完成一次刮点。

2. 刮刀使用注意事项

（1）因为在刮削时用力较大，为防止柄部脱落或断裂造成伤害，刮刀应装有牢固光滑的手柄。

（2）刮刀在不使用时，应放在不易坠落部位，防止掉落时伤人以及损坏刮刀。

（3）被刮削的工件一定要稳固牢靠，高度位置适宜人员操作，不允许被刮削的工件有移动、滑动的现象。

（4）不要将刮刀与其他手工具放在一个工具袋中，应单独妥善保管。

五、划线工具的分类及使用

（一）划线规

划线规用于在待加工的工件上划出加工的直线、圆弧及角度等，以便于加工。也可用于量取尺寸长度及等分线段。其结构如图5-41所示。

划线规分普通式和弹簧式两种。其规格见表5-16。

表5-16 划线规的规格

脚杆长度（mm）	普通式	100	150	200	250	300	350	400	450
	弹簧式		150	200	250	300	350		

普通式

弹簧式

图 5-41　划线规

（二）划规

图 5-42　划规

划规用于工件上划圆、分角度、排孔眼等。其结构如图 5-42 所示。

划规的规格是指划规的全长。其规格见表 5-17。

表 5-17　划规的规格

划规长度（mm）	160	200	250	320	400	500
最大开度（mm）	200	280	350	430	520	620
厚度（mm）	9	10	10	13	16	16

划规使用注意事项如下。

脚尖要保持尖锐靠紧，旋转脚施力要大，划线角施力要轻。划规两脚的长短要磨得稍有不同，而且两脚合拢时脚尖能靠紧，这样才可划出尺寸较小的圆弧。划规的脚尖应保持尖锐，以保证划出的线条清晰。用划规划圆时，作为旋转中心的一脚应施以较大的压力，另一脚则以较轻的压力在工件表面上划出圆或圆弧，这样可使中心不致滑动。

六、螺纹切削工具的分类及使用

用丝锥在孔中切削出内螺纹称为攻螺纹。用板牙在工件上切削出外螺纹称为套螺纹。

(一) 丝锥与绞手

丝锥是加工普通内螺纹用的切削工具。按加工螺纹的种类不同可分为普通三角螺纹丝锥、圆柱管螺纹丝锥和圆锥管螺纹丝锥三种；按加工方法可分为机用丝锥和手用丝锥。机用丝锥通常是指高速钢磨牙丝锥，其螺纹公差带为 H1、H2、H3 三种。手用丝锥是碳素钢或合金工具钢的滚牙（或切牙）丝锥，螺纹公差带为 H4。

绞手是用来装夹丝锥的工具，有普通绞手和丁字绞手两类。丁字绞手主要用于攻工件凸台旁的螺孔或机体内部的螺纹。各类绞手有固定式和活络式两种。固定式绞手常用于攻 M5 以下的螺孔，活络式绞手可以调节方孔尺寸。绞手长度应根据丝锥尺寸大小选择，以便控制一定的攻螺纹扭矩。丝锥和绞手的结构如图 5-43 所示。

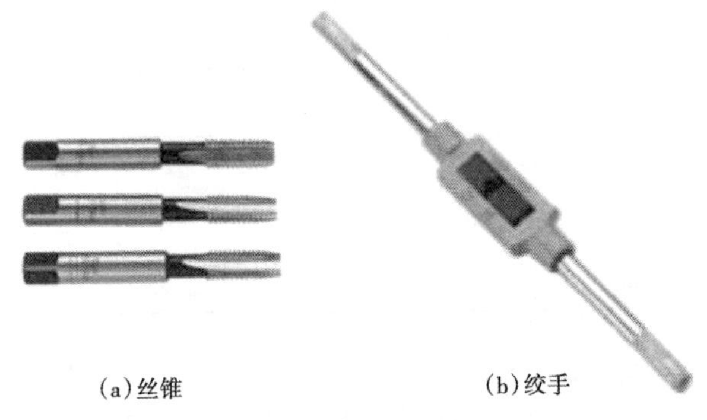

(a)丝锥　　(b)绞手

图 5-43　丝锥与绞手

绞手的规格是指绞手的全长。其规格见表 5-18。

表 5-18　绞手的规格

绞手全长（mm）	130	180	230	280	380	480	600
适用丝锥公称直径（mm）	2~4	3~6	3~10	6~14	8~18	12~24	16~27

手攻螺纹时应注意事项如下。

(1) 工件装夹要正。一般情况下，应将工件要攻螺纹的一面置于水平或垂直的位置。这样在攻螺纹时，就能够比较容易地判断丝锥是否垂直于工件的方向并保持该方向。

（2）在开始攻螺纹时，尽量把丝锥放正，然后一手压住丝锥的轴心方向，另一只手轻轻转动绞杠。当丝锥旋转后，从正面和侧面观察丝锥是否与工件平面垂直，必要时可用 90° 角尺进行校正。一般在攻 3~4 圈螺纹后，丝锥的方向就可基本确定。如果开始螺纹攻得不正，可将丝锥旋出，用二锥加以纠正，然后再用头锥攻。当丝锥的切削部分全部进入工件时，就不需要再施加轴向力，靠螺纹自然旋进即可。

（3）在攻螺纹过程中，对塑料材料来说，要保证足够的切削液。

（4）攻螺纹时，每次扳转绞杠，丝锥旋进不应太多，一般每次旋进 1/2~1 圈为宜。M5 以下的丝锥一次旋进不得大于半圈。加工细牙螺纹或精度要求高的螺纹时，每次的进给量还要减少。攻铸造的速度可比攻钢材快一些。每次旋进后，再倒转约旋进的 1/2 的行程。攻较深的螺纹孔时，回转行程还要大一些，并需反复拧转几次，这样可折断切屑，有利于排屑，减少切削刃粘屑现象，以保持锋利的刃口；同时使切削液顺利地流入切削部位，起冷却和润滑作用。

（5）扳转绞杠时，两手用力要平衡。切忌用力过猛和左右晃动，否则容易将螺纹牙型撕裂、导致螺纹孔扩大及出现锥度。

（6）攻螺纹中，如感到很费力，切不可强行扭转。应将丝锥倒转，使切屑排除，或用二锥攻削几圈，以减轻头锥切削部分的负荷，然后再用头锥继续攻。如继续攻仍很吃力或继续发出“咯咯”的声响，则说明切削不正常，或丝锥磨损。应立即停止，查找原因，否则丝锥就会有折断的危险。

（7）攻不通的螺纹孔时，末锥攻完，用绞杠带动丝锥倒旋松动后，应用手将丝锥旋出，不宜用绞杠旋出丝锥，尤其不能用一只手快速拨动绞杠来旋出丝锥。因为攻完的螺纹孔和丝锥配合较松，而绞杠又重，若用绞杠旋出丝锥，容易产生摇摆和振动，从而降低表面质量。攻通孔螺纹时，丝锥的校准部分不应全部出头，以免扩大和损坏最后几扣螺纹。螺纹孔攻完后，应参照上述方法旋出丝锥。

(8) 用成组丝锥攻螺纹时，在头锥攻完以后，应先用手将二锥或三锥旋进螺纹孔内，一直到旋不动时，才能使用绞杠操作，防止前一丝锥攻的螺纹产生乱扣现象。

(9) 攻不通的螺纹时，要经常把丝锥退出，将切屑清除，以保证螺纹孔的有效长度。攻完后也要将切屑清除干净。

(10) 攻 M16 以下的螺纹孔时，如工件不大，可用一只手拿着工件，另一只手拿着绞杠，这样可避免丝锥折断。

(11) 丝锥用完后，要擦洗干净，涂上机械油，隔开放好，妥善保管，不应混装在一起，以免将丝锥刃口碰伤。

(二) 板牙与板牙架

板牙是加工外螺纹的工具，它用合金工具钢或高速钢制成并经淬火处理。其结构如图 5-44 (a) 所示。板牙由切削部分、校准部分和排屑孔组成。它本身就像一个圆螺帽，在上面钻出几个排屑孔而形成刀刃。板牙的中间是校准部分，也是套螺纹时的导向部分。板牙的校准部分磨损会使螺纹尺寸变大而超出公差范围。因此，为延长板牙的使用寿命，M3.5 以上的圆板牙，其外圆上有一条 V 形槽，起到调节板牙尺寸的作用。当尺寸变大时，将板牙沿 V 形槽用锯片砂轮切割出一条通槽，用绞杠上的两个螺钉顶入板牙上面的两个偏心的锥孔坑内，使圆板牙尺寸缩小，其调节范围为 0.1~0.5mm。上面两个锥孔坑之所以要偏心，是为了使紧定螺钉挤紧时与锥孔坑单边接触，使板牙尺寸缩小。若在 V

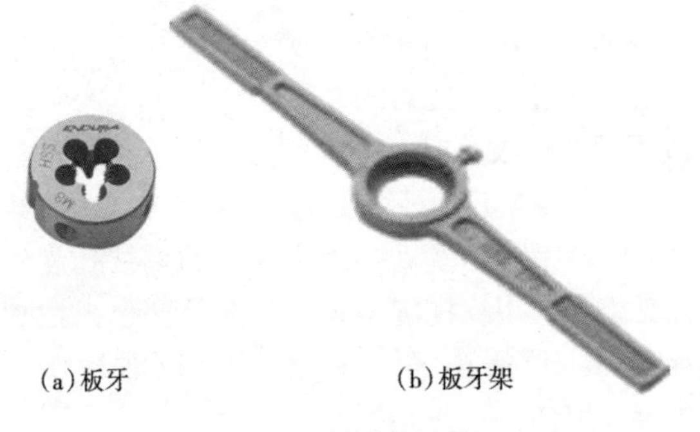

(a)板牙　　(b)板牙架

图 5-44　板牙与板牙架

形槽开口处旋入螺钉，还能使板牙尺寸增大。板牙下部两个通孔中心的螺钉孔，是用紧定螺钉固定板牙柄传动扭矩的。板牙两端都有切削部分，待一端磨损后，可更换另一端使用。

板牙架用于装夹板牙，在工件上手工铰制外螺纹。板牙放入后，用螺钉紧固。其结构如图 5-44（b）所示。

板牙架的规格由板牙架内孔外径表示，各种板牙架对应的圆板牙尺寸见表 5-19。

表 5-19　板牙架的规格

板牙架外径（mm）	板牙架厚度（mm）	加工螺纹直径（mm）
16	5	1~2.5
20	5，7	3~6
25	9	7~9
30	10	10~11
38	10，14	12~15
45	16，18	16~20
55	16，22	22~25
65	18，25	27~26
75	20，30	39~42
90	22，36	45~52
105	22，36	55~60
120	22，36	64~68

套螺纹与攻螺纹一样，切削过程中也有挤压作用，因此，圆杆直径要小于螺纹大径。为了使板牙起套时容易切入工件并正确地引导，圆杆端部要倒角。

1. 套丝的方法

（1）套丝时的切削力矩较大，且工件都为圆杆，一般要用 V 形夹块或厚铜衬作衬垫，以保证可靠加紧。

（2）起套方法与攻丝起攻方法一样，用一手手掌按住绞手中部，沿圆杆轴向施加压力，另一手配合作顺向切进，转动要慢，压力要大，并保证板牙端面与圆杆轴线的垂直度，不能歪斜。在板牙切入圆杆 2~3 牙时，应及时检查其垂直度并作校正。

（3）正常套丝时，不要加压，让板牙自然引进，以免损坏螺纹和板牙。要经常倒转断屑。

(4) 在钢件上套丝时要加切削液，以减少加工螺纹的表面粗糙度值和延长板牙使用寿命。一般可用机油或较浓的乳化液，要求高时可用工业植物油。

2. 套螺纹时产生废品的形式及原因

套螺纹时产生废品的形式及原因见表 5-20。

表 5-20 套螺纹时产生废品的形式及原因

废品形式	产生原因
烂牙	①圆杆直径太大； ②圆板牙太钝； ③套螺纹时圆板牙没有经常倒转； ④绞手掌握不稳，套螺纹时圆板牙左右摇摆； ⑤圆板牙歪斜太多，套螺纹时强行修正； ⑥用带调整槽的板牙套螺纹时，第二次套螺纹时圆板牙没有与已切出的螺纹旋合就强行套螺纹； ⑦未采用合适的切削液
螺纹歪斜	①圆板牙端面与圆杆不垂直； ②用力不均匀，绞手歪斜
螺纹中径小(牙型瘦)	①由于圆板牙端面与圆杆不垂直而多次纠正，使部分螺纹切去过多； ②圆板牙已切入，仍施加压力

七、其他钳工工具的规格与使用

(一) 顶拔器

顶拔器又称拉马、拔轮器。顶拔器有两爪和三爪两种（图 5-45）。其规格中最大受力处的外径表示，见表 5-21。

(a)两爪顶拔器

(b)三爪顶拔器

图 5-45 顶拔器

表 5-21　顶拔器的规格

最大受力处外径（mm）	100	150	200	250	300	350
两爪顶拔器最大拉力（kN）	10	18	28	40	54	72
三爪顶拔器最大拉力（kN）	15	27	42	60	81	108

顶拔器的使用方法及注意事项如下。

（1）根据被拔轮规格的大小及安装位置情况，选择合适的顶拔器。

（2）用扳手将加力杠卸到适当位置后，将三爪挂在皮带轮边缘上，用手扶住。迅速紧加力杠，丝杠前尖端顶在电动机轴上，待三爪吃力时，松开扶住的手。

（3）用一个撬棍插与三爪之间，别在设备基础上，用扳手等专用工具用力紧丝杠，直至皮带轮被拔出为止。

（二）撬杠、线锤、铜棒

撬杠是用以撬起、迁移、活动物体的工具。其结构示意图如图 5-46 所示。根据具体情况采用长短大小不同的撬杠，长的为 1.6m，短的为 0.5m。操作时，撬杠应放在身体一侧，两腿叉开，两手用力。不准站在或骑在撬杠上面工作，也不准将撬杠放在肚子下，以防发生事故。

线锤在建筑测量工作时作垂直基准线用，也用于机械安装中。通常用铁或黄铜车制而成，铁制的常镀有不锈层。线锤为锥形体，在锥底圆心处有螺纹连接的螺纹接头，用蜡线连接接头即可使用，结构如图 5-47 所示。其规格以质量表示，常用的规格为 0.5kg 以下。使用线锤时要检查螺纹接头是否完好，线锤是否为一正圆锥，防止线锤顶尖碰伤。使用后应擦拭干净，用布包好

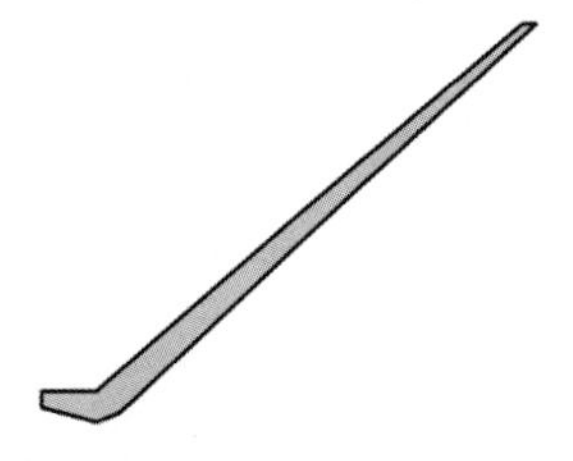

图 5-46　撬杠的结构示意图

图 5-47　线锤

放入工具箱内保管。

铜棒是集输工操作中常用的防爆工具。按材质可分为纯铜棒、黄铜棒、白铜棒和青铜棒。常用的为纯铜棒，因其硬度较低，常作为间接的敲击工具，以保护被敲击件。

（三）錾子

錾子一般用碳素工具钢（T7A）锻成，将切削部分磨成楔形，经热处理后使其硬度达到 56～62HRC。錾子的切削部分由前刀面、后刀面以及它们的交线形成的切削刃组成。

錾子的种类有三种：扁錾（阔錾），如图 5-48（a）所示，主要用于去除凸缘、毛边和分割材料等；狭錾（尖錾），如图 5-48（b）所示，主要用来錾削沟槽及分割曲线形板料；油槽錾，如图 5-48（c）所示，常用来錾切平面或曲面上的油槽。

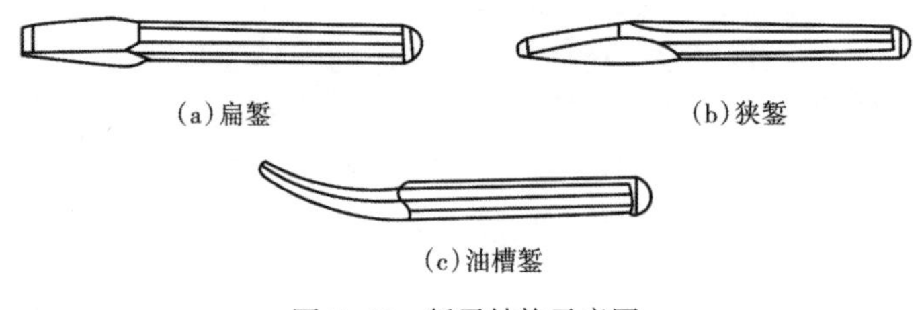

图 5-48　錾子结构示意图

錾子头部有明显毛刺时要及时除掉，以免碎裂伤手。在錾削过程中要防止錾切碎屑飞出伤人，工作地点周围应装有安全网，操作者应戴上防护眼镜。錾子损坏的形式及原因见表 5-22。

表 5-22　錾子损坏的形成及原因

损坏形式	原因
錾子卷刃	①錾子硬度低； ②楔角太小，錾削强度低； ③錾削量太大
切削刃崩口	①工件硬度太高或硬度不均匀； ②錾子强度太高，回火不好； ③锤击力过猛，錾子打滑

第三节　管工工具

一、管子台虎钳的作用与规格

管子台虎钳又叫压力钳，用于夹持并旋转各种金属管子及其他圆柱形工件和管路附件，使之紧固或拆卸，是管路安装和维修的常用工具。其结构如图 5-49 所示。

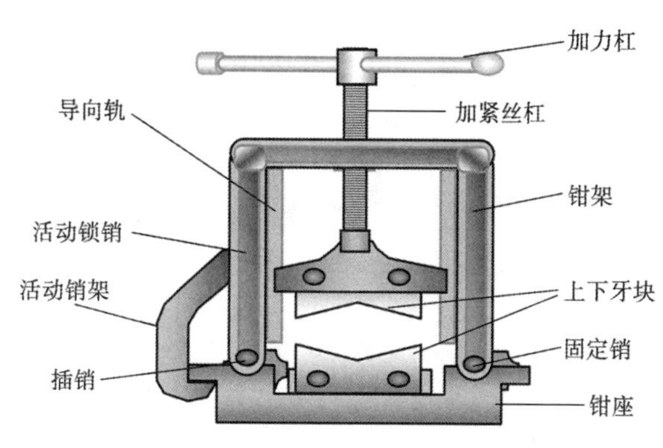

图 5-49　管子台虎钳结构示意图

管子台虎钳的规格按照夹持管子的最大外径来划分。其规格见表 5-23。

表 5-23　管子台虎钳的规格

型号	夹持管子的最大外径（mm）	型号	夹持管子的最大外径（mm）
1	10～60	4	15～165
2	10～90	5	30～220
3	15～115	6	30～300

管子台虎钳的使用方法及注意事项如下。

（1）使用前应检查管子台虎钳三角架及钳体，将三角架固定牢靠。

（2）使用时，一定要垂直固定在工作台上，固定后下钳口要牢固可靠，上钳口要移动自由。

（3）脆性或软的管件要用布或铜皮垫在夹持部位，夹持不应过紧。

（4）夹压管子时，不能用力过猛，应逐步旋紧，防止夹扁管子或使钳牙吃管子太深。不能用锤击和加装套管旋转螺杆。

（5）夹持长管子时，应在管子尾部用十字架支撑。

（6）若长期停用，要去污擦净并涂油存放。

二、管子钳的作用与规格

管子钳通常称为管钳，用于紧固或拆卸金属管和其他圆柱形零件，是管路安装和修理工作的常用工具。管子钳分张开式和链条式两种，链条式管子钳应用在较大规格金属管子的安装和拆卸上。常用的是张开式管子钳，它由钳柄、套夹和活动钳等组成，其结构如图 5-50 所示。

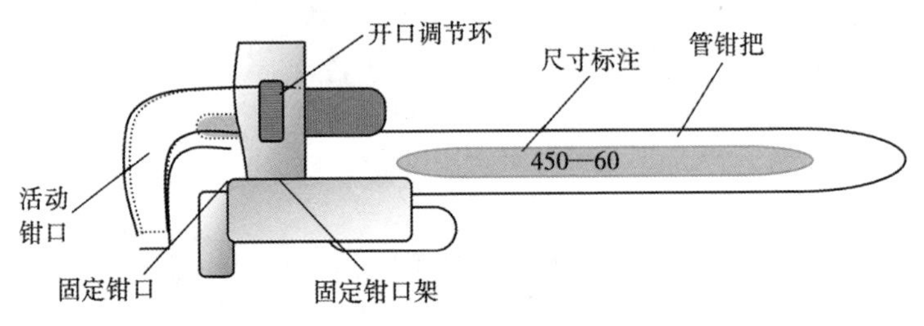

图 5-50　张开式管子钳结构示意图

管子钳可分为轻型、普通型和重型。其规格是管钳最大咬合开口时整体长度。管子钳规格见表 5-24。

表 5-24　管子钳的规格

规格（mm）		150	200	250	300	350	450	600	900	1200
最大夹持管径（mm）		20	25	30	40	50	60	75	85	110
实验扭矩（N·m）	轻型	98	196	324	490					
	普通型	105	203	340	540	650	920	1300	2260	3200
	重型	165	330	550	830	990	1440	1980	3300	4400

管子钳的使用方法及注意事项如下。

管钳的使用方法如图 5-51 所示。

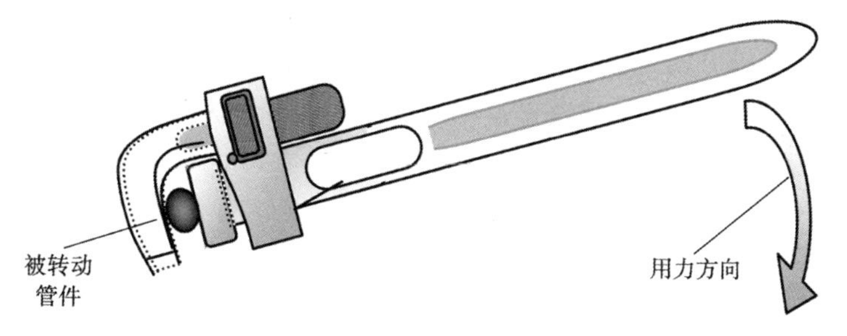

图 5-51　管子钳的使用示意图

（1）使用管钳时应先检查固定销钉是否牢固，钳柄、钳头有无裂痕，有裂痕者不能使用。

（2）使用管钳时两手动作应协调，松紧应合适，防止打滑。

（3）较小的管钳不能用力过大，不能加加力杠使用。

（4）使用管钳时，管钳开口方向应与用力方向一致。

（5）钳柄末端高出使用者头部时，不要用正面拉吊的方法扳动钳柄。

（6）管钳不得用于拧紧六角头螺栓和带棱的工件。

（7）不能将管钳当手锤或撬杠用。

（8）装卸地面管件时，应一手扶管钳头一手按钳柄，按钳柄的手指应平伸，管钳头不能反使，操作时顺时针使用。

（9）用后应及时洗净、涂抹黄油，防止旋转螺帽生锈。用后放回工具架或工具箱内。

三、管子割刀的作用与规格

管子割刀用于切割各种金属管、软金属管及硬塑料管。其结构如图 5-52 所示。

管子割刀的规格见表 5-25。

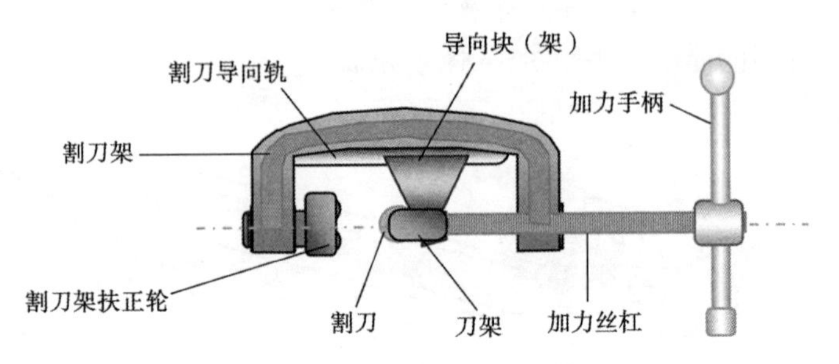

图 5-52　管子割刀结构示意图

表 5-25　管子割刀的规格

规格	全长（mm）	割管范围(mm)	割管最大壁厚（mm）	质量（kg）
1	130	5~25	1.2~2（钢管）	0.3
	310		5	0.75，1
2	380~420	12~50	5	2.5
3	520~570	25~75	5	5
4	630	50~100		4
	1000			8.5，10

管子割刀的使用方法及注意事项如下。

（1）根据被割管子的尺寸选择适当规格的管子割刀，以免刀片与滚轮之间的最小距离小于该规格管子割刀的最小割管尺寸，导致滑块脱离主体导轨。

（2）切割管子时，割刀片和滚子应与管子成垂直角度，以防止刀片刀刃崩裂。

（3）割刀初割时，进刀量可稍大些，以便割出较深的刀槽，防止刀片刀刃崩裂。以后各次进刀量应逐渐减小，每转动 1~2 周，进刀一次，并对切口处加油。

（4）使用时，管子割刀各活动部分和被割管子表面均须加少量的润滑油，以减少摩擦。

（5）当管子快要切断时，即应松开割刀，取下割管器，然后折断管子，严禁一割到底。

（6）割刀使用完后，应除净油污，妥善保管。长期不用应涂油。

四、管螺纹铰板的作用与规格

管螺纹铰板是一种在圆管（棒）上切削出外螺纹的专用工具。管螺纹铰板分普通型和轻便型两种。铰板主要是由板牙和铰手组成，其结构如图 5-53 所示。

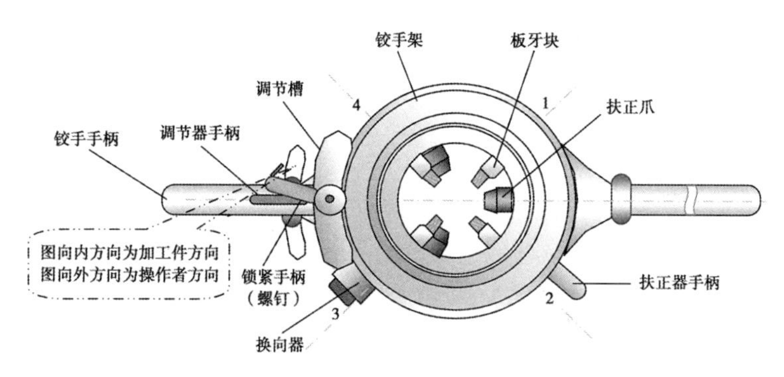

图 5-53　管螺纹铰板结构示意图

每种规格的管螺纹铰板都分别附有几套相应的板牙，每套板牙可以套两种尺寸的螺纹。其规格见表 5-26，常用的为普通式 114 型。

表 5-26　管螺纹铰板技术规范

型式	型号	螺纹种类	螺纹直径	每套板牙规格
轻便式	Q7A-1	圆锥	DN6～DN25	DN6、DN10、DN15、DN20、DN25
	SH-76	圆柱	DN15～DN40	DN15、DN20、DN25、DN32、DN40
普通式	114	圆锥	DN15～DN50	DN15～DN20、DN25～DN32、DN40～DN50
	117		DN50～DN100	DN50～DN80、DN80～DN100

管螺纹铰板的使用方法及注意事项如下。

（1）套丝前应将板牙用油清洗，保证螺纹的光洁度。

（2）套丝前，圆杆端头应倒角，这样板牙容易对准和起削，可避免螺纹端头处出现锋口。

(3) 板牙套丝时，装牙的操作方法是：将扳机以顺时针方向转到极限位置，松开调节器手柄转动前盘盖，使两条A刻线对正，然后将选择好的板牙块按1，2，3，4序号对应地装入牙架的四个牙槽内（图5-53），将扳机逆时针方向转到极限位置。装卸牙块时不允许用铁器敲击。

(4) 套丝时，应使板牙端面与圆杆轴线垂直，以免套出不合规格的螺纹。

(5) 在套制有焊缝的钢管时，要对凸起部分铲平后再套。套制中要浇注润滑油，加力要均匀、平稳，不能用手锤等物件敲击板牙手柄。

(6) 管扣套进中，禁止将三爪松开来减轻负荷，这样容易打坏牙齿。

(7) 直径小于49mm的管子所套扣数为9~11扣，直径大于49mm的管子所套扣数为13扣以上。螺纹光滑，无损伤，锥度合理，用标准件测试。

(8) 套扣过程中每板至少加机油两次。套扣控制扳机时，扳机方向每次要在同一位置。ϕ25mm以上管子必须3板套成，ϕ25mm以下管子可以2板套成。

(9) 管螺纹铰板用后，要除去板体里的铁屑、尘泥和油污，然后将板体及牙块擦上洁净油脂，放好。

第四节　电工工具

一、剥线钳的作用与规格

剥线钳是电工在不带电情况下，用以剥离线芯直径在0.5~2.5mm范围的导线的外部绝缘包层。多功能剥线钳还可剥离带状电缆外包层。其结构如图5-54所示。

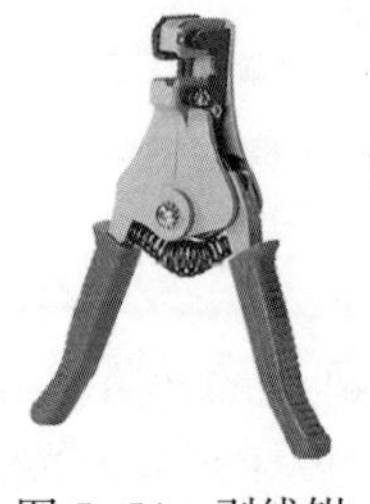

图5-54　剥线钳

剥线钳的规格是指钳身长度。剥线钳可分为可调式端面、自动式、多功能和压接式四种。其规格见表 5-27。

表 5-27　剥线钳的规格

型式	可调式端面剥线钳	自动剥线钳	多功能剥线钳	压接剥线钳
钳身长度（mm）	160	170	170	200

剥线钳的使用方法及注意事项如下。

（1）剥线钳适用于塑料、橡胶绝缘电线、电缆芯线的剥皮。

（2）根据缆线的粗细型号，选择相应的剥线刀口。

（3）将准备好的电缆放在剥线钳的刀刃中间，选择好剥线的长度。

（4）握住剥线钳的手柄，将电缆夹住，缓缓用力使电缆外表慢慢剥落。

（5）松开剥线钳手柄，取出电缆线，电缆绝缘层完好剥落。

二、电工刀的作用与规格

电工刀用于电工装修施工中割削电线绝缘层、绳索、木桩及软性金属材料。多用式电工刀的附件锥子、锯片还可用于钻孔、锯割木材。其结构如图 5-55 所示。

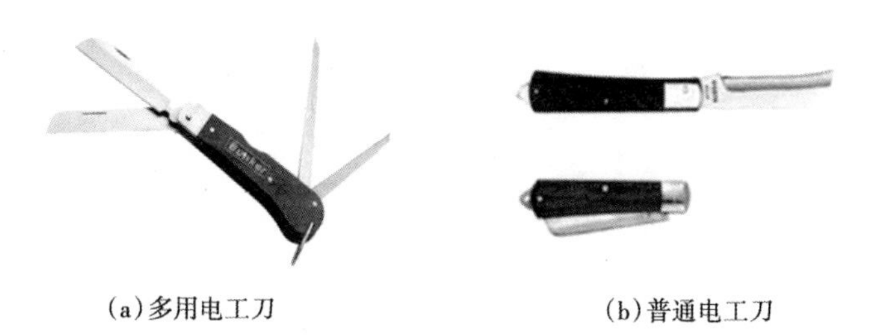

(a)多用电工刀　　(b)普通电工刀

图 5-55　电工刀

电工刀的规格是指刀柄长度。电工刀分为普通式和多用式两种。其规格见表 5-28。

表 5-28　电工刀的规格

型式	普通式（单用）			多用式	
	大号	中号	小号	二用	三用
刀柄长度（mm）	115	105	95	115	115
附件				锥子	锥子、锯片

电工刀的使用方法及注意事项如下。

（1）使用电工刀时，刀口应向外剖削，以防脱落伤人；使用完后，应将刀身折入刀柄。

（2）电工刀刀柄是无绝缘保护的，因此使用电工刀时严禁带电操作，以防触电。

（3）带有引锥的电工刀，在其尾部装有弹簧，使用时应拨直引锥弹簧自动撑住尾部。这样，在钻孔时不致有倒回扎伤手指的危险。使用完毕后，应用手指揿住弹簧，将引锥退回刀柄，以免损坏工具或伤人。

三、测电笔的作用与规格

测电笔用于检测线路通电状况，是电工必备的一种工具。测电笔分为低压试电笔（其结构如图 5-56 所示）和高压测电器（其结构如图 5-57 所示）两种。高压测电器检测电压范围不大于

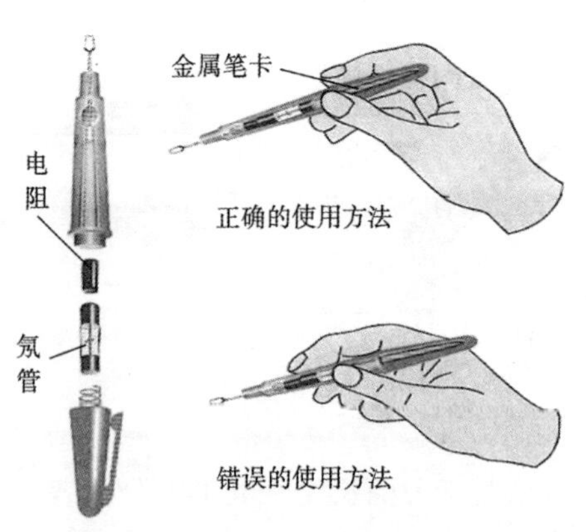

图 5-56　试电笔结构及使用方法

10000V，低压试电笔的检测范围不大于500V。

图5-57　GD-500型高压测电器

（一）低压试电笔的使用方法及注意事项

（1）使用试电笔之前，首先检查试电笔内有无安全电阻，然后检查试电笔是否损坏，有无受潮或进水，检查合格后方可使用。

（2）测量时手指握住试电笔笔身，食指触及笔身金属体（尾部），试电笔的小窗口朝向自己的眼睛。

（3）测量前先要检查氖泡是否能正常发光，如果试电笔氖泡能正常发光，则可以使用。

（4）在明亮的光线下或阳光下测试带电体时，应当注意避光，以防光线太强观察不到氖泡是否发亮，造成误判。

（5）在使用完毕后要保持试电笔清洁，并放置于干燥处，严防摔碰。

（二）高压测电器的使用方法及注意事项

（1）使用高压测电器时，注意手握部位不能超过保护环。

（2）测电器在使用前应在确有电源处测试，证明测电器确实良好，方可使用。

（3）使用时应逐渐靠近被测体，直至氖管发光，只有氖管不亮时，才可将测电器与被测物体直接接触。

（4）室外使用高压测电器，必须在气候良好的情况下使用，在雨、雪、雾及湿度较大的情况下不能使用，以确保安全。

（5）用高压测电器进行测试时必须戴耐压强度符合要求并在有效期内检验合格的绝缘手套，测试时人应站在合格的高压绝缘垫子上。

（6）测试时应一人测试，一人监护。测试时要防止发生相间或对地短路事故，人与带电体应保持足够的安全距离（10kV高压为0.7m以上）。

第五节 测量工具

所谓量具，是在生产过程中用来测量各种工件的尺寸、角度和形状的工具。由于对工件的测量精度要求不同，量具亦有不同精度，故可分为普通量具和精密量具两种。在集输工生产操作中，常用的测量工具是普通量具而不是精密量具。

一、量尺的分类及使用

（一）钢直尺

钢直尺也叫钢板尺，是一种最常用的测量长度的简单的测量工具，用于一般工件尺寸的测量，可测量被测件的长、宽、高等尺寸。测量长度的范围取决于钢直尺的规格。钢直尺的最小刻线宽度为0.5mm或1mm。现场使用的钢直尺一般用不锈钢制成，其结构如图5-58所示。

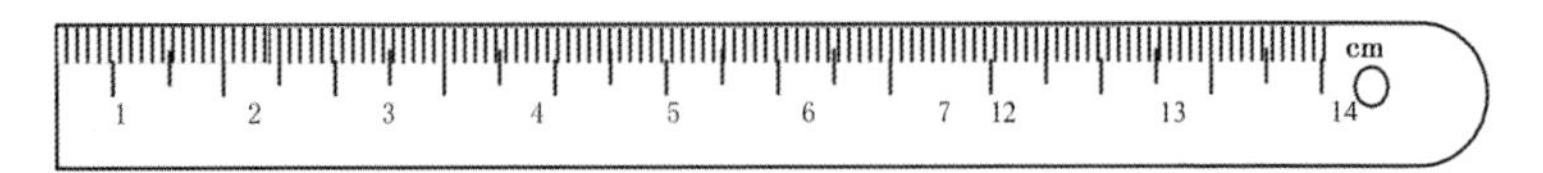

图5-58 钢直尺结构示意图

钢直尺的规格是指测量上限。其规格见表5-29。

表5-29 钢直尺的规格

测量上限（mm）	150	300	500	600	1000	1500	2000
全长（mm）	175	335	540	640	1050	1565	2065

钢直尺连续测量时，必须使首尾测线相接，并在一条直线上。用钢直尺画线时，边缘不得移位。注意保护钢直尺的刻度。

（二）钢卷尺

钢卷尺用于较大工件尺寸的测量，其结构如图5-59所示。钢卷尺有大钢卷尺和小钢卷尺两种。大钢卷尺可测量较大距离，有摇卷盒式、摇卷架式两种，卷尺的一面刻有公制单位刻度线，用于测量较长的管线或距离。小钢卷尺又称钢盒尺，测量较小的距离，分为自卷式和制动式两种，卷尺的一面刻有公制单位的刻度线，用于测量较短管线或距离。测量时将钢卷尺由盒中拉出，将钢卷尺的刻度与被测件直接比量读出得数。用后将钢量尺擦拭干净以免腐蚀。钢卷尺测量时必须保证量尺的平直度。拉伸钢卷尺要平稳，不能速度过快，拉出时尺面与出口断面相吻合，防止扭卷。

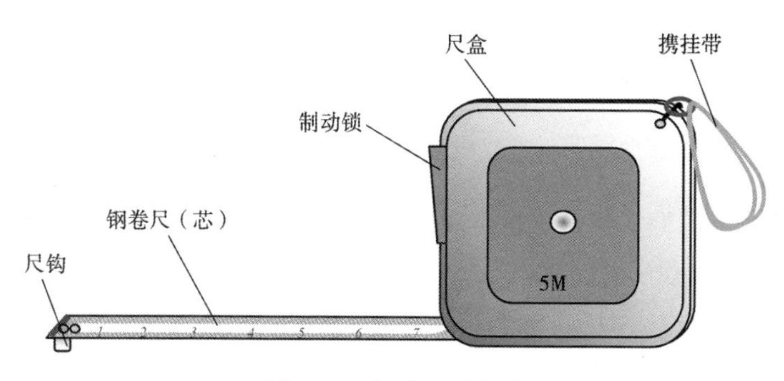

图 5-59 钢卷尺示意图

钢卷尺的规格见表 5-30。

表 5-30 钢卷尺的规格

型式	小钢卷尺		大钢卷尺	
	自卷式	制动式	摇卷盒式	摇卷架式
公称长度（m）	1，2，3，3.5，5，10		5，10，15，20，30，50，100	

（三）皮尺

皮尺又称盘尺或布卷尺，用于测量较长的距离，精度较低。其结构如图 5-60 所示。皮尺的规格是指标称长度，常用的有 5m、10m、15m、20m、30m 和 50m。

（四）90°角尺

90°角尺是精确检验工件垂直度的一种测量工具，也可在工件进行垂直画线时使用。其结构如图 5-61 所示。运用 90°角尺来检验工件的直角或垂直角度时，应清除工件棱边的毛刺，并将被测面擦干净。将90°角尺的一个测量面紧贴基准面，观察工件被测面与90°角尺的另一测量面是否紧密贴合，如贴合不严则说明角度不是直角。

图 5-60　皮尺

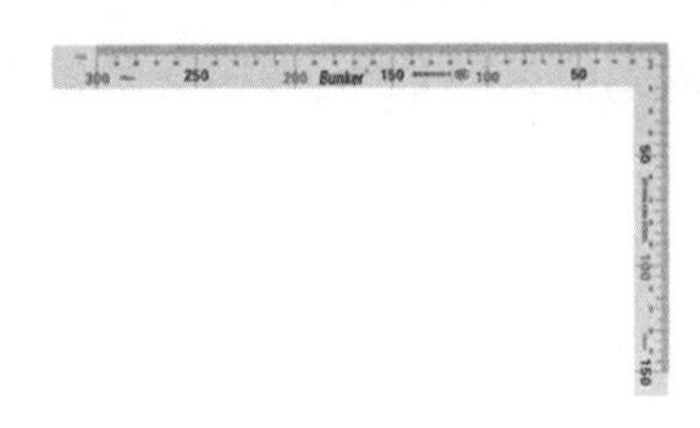

图 5-61　角尺

（五）框式和条式水平仪

水平仪用来检测被测表面的平直度，也可用于检验普通机床上各平面间的平行度与垂直度。水平仪分条式水平仪（ST）和框式水平仪（SK）。

1. 条式水平仪

条式水平仪的主水准器用来测量纵向水平度，小水准器用来确定水平仪本身横向水平位置。水平仪的底平面为工作面，中间制成V型槽（120°或140°），以便安装在圆柱面上测量。其结构如图5-62所示。当水准器内的气泡处于中间位置时，水平仪便处于水平状态；当气泡偏向一端时，表示气泡靠近的一端位置较高。水平仪的示值应在主水准器的位置上读数。被测工件两点的高度差可按下式计算：

$$H=ALa$$

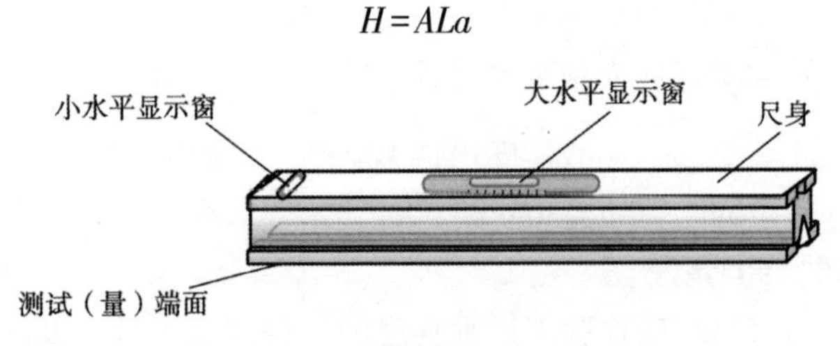

图 5-62　条式水平仪结构示意图

式中 H——两支点间在垂直面内的高度差，mm；

A——气泡偏移格数；

L——被测工件的长度，mm；

a——水平仪精度。

2. 框式水平仪

框式水平仪由框架和水准器（封闭的玻璃管）组成。其结构如图 5-63 所示。每个侧面都可作为工作面，各侧面都保持精确的直角关系。框架的测量面上刻有 V 形槽（120°或 140°），便于测量圆柱形零件。水平仪的度数用气泡偏移一格，表面所倾斜的角度表示；或者用气泡偏移一格，表面在 1000mm 内倾斜的高度差来表示。

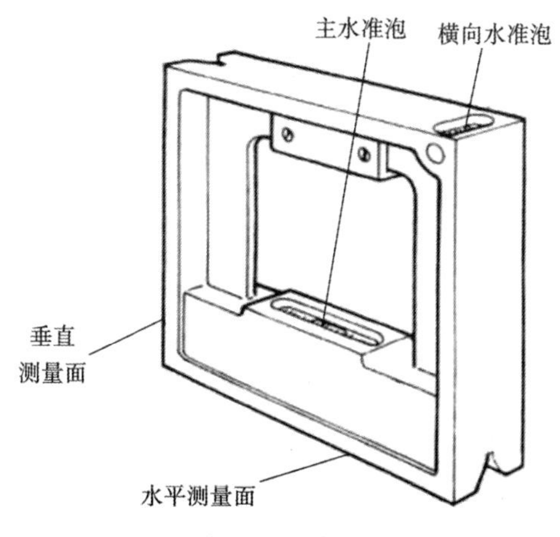

图 5-63　框式水平仪结构示意图

3. 水平仪使用注意事项

（1）测量前应先检查水平仪的零位是否正确。

（2）将被测物测量面擦干净。

（3）必须在水准器内的气泡完全稳定时才可读数。

二、卡钳及卡尺的分类及使用

（一）卡钳

卡钳是一种间接测量的简单量具，必须与钢直尺或其他带有刻度值的量具配合使用，测量工件的外形尺寸和内形尺寸。卡钳分内卡钳和外卡钳两种，内卡钳测量工件的孔和槽；外卡钳测量工件的外径、厚度、宽度。卡钳分为普通式和弹簧式。弹簧卡钳便于调节且稳定，尤其适用于连续生产过程中的测量。其结构如图 5-64 所示。

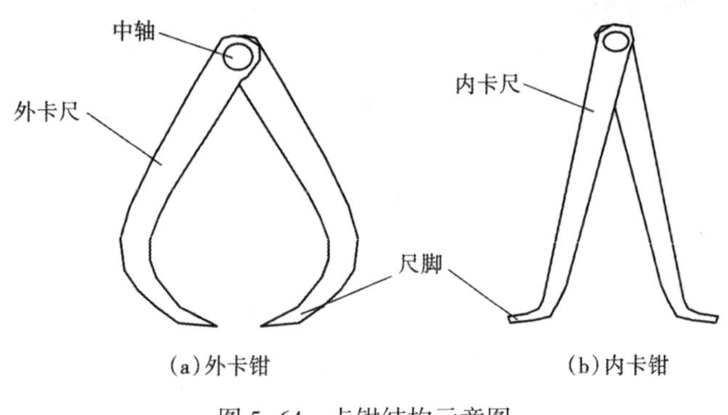

图 5-64　卡钳结构示意图

卡钳的规格是指卡钳的全长，常用的有 100mm、125mm、200mm、250mm、300mm、350mm、400mm、450mm、500mm 和 600mm。

卡钳的使用及注意事项如下。

(1) 使用前应清理工件。调整卡钳的开度要轻敲卡钳脚，不要敲击或扭歪尺口。

(2) 用外卡钳测量工件外径时，工件与卡钳应成直角，中、食指捏住卡钳股，卡钳的松紧程度适中（以不加外力，靠卡钳的自重通过被测量物为宜）。度量尺寸时，将卡钳一脚靠在钢直尺刻度线整数位上，另一脚顺钢尺边缘对在齿面应对的刻度线上，眼睛正对尺口，根据该脚所指的刻度尺寸计算度量尺寸（图 5-65）。

(3) 用内卡钳测量工件内孔时，应先把卡钳的一脚靠在孔壁上作为支撑点，将另一卡脚前后左右摆动探试，以测得接近孔径的最大尺寸。度量尺寸同外卡钳（图 5-65）。

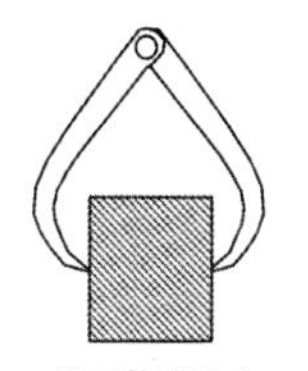

测工件外尺寸

测工件内尺寸

(a)内、外卡钳测量示意图

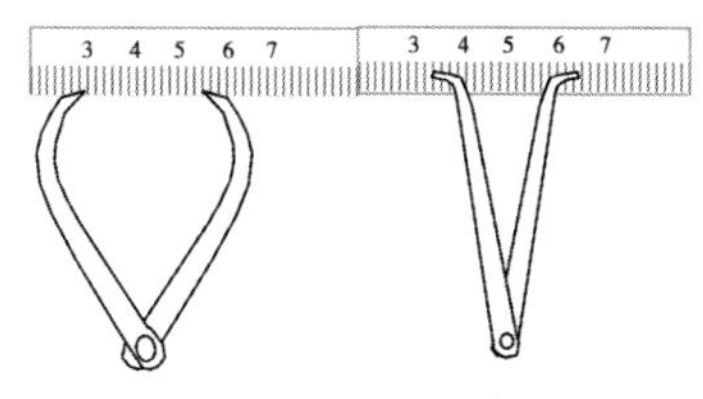

(b)内、外卡钳读数示意图

图 5-65　内、外卡钳使用示意图

（4）测量要准确，误差不得超过±0.5mm，每次操作重复三遍。

（5）卡钳的中轴不能自行松动。

（6）使用后清理现场，将测量面擦干净，卡钳保养存放。

（二）游标类卡尺

游标类卡尺是应用较广泛的通用量具，具有结构简单、使用方便、测量范围大等特点。根据用途不同，游标类卡尺可分为游标卡尺、深度游标卡尺、高度游标卡尺三种。

1. 游标卡尺

游标卡尺用于测量工件的内、外径尺寸及长度尺寸（如宽度、厚度）等，带深度尺的卡尺还可以测量工件的深度尺寸，是一种中等精度的量具。其结构如图 5-66 所示。

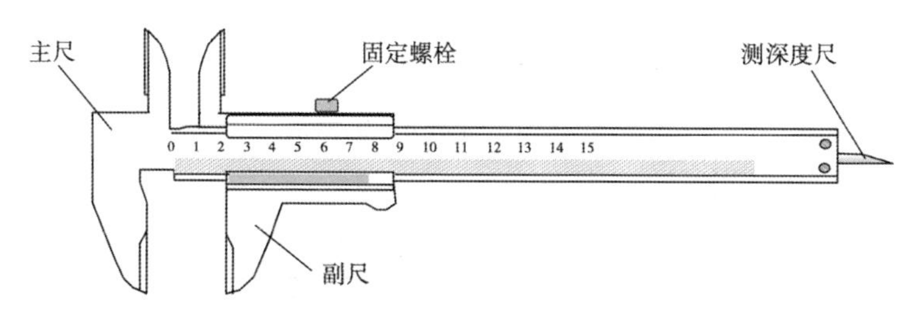

图 5-66　游标卡尺结构示意图

常用的游标卡尺长度有 150mm、200mm、300mm 和 500mm 四种规格。

（1）主尺：主尺有刻度，刻度线距离 1mm。主尺的刻度决定游标卡尺的测量范围。

(2) 副尺：副尺上有游标。游标的精度有 0.1mm、0.05mm、0.02mm 三种。

(3) 深度尺：0~125mm 的卡尺，固定在副尺背面，能随着副尺在尺身导向槽中移动。测量深度时，应将主尺的尾部端点紧靠在被测物件的基准平面上，移动副尺使深度尺与被测工件底面相垂直。读数方法与测量内、外径的读数方法相同。

根据游标卡尺的结构，游标卡尺的读数方法为：

(1) 在主尺上读位于游标零线左面的毫米尺寸数，为测量结果的整数部分。

(2) 读出游标上与尺身上刻线对齐的刻线数值，次数值和间隔差值（即卡尺的精确度，可分为 0.1mm、0.05mm、0.02mm 三种）的乘积为小数部分。

(3) 把整数部分与小数部分相加即可得出测量结果。

2. 带表游标卡尺

带表游标卡尺与普通游标卡尺相同，但由于使用表针指示代替原刻线读值，而且 0 位又可任意调节，故使用方便，直观性强。其结构如图 5-67 所示。

图 5-67 带表游标卡尺

带表游标卡尺的规格见表 5-31。

表 5-31 带表游标卡尺的规格

<table>
<tr><td>测量范围（mm）</td><td>0~150</td><td colspan="2">0~200</td><td>0~300</td></tr>
<tr><td>指示表分度值（mm）</td><td>0.01</td><td colspan="2">0.02</td><td>0.05</td></tr>
<tr><td>指示表示值范围（mm）</td><td>1</td><td>1</td><td>2</td><td>5</td></tr>
</table>

3. 电子数显卡尺

电子数显卡尺有清晰的数字显示，读数快而准确，比一般游标卡尺精度高，具有防锈、防磁的功能。其结构如图 5-68 所示。

电子数显卡尺的测量范围为0~150mm、0~200mm、0~300mm和0~500mm，最小显示值为0.01mm。

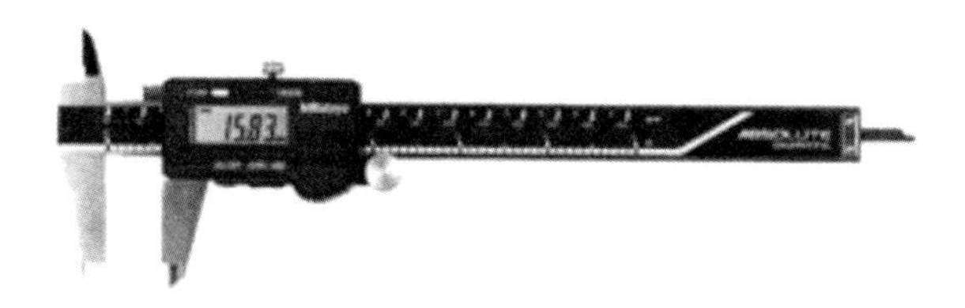

图5-68 电子数显卡尺结构示意图

4. 机械式游标卡尺测量工件的操作方法

测量工件尺寸时，应按工件的尺寸大小和精度选用量具。游标卡尺只能用来测量中等精度尺寸，不能测量铸、锻件毛坯，也不能测量精度要求高的尺寸。其使用方法及注意事项如下。

（1）使用游标卡尺测量工件的尺寸时，先擦净被测件和游标卡尺。检查游标卡尺是否归零，即主、副尺上的零刻度线是否同时对准。检查测量爪有无伤痕，对着光线看测量爪有无缝隙，是否对齐，检查合格后才可使用。

（2）松动游标卡尺的固定螺栓。

（3）一手握住被测件，另一手四指握住尺尾端，应先将两卡脚张开得比被测尺寸大些，而测量工件的内尺寸时，则应将两卡脚张开的比被测工件尺寸小些。然后使固定卡脚的测量面贴靠工件，轻轻用力使副尺上活动卡脚的测量面也贴紧工件，并使两卡脚测量面的连线与所测工件表面垂直。再固定游标卡尺固定螺栓（图5-69）。

（4）在主尺上读出游标零位的读数，此数据为整数值。

（5）在游标上找到和主尺相重合的数值，根据精度计算出小数部分。将上述两数值相加，即为游标卡尺测得的尺寸数据。

（6）读数时要在光线较好的地方进行，不能斜视读数，绝不能读出如23.17mm、4.01mm、0.65mm之类的数据，即游标卡尺的精度为0.02mm，所测得的最后一位小数应是0.02的倍数才对。每次测量不少于三次，取平均值。

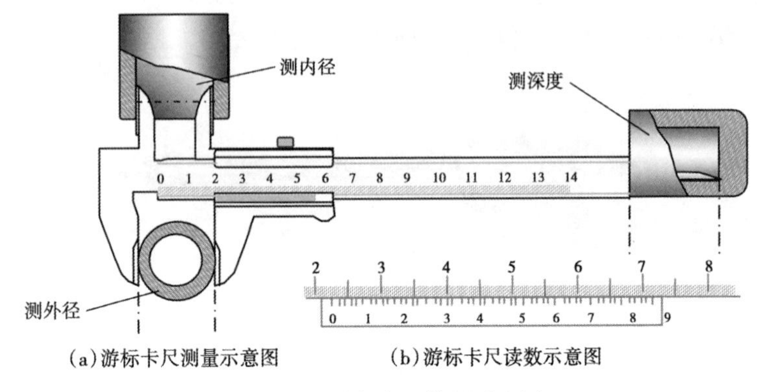

图 5-69　游标卡尺使用示意图

（7）使用完后清理现场，将测量面擦干净，加润滑油保养存放。

三、千分尺的分类及使用

千分尺是一种精度较高的量具，主要是用来测量精度要求较高的工件，其精度可达 0.01mm，比游标卡尺精度高出一倍。千分尺可分为外径千分尺、深度千分尺和壁厚千分尺。其中外径千分尺应用最为普遍。

（一）外径千分尺

外径千分尺又称螺旋测微器、分厘卡。外径千分尺有测砧固定式与可调式两种。其结构如图 5-70 所示。

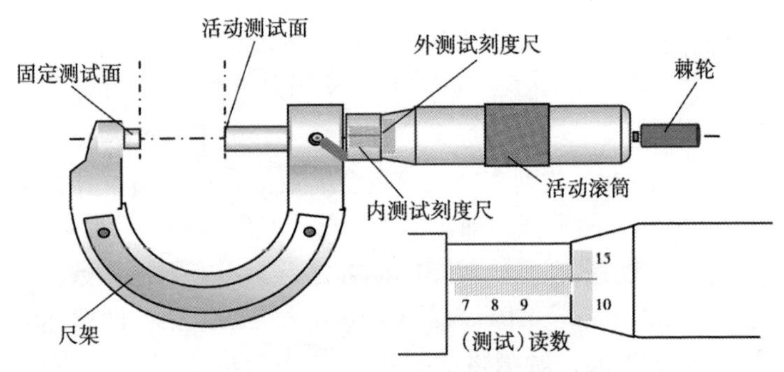

图 5-70　外径千分尺结构示意图

外径千分尺规格见表5-32。

表5-32　外径千分尺的规格

品种	测量范围（mm）	分度值（mm）
测砧固定式测微螺杆螺距	0~25，25~50，50~75，75~100，100~125，125~150，150~175，175~200，200~225，225~250，250~275，275~300，300~325，325~350，350~375，375~400，400~425，425~450，450~475，475~500，500~600，600~700，700~800，800~900，900~1000	0.01，0.001，0.002，0.005
测砧可调式	1000~1200，1200~1400，1400~1600，1600~1800，1800~2000，2000~2200，2200~2400，2400~2800，2800~3000	0.01，0.001，0.002，0.005
测砧带表式	1000~1500，1500~2000，2000~2500，2500~3000	

千分尺的分度值为0.01mm（微分筒上每一格间距离），也就是测量精度为0.01mm。根据外径千分尺的结构，外径千分尺的读数方法为：

（1）在固定套筒上读出其与微分筒边缘靠近的刻线数值（包括整毫米数和半毫米数）。

（2）在微分筒上读取其与固定套筒的基准线对齐的刻度数值，根据精度计算出微分筒数值。

（3）将以上两个数值相加即为测量结果。

（二）带计数器千分尺

带计数器千分尺与外径千分尺相同，只是利用机械原理将长度位移转化为数字显示，使读数直观、迅速、准确，分度值为0.01mm。其结构如图5-71所示。按照其测量范围可分为0~

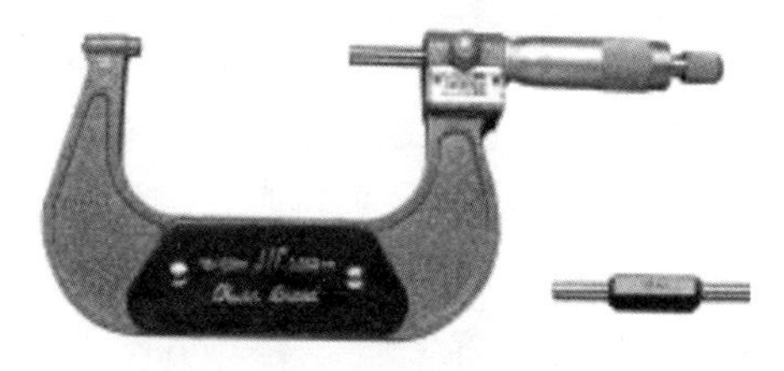

图5-71　带计数器千分尺

25mm、25~50mm、50~75mm、75~100mm 四种规格。

(三) 深度千分尺

深度千分尺与深度游标卡尺用途相同，只是其测量精度较高，分度值为 0.01mm。其结构如图 5-72 所示。按照其测量范围可分为 0~25mm、0~50mm、0~100mm、0~150mm、0~200mm、0~250mm、0~300mm 七种规格。

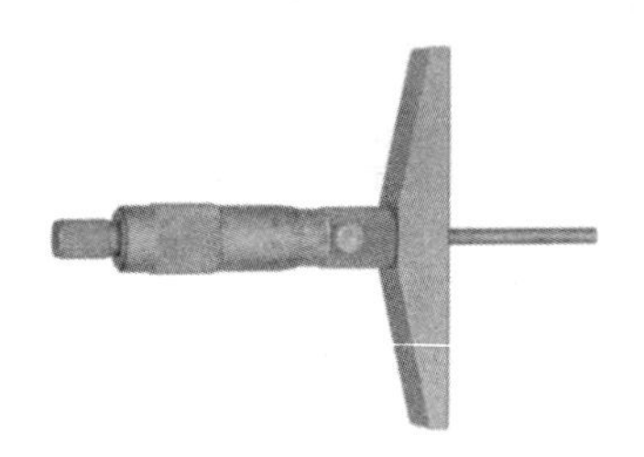

图 5-72　深度千分尺

(四) 壁厚千分尺

壁厚千分尺通过调节弧形尺架上的球形测量面和平测量面间的距离测量出管子壁厚。其结构如图 5-73 所示。按照其测量范围可分为 0~25mm、25~50mm 两种规格。

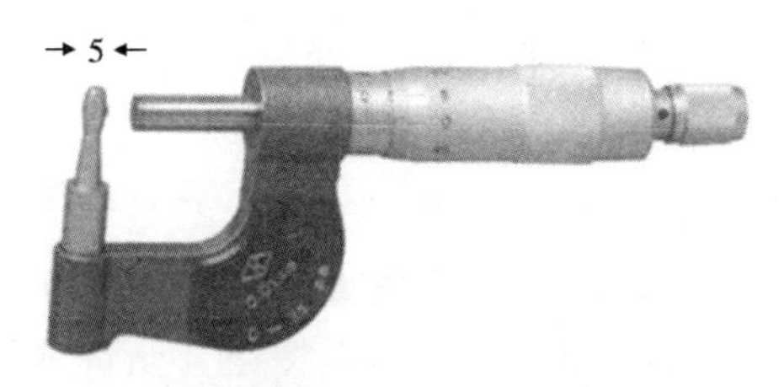

图 5-73　壁厚千分尺

(五) 千分尺使用方法及注意事项

(1) 将千分尺的测量面擦干净，校正其归零。

(2) 将预测件表面清洗干净，一手握住预测件，一手转动千分尺的活动套筒，将预测件置于两测杆之间。

(3) 调整微分套筒，使两测杆的侧面接近预测件表面。

（4）转动棘轮，当棘轮发出“咔咔”的响声时，读测量数据。

（5）测取三个不同方位的数据，取平均值作为测量结果。

（6）不可用螺旋测微器测量粗糙工件表面。使用完后清理现场，将测量面擦干净，加润滑油保养，放入盒中存放。

四、量规、量仪的分类及使用

（一）塞尺

塞尺用于检验两个平面间的间隙，由厚度为 0.02～1.00mm，长度为 75～300mm 的塞尺片（组）组成。其结构如图 5-74 所示。塞尺也是一种界限量具。测量时若用一片 0.04mm 的测试片可插入两零件间隙，但用一片 0.05mm 的测试片却不能插入，则该间隙的尺寸在 0.04～0.05mm 之间。

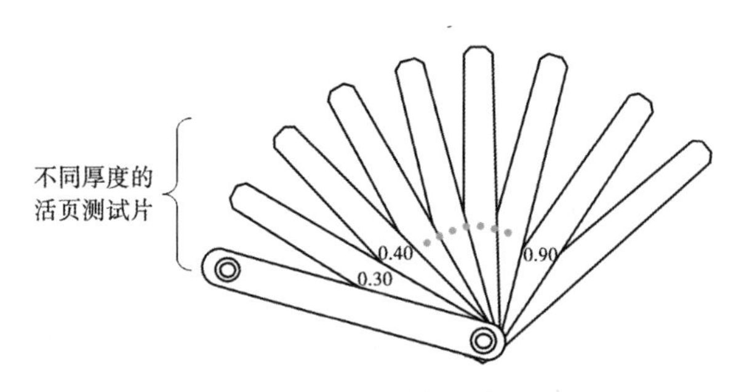

图 5-74　塞尺结构示意图

塞尺分为 A 型和 B 型两种。A 型端头为半圆形；B 型端头为弧形，尺片前端为梯形。塞尺片按厚度偏差及弯曲度分为特级和普通级。常用的塞尺片长度为 75mm、100mm、150mm、200mm、300mm。

塞尺使用注意事项如下。

（1）塞尺使用时，应先清除塞尺和工件上的污垢。根据间隙的大小，可用一片或数片重叠在一起插入间隙内。

（2）塞尺的尺片容易弯曲和折断，测量时不能用力太大，测量时可用一片或几片重叠插入间隙，但不允许硬插。

（3）不能测量温度较高的零件。用完后要擦拭干净，及时合到夹板中去。

（二）半径样板

半径样板通过与被测圆弧接触比较，来确定被测圆弧的半径。凸形样板检测凹表面圆弧，凹形样板检测凸表面圆弧。其结构如图5-75所示。半径样板分凹、凸两组，每组样板数量为16片。

图5-75　半径样板

半径样板的使用方法及注意事项如下。

（1）检验轴类零件的圆弧曲率半径时，样板要放在径向截面内；检验平面形圆弧曲率半径时，样板应平行于被检截面，不得前后倾倒。

（2）当已知被检测工件的圆弧半径时，可选用相应尺寸的半径样板去检验。

（3）不知道被检测工件的圆弧半径时，则要用试测方法进行检验。首先目测估计被检验工件的圆弧半径，依次选择半径样板去测试。当光隙位于圆弧的中间部分时，说明工件的圆弧半径 r 大于样板的圆弧半径 R，应换一片半径大一些的样板检验；若光隙位于圆弧的两边，说明工件的半径 r 小于样板的半径 R，则换一片小一些的样板检验。直到两者吻合，则此样板的半径就是被测工件的圆弧半径。

（4）半径样板使用后应擦净，擦拭时要从铰链端向工作端方向擦，切勿逆擦，防止样板折断或弯曲。

（5）半径样板要定期检定，如果样板上标明的半径数值不清时千万不可使用，防止错用。

（三）螺纹样板

螺纹样板用以与被测螺纹接触比较，来确定螺纹的螺距（或英制牙数）。其结构如图 5-76 所示。

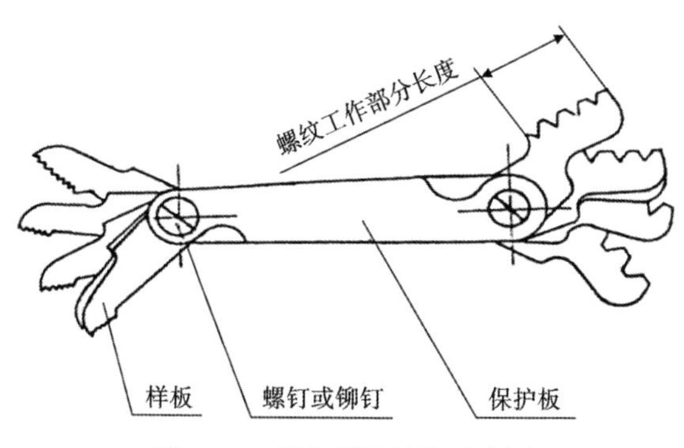

图 5-76　螺纹样板结构示意图

螺纹样板的规格见表 5-33。

表 5-33　螺纹样板的规格

螺距种类	普通螺纹螺距	英制螺纹螺距
螺距尺寸系列❶	0.40，0.45，0.50，0.60，0.70，0.75，0.80，1.00，1.25，1.50，1.75，2.00，2.50，3.00，3.50，4.00，4.50，5.00，5.50，6.00	4，4.5，5，6，7，8，9，10，11，12，14，16，18，19，20，22，24，28
样板数	20	18
厚度（mm）	0.5	

注：❶普通螺纹螺距尺寸的单位为 mm，英制螺纹螺距尺寸的单位为牙数或 in。

螺纹样板的使用方法及注意事项如下。

（1）螺纹样板的表面不应有影响使用性能的缺陷。

（2）螺纹样板与保护板的联结应保证能方便地更换样板，应能使样板平滑地绕螺钉或铆钉轴转动，不应有卡滞或松动现象。

（3）螺纹样板测量面的表面粗糙度 Ra 值为 1.6μm。

(4) 测量螺纹螺距时，将螺纹样板组中齿形钢片作为样板，卡在被测螺纹工件上。如果不密合，就另换一片，直到密合为止，这时该螺纹样板上标记的尺寸即为被测螺纹工件的螺距。但是，须注意把螺纹样板卡在螺纹牙廓上时，应尽可能利用螺纹工作部分长度，使测量结果较为正确。

(5) 测量牙形角时，把螺距与被测螺纹工件相同的螺纹样板放在被测螺纹上面，然后检查它们的接触情况。如果没有间隙透光，被测螺纹的牙形角是正确的。如果有不均匀间隙透光现象，那就说明被测螺纹的牙形不准确。但是，这种测量方法是很粗略的，只能判断牙形角误差的大概情况，不能确定牙形角误差的数值。

五、指示表的分类及使用

(一) 百分表与千分表

百分表与千分表用于测量工件的形状、位置误差及位移量，也可用比较法测量工件的长度。它们是利用机械结构将被测工件的尺寸数值放大后，通过读数装置标识出来的一种测量工具。百分表的分度值为0.01mm。表面刻度盘上共有100个等分格，当指针偏转1格时，量杆移动距离为0.01mm。百分表的结构如图5-77所示。

图5-77　百分表

百分表与千分表的规格见表5-34。

表5-34　百分表与千分表的规格

名称	测量范围(mm)	分度值(mm)	最大测力(N)	示值总误差(μm)	夹持长度(mm)
大量程百分表	0~30	0.01	2.2	30	
	0~50		2.5	40	
	0~100		3.2	50	

续表

名称	测量范围（mm）	分度值（mm）	最大测力（N）	示值总误差（μm）	夹持长度（mm）
百分表	0~3	0.01	0.5~1.5	14	
	0~5			16	
	0~10			18	
千分表	0~1，0~2	0.001	1.5		16
	0~3，0~5	0.005			11

电子数显百分表和电子数显千分表用于精密测量工件的形状及位置误差，也用于测量工件长度，其优点是读数迅速、直观。电子数显百分表的结构如图5-78所示。电子数显百分表最小分度值为0.01mm，测量范围为0~3mm、0~5mm、0~10mm、0~25mm、0~30mm五种。电子数显千分表最小分度值为0.001mm，测量范围为0~5mm、0~9mm、0~10mm三种。

图5-78　电子数显百分表

使用百分表、千分表时可将其装在专用表座上或磁性表座上。使用时应注意以下几点。

1. 百分表的使用方法及注意事项

（1）百分表应固定在可靠的表架上，根据测量的需要可选择带平台的表架或万能表架。

（2）百分表应牢固地装夹在表架夹具上，如与装套筒紧固时，夹紧力不宜过大，以免使装夹套筒变形，卡住测杆。应检查测杆移动是否灵活。夹紧后，不可再转动百分表。

（3）百分表测杆应与被测工件表面垂直，否则将产生较大的测量误差。

（4）测量圆柱形工件时，测杆轴线应与圆柱形工件直径方向一致。

（5）测量前百分表必须夹牢且又不影响其灵敏度。为此可检查其重复性，即多次提拉百分表测杆使其略高于工件高度，放下测杆，使之与工件接触。在重复性较好的情况下，才可以进行测量。

（6）测量时，应轻轻提起测杆，把工件移至测头下面，缓慢下降测头，使之与工件接触。不准把工件强行推入至测头，也不准急骤下降测头，以免产生瞬时冲击测力，给测量带来误差。对工件进行调整时，也应按上述方法操作。在测头与工件表面接触时，测杆应有 0.3~1mm 的压缩量，以保持一定的起始测量力。

（7）测量杆上不要加油，以免油污进入表内，影响表的传动机和测杆移动的灵活性。

2. 千分表的使用方法及注意事项

（1）使用千分表时不要使测量杆移动次数过多，以免造成测量头端部过早磨损，齿轮系统过于消耗，弹簧松弛影响千分表的精度。

（2）测量时，不要使测量杆移动的距离过大，甚至超出测量限度，否则会造成测量时压力太大，弹簧过分地伸张。

（3）千分表测杆应与被测工件表面垂直，否则将产生较大的测量误差。

（4）测量时，不要把工件强行推入测量头下，否则会损伤千分表机件。

（5）不要用千分表测量表面粗糙或有明显凹凸面的工件。

（6）在测量杆移动不灵活或者发生阻塞时，不要用力推压测量头，应进行修理。

（7）测量前应将被测部位擦拭干净，不能用千分表测量不清洁的工件。

（8）测量杆上不应有任何的油脂。

（二）万能表座

万能表座用于夹持百分表、千分表，并可使其处于任意位置和角度上。表座可沿平面滑行，以方便测量工件尺寸及形位偏差。万能表座有普通式、可微调式两种。其结构如图 5-79 所示。

（三）磁性表座

磁性表座的用途与万能表座相同，利用其磁性可使表座固定于空间任意位置和角度上，更便于使用。其结构如图 5-80 所示。磁性表座里面是一个圆柱体，在其中间放置一条条形的永久磁铁

图 5-79　万能表座

图 5-80　磁性表座

或恒磁磁铁，外面底座位置是一块软磁材料（软磁材料是指在较弱的磁场下，易磁化也易退磁的一种铁氧体材料），通过转动手柄，来转动里面的磁铁。当磁铁的两极（N 极或 S 极）呈垂直方向时，也就是磁铁的 N 极或 S 极正对软磁材料底座时，软磁材料就被磁化了。这个方向上具有强磁性，所以能够吸住钢铁表面。而当磁铁的两极处于水平方向时，即 N 极和 S 极的正中间正对软磁材料底座时（长条形磁铁的正中间只有极小的磁性，可忽略不计），软磁材料不会被磁化。所以此时底座上几乎没有磁力，可以很容易地取下指示表。

第六节　起重器材

一、千斤顶的分类及使用

千斤顶是可以用很小的力量就能将重物顶高的设备，操作既简单又方便，属于轻小型手动起重设备。它主要适用于流动性和临时性的物件的升降作业，尤其适合在无电源的场合使用。其特点是灵活、机动、轻巧，方便。千斤顶的构造各有不同，常用的

普通千斤顶分为齿条千斤顶、螺旋千斤顶和液压千斤顶三种。螺旋千斤顶和液压千斤顶体积小、重量轻，使用灵活方便。液压千斤顶更省力，但对工作环境有一定要求，高温和低温条件下不能使用，维护也较麻烦。螺旋千斤顶在任意环境下都可使用，维护也简单，因此应用更为广泛。

（一）齿条千斤顶

齿条千斤顶利用齿条传动来举起重物，并可用背面钩脚抬起较低位置的重物。其结构如图 5-81 所示。

图 5-81　齿条千斤顶

齿条千斤顶的规格是指其额定起重量。常用的有 3t、5t、8t、10t、15t、20t 六种规格。

齿条千斤顶的使用方法及注意事项如下。

（1）千斤顶使用前，应先检查制动齿轮及制动装置的可靠程度，保证在顶重时能起制动作用。

（2）千斤顶的齿条和齿轮应无裂纹或断齿，手柄及其所有配件应完整无缺。

（3）千斤顶使用时，应放在平整坚固的地方。底部应铺垫坚实的垫板以扩大支承面积，顶部和物体接触处也应垫上木板，既可防止重物被挤坏，又可防止受压时千斤顶滑脱。

（4）顶重时，必须将千斤顶垂直放置，不允许超负荷，以确保使用安全。

（5）操作时应先将物体稍微顶起一点，然后检查千斤顶底部的垫板是否平整和牢固。如垫板受压后不平整、不牢固、千斤顶有偏斜，则必须将千斤顶松下，经处理后重新进行顶升。顶升时应随物体的上升在物体的下面及时增垫保险枕木，以预防千斤顶倾斜或失灵而引起活塞突然下滑的危险。

（6）起升重物时，应在千斤顶两旁另搭架枕木垛，以防意外。枕木垛和重物底面净距离应始终保持在 50mm 以内，即应随顶随垫。

（7）千斤顶的顶升高度不得超过规定的行程。

（8）几台千斤顶同时顶升同一物件时，要有专人统一指挥，目的是使几台千斤顶的升降速度基本相同，以免造成事故。

（9）放落千斤顶时，不能突然下降，以免千斤顶内部结构遭受冲击及引起重物振动、倾覆。

（10）齿条及齿轮等部分须经常保持整洁并定期清洗涂油，防止泥砂杂物阻滞齿轮和齿条部分，增加阻力和减少使用寿命。

（二）螺旋千斤顶

螺旋千斤顶利用螺旋传动顶举重物，是汽车修理和机械安装等行业必备的手动起重工具。其规格如图 5-82 所示。常用的螺旋千斤顶按其最大起重量分为 5t、10t、15t、30t、50t 五种规格。

螺旋千斤顶的使用方法及注意事项如下。

图 5-82　螺旋千斤顶

（1）使用螺旋千斤顶要选择合适的规格，不能超负荷顶举重物。

（2）千斤顶摆放必须平稳，丝杠顶杆要垂直地面，防止承压后将丝杠顶杆憋弯。

（3）螺旋丝杠要经常清洗和保养打油，防止生锈、腐蚀。

（4）搬运螺旋千斤顶时要防止磕碰丝杠顶杆。

（三）液压千斤顶

液压千斤顶是利用液体压力来举升重物的。其结构如图 5-83 所示。

常用的液压千斤顶有十一种规格，按其最大起重量分为 3t、5t、8t、12. 5t、16t、20t、32t、50t、100t、200t 和 320t。

液压千斤顶的使用方法及注意事项如下。

（1）使用液压千斤顶时要选择合适的型号。

（2）打开泄压阀使千斤顶活塞降到最低位置。

（3）千斤顶的底座要垫平，最好是用方木板，以增大承压面积。

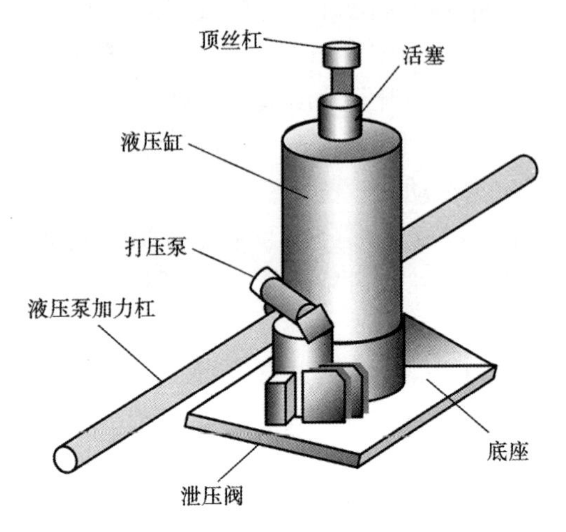

图 5-83　液压千斤顶结构示意图

（4）被顶升的物件与丝杠顶杆要求接触平稳。有时也可加顶板，防止将物件顶变形。

（5）被举重物在千斤顶上要平衡，防止倾斜打滑。

（6）用手压泵打压举升千斤顶活塞，试顶无误后再继续顶升。

二、手拉葫芦的使用

环链手拉葫芦是一种悬挂式手动提升机械，是生产车间维修设备和施工现场提升移动重物的常用工具。常用的有两种：链条式手拉倒链（或称为链式滑轮）和钢丝绳式手扳倒链。其结构如图 5-84 所示。

环链手拉葫芦的规格是指起重量、起重高度、手拉力、起重链数，如型号为 SH2 的环链手拉葫芦起重量为 2t、起重高度为 3. 0m、手拉力为 32. 5kg、起重链数为 2。

手拉葫芦的使用方法及注意事项如下。

（1）悬挂环链手拉葫芦的支架或吊环必须有足够的支撑和悬挂强度。

（2）被起吊的重物不得超过环链手拉葫芦的允许载荷范围。

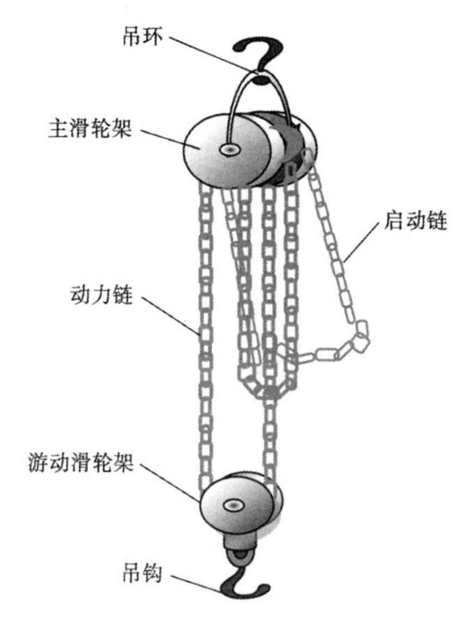

图 5-84　环链手拉葫芦结构示意图

（3）悬吊重物所用的绳套必须牢固、长度适当。

（4）拉动环链要缓慢平稳，不能用力过猛。

（5）拉动前应检查环链有无损伤，防止中途断裂。

（6）环链手拉葫芦吊起的重物摆动不要过猛，重物下面严禁站人。

三、绳具的分类及使用

起重和搬运作业中常用的绳索种类有麻绳、棕绳、混合绳、尼龙绳及钢丝绳等。

（一）麻绳和棕绳

麻绳和棕绳具有轻便、容易捆绑、价格便宜等优点。但是它们的强度低、耐磨性和耐腐蚀性都很差，所以只用于吊装小型工具和小于 500kg 的轻型设备。

麻绳和棕绳分为人工捻制和机器捻制两大类。按使用的材料又可分为白棕绳、混合麻绳和线麻绳三种。

1. 白棕绳

白棕绳以剑麻（龙吉兰麻）为原料，用机器捻制而成。它具有白棕的特点，但质量略差。

2. 混合麻绳

混合麻绳以剑麻和苎麻各一半，再接剑麻和苎麻总量10%的大麻捻制而成。因生苎麻拉力强、韧性差，遇水易腐，故在潮湿环境使用时应特别注意。

3. 线麻绳

线麻绳以大麻为原料捻制而成，具有柔韧、弹力大、抗拉力大的特点，用途同混合麻绳。

4. 麻绳和棕绳的使用方法及注意事项

（1）麻绳表面均匀磨损不超过直径的30%，局部触伤不超过截面直径的10%，可按直径降低级别使用。

（2）局部触伤和腐蚀情况严重的，可截去损伤部分，插接后继续使用。

（3）严禁使用断丝的麻绳和棕绳。严禁用麻绳和棕绳超负载起吊重物。

（4）麻绳和棕绳可用特制油涂抹保护。涂油成分的重量比为：工业凡士林0.83，松香0.1，石蜡0.04，石墨0.03。使用前必须仔细检查，及时处理发现的问题。

（5）麻绳和棕绳应用木制卷筒存放在干燥库房中，卷筒直径应大于绳径的7倍。使用时如果需要滑轮，最好也用木制的，或用符合直径要求的金属滑轮，以减少麻绳的磨损和断裂。

（二）尼龙绳

吊装和搬运表面光洁的零部件、软金属制品、磨光的精密轴等，最适合采用尼龙绳等软质的绳索。尼龙绳的特点是软而轻、有弹性、耐磨蚀、耐油、耐虫蛀、耐冲击，吸水率为4%，抗水性能达99.6%，并且耐有机酸和无机酸的腐蚀。尼龙绳按材料可分为锦纶、涤纶和维尼纶。

尼龙绳的使用方法及注意事项如下。

（1）使用尼龙绳应注意环境温度不能过高或过低，特别是尼龙6和尼龙66不能在低于-20℃的环境下使用，以免硬化，降低韧性而折裂。

（2）严禁超载工作。

（3）尼龙1010和加石墨的尼龙1010机械性能优越，特别是有较高的耐磨性和适应性，但在使用时应计算强度，避免碰压。

（4）暂时不用的尼龙绳应妥善保管，使用前应检查质量。

（三）钢丝绳

钢丝绳通常也称钢索，是用高强度碳素钢丝捻成分股，再和韧性好的纤维丝合股捻制而成的。钢丝绳的直径是指最大外径，常用的钢丝绳直径为6.2~83mm，所用钢丝直径为0.22~3.2mm，常用6股和8股，公称抗拉强度为1400~2200MPa。

1. 钢丝绳的分类

（1）钢丝绳按结构分为棉芯或麻芯、其他纤维芯、石棉芯和钢丝芯四种。前两种由有机材料制成，简称有机芯。起重机上常用纤维芯钢丝绳。根据每股内相邻钢丝间的接触形式可分为点接触、线接触和面接触三种。线接触钢丝绳强度和疲劳强度都比点接触的高，结构更紧密，故使用寿命比点接触要高1~2倍。起重机常用的面接触式钢丝绳有多股不扭转式、异股式、封闭式等。它们的共同特点是结构密度大、强度高、耐磨性好、不易变形，寿命比普通型高2~3倍。

（2）钢丝绳按捻制方向不同，可分为三种类型：顺绕、交绕、混绕。

2. 钢丝绳的使用方法及注意事项

（1）使用钢丝绳时不能使其锐角曲折，或被压、砸而成扁平状。当起重设备有尖角时，应垫木块。

（2）穿钢丝绳的滑轮边缘不允许有尖角或破裂，以免损坏钢丝绳。

（3）严禁钢丝绳与电焊线或电线接触，以免电弧打坏钢丝绳或操作人员触电。

（4）钢丝绳有磨损、断丝、锈蚀、尖刺等损坏现象后，应按规定判断其程度。不严重的可以折减使用，达到报废规定的要报废。

（5）吊运赤热或熔化金属的钢丝绳，如果在150℃以上应采用石棉芯的或金属芯的；在有腐蚀介质中工作的起重设备，最好用镀锌钢丝绳；在有砂土或脏物的地方作业，最好选外粗式钢丝绳。

（6）钢丝绳在卷筒上要求卷绕整齐，有乱绳现象时，应停止使用并调整和修复。

（7）起重机的起升、变幅机构不得使用编结接长的钢丝绳。如用其他方法接长时，其接头强度不应小于原钢丝绳破断拉力的90%。

（8）起升高度大的起重机宜采用不旋转、无松散的钢丝绳，以避免重物旋转而发生事故。

（9）吊钩在最低时，钢丝绳在卷筒上缠绕不得少于两圈。绳头连接应按设计规定连接，不得任意改变。

（10）钢丝绳应保持良好的润滑状态，应用无水防锈油或气缸油、钢丝绳专用油等作润滑剂。钢丝绳使用时，每隔一定时间要涂油一次。存放前应涂满防锈油，并且每六个月检查一次是否有锈蚀及其他损坏情况。有损坏应及时处理，确认钢丝绳存放良好时，再重新涂油存放。

第六章　安全防护知识

第一节　生产安全常识

（1）采油工安全责任有哪些？

①控制本岗位存在的危险因素并掌握防范措施。

②严格执行安全生产规章制度和岗位操作规程，遵守劳动纪律。

③熟练掌握岗位安全操作技能和故障排除方法。按规定巡回检查，及时发现和排除隐患，自己不能处理的问题要及时上报。

④有权制止、纠正他人的不安全行为，有权拒绝执行违章作业指令并可越级汇报。

⑤上岗时应按规定穿戴劳动保护用品，领口、袖口和衣扣要扣齐、扣紧。正确维护和保养安全防护装置及设施，保持其完好、齐全、灵活有效。

⑥积极参加各项安全生产活动，学习掌握消防设备的使用，在生产工作中应同班组其他成员一起协同配合，搞好安全生产。

（2）采油工如何履行安全生产制度？

①坚持班前安全讲话，经常性地学习安全生产知识和制度，定期接受安全生产检查。

②生产岗位工人在上岗前必须经过安全教育，掌握基本的安全生产知识和操作技能及标准，经考试成绩合格后，持证上岗。

③熟悉安全消防器材的使用、检查、维护和保养。

④容器设施、易燃易爆场所、要害部位要挂上“严禁烟火”“禁止入内”“危险勿动”等醒目的警示牌。

⑤上岗人员必须穿工服、工鞋，戴工帽。严格执行安全生产规定和操作规程，严禁酒后上岗，严禁违章指挥、违章操作，杜

绝各种违反劳动纪律的现象和行为。

⑥严禁在生产操作区内擅自进行动火作业。

（3）遇到突发情况时如何报警？

①如果发生火灾、爆炸等事故，应拨打119。

②如果发生交通事故，应拨打122。

③如果有人受伤，应拨打120。

④如果受到坏人伤害或发现坏人正在实施犯罪活动，应拨打110。

（4）紧急事件发生后应如何进行汇报？

发生紧急事件后不能惊慌，在对事件进行了解后，按以下五个方面进行汇报。

①发生事故的具体地点。

②事故类型：火灾、爆炸、气体泄漏、液体泄漏、中毒等。

③介质：天然气、原油、轻烃、甲醇、氨等。

④有无人员伤亡。

⑤事故发生过程。

（5）应急疏散反应的程序是什么？

①当险情扩大，可能危及人身安全时，应急指挥人员根据实际情况有权下达应急疏散命令。

②各生产岗位发生紧急情况需要疏散的，必须听从应急领导小组指挥，按站队应急疏散路线图所示路线进行疏散。

③在发生紧急事件时，当应急指挥人员下达撤离命令后，所有人员应迅速撤离到安全地带集中待命。指挥负责人要立即点名，保证所有在场人员全部撤出。

④通知周边相关单位。

（6）如何使用劳动防护用品？

①劳动防护用品在使用前要做一次检查，查看有无缺陷或损坏，各部件组是否严密，启动是否灵活等。目的是认定劳动防护用品对有害因素具有防护的效果。

②劳动防护用品的使用都是有期限的，部分护具多次使用后就失去了防护作用，要及时检测或更换。

(7) 发生火灾，救火时应遵守哪些原则？

①报警早，损失少。

②边报警，边扑救。

③先控制，后灭火。

④先救人，后救物。

⑤防中毒，防窒息。

⑥听指挥，莫惊慌。

(8) 针对不同的火灾类型应如何选择灭火器？

①发生建筑物、纸张火灾要选择水型灭火器、磷酸铵盐干粉灭火器或卤代烷灭火器。

②发生轻烃、油类火灾要选择泡沫灭火器、碳酸氢钠干粉灭火器或磷酸铵盐干粉灭火器。

③发生天然气火灾要选择磷酸铵盐干粉灭火器、碳酸氢钠干粉灭火器或卤代烷灭火器。

④发生电气设备火灾要选择磷酸铵盐干粉灭火器、碳酸氢钠干粉灭火器或卤代烷灭火器。

(9) 现场急救的原则是什么？

①先重后轻，先急后缓，先救命，后酌情处理创伤。

②现场第一负责人（班长）按照人员救护应急行动程序，实施现场救护，然后送往就近医院进行治疗，并立即向小队或应急领导小组汇报。

③应急人员赶到现场后，要组织协调医生、车辆、护理人员等进行救护，同时向大队调度汇报。

(10) 哪些伤员必须就地抢救？

有的伤害事故如果不立即对伤员进行抢救，情况可能迅速恶化，导致伤员死亡，如触电、中毒、淹溺、中暑、失血等。所以当此类伤害发生时，应该就地抢救并迅速拨打 120 急救和 110 报警。

(11) 如何判断伤员呼吸和心跳情况？

当伤员丧失意识时，应在 10s 内用看、听、试的方法判断伤员的呼吸和心跳情况。

①看：伤员的胸部、腹部有无起伏动作。

②听：耳贴近伤员的口，听有无呼气声音。

③试：试测口鼻有无呼气的气流，再用两根手指轻试一侧喉结旁凹陷处的颈动脉看看有无搏动。

（12）如何对呼吸和心跳停止的伤员进行抢救？

首先要尽快使病人就地平卧，迅速掏出咽喉部呕吐物，以免堵塞呼吸道或倒流入肺，引起窒息和吸入性肺炎。然后在患者心前区用拳叩击，拳击力中等，连续 3～4 次，心跳可能因此而恢复。如果拳击数次无效，应立即改为胸外心脏挤压和人工呼吸。

（13）如何进行人工呼吸？

最常使用的人工呼吸方法是口对口的人工呼吸法。首先，解开受伤者的衣领，清除口、鼻内的堵塞物，让受伤者仰面躺好（对于摔伤者，不能扭动其身体，否则会有致命危险）。一只手的手掌按住伤者前额，将伤者头部向后仰，使呼吸道畅通；另一只手抬高患者的下颚，使咽喉和气道在一条水平线上。为防止吹进的气体从鼻呼出，用放在前额上那只手的拇指和食指捏住伤者鼻孔，然后深吸一口气，双唇将患者嘴包严，向患者的口中吹气。为了让伤者将气呼出，每次吹气后，放开捏鼻孔的手。

（14）如何救护触电人员？

①在未切断电源时，不能用手或身体任何部位直接接触触电者身体，可用干燥的木棒等绝缘物体去拉开电源线，或站在干燥的木板（板凳）上用一只手去拉触电者，使之脱离电源，然后进行抢救。

②如触电者未失去知觉，应将其抬到比较温暖且空气流通的地方静卧休息。

③如触电者已失去知觉但还有呼吸，应将其抬到比较温暖而空气流通的地方休息。

④如发现伤员呼吸困难或呼吸逐渐衰弱并有痉挛现象，则需施行口对口人工呼吸或胸外心脏挤压。

⑤如触电者呼吸、脉搏都停止了，应立即施行口对口人工呼吸和胸外心脏挤压。如果现场只有一人，可以挤压四次后，吹气

一次，切不可对触电者注射强心剂。

⑥如果有人受伤，应拨打 120 送往医院抢救。

（15）如何救护中暑人员？

①发现有人中暑，应尽快将中暑者抬到阴凉、通风的地方，解开皮带、衣扣，用冰块或毛巾冷敷身体或用冷水喷淋等方法降温。

②轻度中暑者，可以口服人丹、十滴水、藿香正气水等药品，或用清凉油、风油精擦涂太阳穴，同时服用清凉饮料。

（16）如何救护中毒的伤员？

①尽快使病人脱离中毒环境，并对皮肤进行冲洗，消除皮肤残留毒物，避免毒物伤害。

②脱去染毒衣物，立即拨叫 120 说明中毒情况（哪种毒物），送往医院抢救。

（17）如何救护烧烫伤的伤员？

①救助烧烫伤时，要迅速终止烧烫，保护烧烫伤创面，用清水反复冲洗。

②立即拨叫 120，送往医院抢救。

（18）如何救护冻伤的伤员？

①救助冻伤伤员时，要注意保持温度在 22~25℃，并将冻伤部位浸入 38~42℃的水中。

②为了增加伤员身体热量，使毛细血管扩张，可饮用少量饮料。

③必须注意冻伤绝对不能用火烤、用冷水浸泡、用雪搓，这会导致伤情恶化。

（19）如何救护高处坠落伤员？

①对坠落在地的伤员，应初步检查其伤情，而不要搬动摇晃，同时拨叫 120 前来救治。

②有救护能力的，可以采取初步急救措施：止血、包扎、固定。

③在救护过程中要注意伤者颈部和腰部脊椎，搬运时保持动作一致平稳，避免脊柱弯曲扭动加重伤情。

(20) 发生地震后如何进行应急处理?

①地震发生后，立即向上级部门简要汇报受灾后情况，并根据上级要求或地震破坏情况，组织进入紧急抗灾状态。

②对现场进行检查，如有设备设施损坏的（如变形、泄漏、声音异常），则采取停机停运措施。

③保护好站队所属的设备、设施。

④在接到上级部门的指令后，按上级要求开展工作。

第二节 油井安全常识

(1) 抽油机光杆防脱卡子伤人的消减措施有哪些?

①必须按规定安装光杆防脱卡子（驴头运行到下死点时，防脱卡子下平面到密封盒上平面距离要大于20cm）。

②擦光杆上油污时，要在驴头上行程过程中进行。

③方卡子和光杆防脱卡子必须打紧。

(2) 抽油机曲柄或平衡块旋转部位伤人的消减措施有哪些?

①曲柄或平衡块上必须有安全警示。

②曲柄与平衡块旋转部位必须安装防护栏。

③检查过程中要保持安全距离（1.5m以上）。

④曲柄与平衡块旋转部位相关各相操作前必须停机。

⑤停机操作前必须刹紧刹车，安装刹车锁防止自动溜车。

(3) 测量抽油机电流发生伤人事故的消减措施有哪些?

①测量前检查仪器和电线是否符合安全操作要求。

②测量电流过程中要防止接触电器裸露部位。

③如发现破损的电线，不能进行测量，必须先找电工处理。

④阴雨天操作时必须穿戴好防护用具。

(4) 抽油机皮带绞伤的消减措施有哪些?

①更换皮带过程中不能手抓皮带和戴手套操作。

②必须先卸松电动机固定螺丝，移动电动机后再更换皮带，不能直接用手盘皮带进行安装。

③检查皮带过程中要保持安全距离。

④员工在操作前穿戴好劳动保护用品，衣服扣子和拉锁要扣好和拉好，女工头发要盘在工帽里面。

（5）抽油机井发生高空坠落伤人的原因有哪些？

①操作人员没有系安全带或安全带悬挂位置不规范。

②抽油机中轴操作平台没有护栏或护栏残缺损坏。

③抽油机游梁上没有走台或走台残缺损坏。

④操作人员安全意识不强，上、下攀爬抽油机时发生滑脱。

⑤抽油机刹车失灵或没有刹紧，发生自动溜车。

⑥高空作业紧固各部位螺栓时操作不平稳而滑脱。

⑦雨天、大风天气登机操作。

（6）抽油机井登高作业的注意事项有哪些？

①五级以上大风、雪、雷雨、大雾等恶劣天气，禁止登高作业。

②禁止攀登有积雪、积冰的梯子。

③2m 以上登高检查和作业时必须系安全带。

④必须穿戴好安全帽、安全带等护具，旁边需要有监护人。

⑤患有高血压、心脏病、癫痫等疾病的人，不能从事高空作业。

（7）抽油机井高处坠落的消减措施有哪些？

①要做好防腐工作并定期检查。

②一次上梯操作人数不能超过三人。

③冰雪天气操作前做好防滑措施，可采用砂子防滑。

④在设备上操作时，应按规定佩戴安全带并选择合适位置悬挂。

⑤员工在高处操作过程中严禁从下面抛物，这可能砸伤高处员工并导致坠落现象。

（8）螺杆泵井驱动头伤人的原因有哪些？

①螺杆泵驱动头没有安装防护罩。

②操作人员头发长并没有戴工帽。

③擦拭驱动头部油污时没有停机。

④操作人员袖口纽扣没有扣齐，袖口绞入驱动头旋转部位。

⑤检查驱动头时距离太近。

⑥驱动头防反转装置失灵。

⑦释放光杆扭矩时没有按规定进行操作。

(9) 螺杆泵井电动机皮带轮伤人的原因有哪些?

①电动机皮带轮没有安装防护罩。

②操作人员衣服或袖口纽扣没有扣齐被绞入。

③操作人员头发长且没有戴工帽。

④检查电动机时距离太近。

⑤擦拭电动机皮带轮轴或清除皮带轮轴油污时没有停机。

⑥皮带轮固定螺栓断脱。

(10) 发生机械伤害的原因有哪些?

①未正确穿戴劳保用品。

②员工安全意识不强，存在违章习惯。

③转动部分无保护装置或保护装置不合格。

④由于设备零部件松动，造成人身伤害。

⑤无安全标志。

(11) 机械伤害的消减措施有哪些?

①按要求正确使用劳保用品。

②对职工进行岗位培训，加强员工自我保护意识。

③完善设备的保护装置和安全设施。

④加强机、泵的维护保养。

⑤配备安全标志。

(12) 油井井口发生火灾的原因有哪些?

①在井口对外放套管气时，井场周围有明火或火源。

②开井前没有消除井场周围明火或火源。

③处理井口设备冻堵时使用明火。

④用可燃液体擦拭井口设备且遇明火或火源。

⑤井口附近发生其他火灾，牵连到油井。

(13) 发生油、气、电着火时应如何处理?

①切断油、气、电源，放掉容器内压力，隔离或搬走易燃物。

②刚起火或小面积着火，在人身安全得到保证的情况下要迅速灭火，可用防火砂、灭火器、湿毛毡、棉衣、水、棉被等扑灭。若不能及时灭火，要控制火势，可采取打防火道的方法阻止火势向油、气方向蔓延。

③大面积着火或火势较猛，应立即报火警，同时引导消防车辆进入火场灭火。

④油池着火，不要用水灭火。

⑤电器着火，在没切断电源时，只能用二氧化碳、干粉等灭火器灭火。

（14）防止烫伤的消减措施有哪些？

①检查抽油机光杆温度时，要在光杆上行时用手指背触摸光杆。

②检查电动机温度时，要用手指背触摸电动机壳体散热部位。

③检查管线温度时，要用手指背触摸管线。

④进行洗井、焊接等作业时，要穿戴好劳保用品，严格按照操作规程执行。

（15）安全带使用期限为几年？几年抽检一次？

①安全带通常使用期限为 3~5 年，发现异常应提前报废。

②一般安全带使用 2 年后，按批量购入情况应抽检一次。

（16）安全带使用注意事项有哪些？

①安全带应高挂低用，注意防止摆动碰撞，使用 3m 以上的长绳时应加缓冲器。

②缓冲器、速差式装置和自锁钩可以串联使用。

③不准将绳打结使用，也不准将钩直接挂在安全绳上使用，应挂在连接环上使用。

④安全带上的各种部件不得随意拆卸，更换新绳时应注意加绳套。

⑤安全带应定期进行检查，出现破损及时更换。

第三节　计量间安全常识

(1) 计量间为什么要安装防爆灯?

如果计量间内阀组或分离器发生泄漏，会使室内空气具有一定浓度的可燃气体。为了防止因开关灯、灯泡破裂、放电式打火等原因引起着火或爆炸事故，计量间必须安装防爆灯。

(2) 在计量间内操作前为什么要通风?

为了防止容器、管线泄漏出的气体对人体造成伤害或引发爆炸事故，在计量间内操作前要注意通风。

(3) 计量间阀组间与值班室窗户为什么要安装防爆玻璃?

计量间阀组间与值班室的窗户，规定必须安装防爆玻璃且用玻璃胶密封。一是防止阀组间泄漏的气体串入值班室造成人员中毒；二是防止泄漏的气体串入值班室造成火灾爆炸等事故；三是防爆玻璃可减少爆炸造成的伤害。

(4) 计量间内发生油、气泄漏时应如何处理?

①打开计量间门窗通风，将人员疏散到安全区域。

②检查计量间内流程、设备，查找漏失点。

③及时向队里进行汇报。

④组织维修人员进行抢修。

(5) 对计量间分离器安全阀的校验有哪些要求?

①安全阀必须定期校验，每年至少一次。

②对于超压未开启、动作的安全阀必须立即更换或维修。

(6) 进入计量间的人员为什么必须穿戴防静电工服、工帽和工鞋?

如果计量间内发生泄漏，空气中充满可燃气体。一般的化纤衣物和带铁钉的鞋子容易摩擦产生火花，而防静电劳保用品是用纯绵制作并经过防静电处理，不易摩擦产生火花，能够杜绝安全事故。

(7) 当计量间内充满天然气并亮着电灯时应如何处理?

①为防止着火、爆炸，应先打开门窗通风，且不可关闭电

灯。

②查找计量间泄漏天然气的漏点。

③通风后，在确保安全的情况下进行漏点维修。

④漏点维修后，再将电灯关闭。

（8）防止计量间发生火灾的措施有哪些？

①严格执行动火规定，办理动火手续，落实安全措施。

②严格执行“三不点”规定，即不检查不点火、天然气无控制不点火，火嘴处天然气漏气不点火。

③杜绝管线、容器漏气，室内要有通风孔。

④计量间（站）要达到“三清、四无、五不漏”。“三清”是指设备、地面、门窗墙壁清洁；“四无”是指无油污、无杂草、无明火，无易燃物；“五不漏”是指不漏油、不漏气、不漏水、不漏点、不漏火。

⑤电源线排列整齐、绝缘好，室内要用防爆灯、防爆开关。

⑥场地站内严禁吸烟和使用明火。

⑦罐区要安装有避雷器。

⑧站内严禁打手机。

⑨进入计量间的人员必须穿戴防静电工服、工帽、工鞋。

（9）压力容器泄漏、着火、爆炸的原因有哪些？

①压力容器有裂缝、穿孔现象。

②压力容器超压运行或安全阀失灵。

③安全附件、工艺附件失灵或与容器结合处渗漏。

④工艺流程切换失误。

⑤容器周围有明火。

⑥周围电路有阻值偏大或短路等故障发生。

⑦雷击起火。

⑧有违章操作，如打手机、使用非防爆手电和非防爆劳保服装等。

（10）压力容器泄漏、着火、爆炸的消减措施有哪些？

①压力容器使用前必须具备使用登记证和检验合格证。

②加强管理，消除一切火种。

③按压力容器操作规程进行操作。

④对压力容器定期进行检查和检验，并有检验报告。

⑤工艺切换严格执行相关操作规程。

⑥严格执行巡回检查制度。

⑦做好防雷设施，定期测量接地电阻。

⑧定期检验安全附件。

（11）开关阀门时发生伤害的原因有哪些？

①开关阀门时没有侧身操作。

②开关阀门时工具选择不合适或使用不当发生滑脱。

（12）装、卸压力表时发生伤害的原因有哪些？

①装、卸压力表时没有侧身操作。

②装、卸压力表前没有切断压源或没有关严。

③装、卸压力表时工具使用错误导致伤害发生。

（13）计量间需要配备的消防器材有哪些？

①计量间阀组间要配备两个 8kg 干粉灭火器，两把消防锨，两个消防桶。

②计量间值班室要配备两个 8kg 干粉灭火器。

③计量间场地要储备防火砂。

（14）如何正确使用干粉灭火器？

①发生火灾时要迅速将干粉灭火器提到距火源燃烧处上风侧 4~5 米处，上下颠倒几次使筒内的干粉松动。

②除掉铅封并拔出安全销，左手握住喷射胶管对准着火点根部燃烧最猛烈处，右手下压手柄喷出灭火剂，同时要横扫推进直至喷灭火源。

③灭火过程中灭火器瓶体倾斜不得大于 45°，灭火后要清理现场，将使用后的灭火器送到专业消防机构进行检装。

第四节　电气设备安全常识

（1）使用低压试电笔验电的注意事项有哪些？

①使用前先检查试电笔内部有无柱形电阻（特别是新领来的

或长期未使用的试电笔更应检查)，若无电阻，严禁使用。

②一般用右手握住试电笔，左手背在背后或插在衣裤口袋中。

③人体的任何部位切勿触及与笔尖相连的金属部分。

④防止笔尖同时搭在两线上。

⑤验电前，应先将试电笔在确定有电处试测，若氖管发光则可使用该试电笔进行验电操作。

⑥在明亮光线下不容易看清氖管是否发光，应注意避光。

（2）为什么不能用铁丝代替熔断丝?

铁丝不能代替熔断丝，因为不同规格的熔断丝都有不同的额定电流，超过额定电流熔断丝熔断，从而起到保护作用。而铁丝熔断电流比熔断丝高得多，只能作为导线，起不到保护作用。

（3）电动机为什么要接地线?

因为电动机运转中会出现振动、摩擦和线路绝缘老化现象，电动机壳体时刻会有带电可能，所以必须在电动机上接地线。如果电动机外壳带电就会从地线释放掉，确保不会发生人员触电事故。

（4）电动机接线盒为什么要做防水处理?

如果接线盒两个端面的结合处进水（雪），会造成线路短路而烧毁电器，严重时会导致电动机或配电箱带电，对人员造成伤害。

（5）检查电动机温度时为什么要先用手背接触电动机外壳?

检查电动机温度，一般都先用手指背接触电动机外壳。因为一旦机体带电，手指背接触以后，马上抽缩，手指握起来就会脱离电动机，不致攥住带电体不放。

（6）电动机接线盒内打火的原因有哪些?

①接线盒进水发生短路。

②接线盒内接线头松动、氧化、虚接过热。

③电动机两相运行。

（7）安全用电的注意事项有哪些?

①手潮湿时（有水或出汗）不能接触带电设备和电源线。

②各种电器设备（电动机、启动器、变压器等）金属外壳必须有接地线。

③电路开关一定要安装在火线上。

④在接、换熔断丝时，应切断电源后再进行操作。熔断丝要根据电路中的电流大小选用，不能用其他金属代替熔断丝。

⑤正确地选用电线，根据电流的大小确定导线的规格及型号。

⑥人体不要直接与通电设备接触，应使用装有绝缘柄的工具（绝缘手柄的夹钳等）操作电器设备。

⑦电器设备发生火灾时，应立即切断电源，并用二氧化碳灭火器灭火，切不可用水或泡沫灭火器灭火。

⑧高大建筑物必须安装避雷器。如发现温升过高，绝缘下降时，应及时查明原因，消除故障。

⑨发现架空电线破断、落地时，人员要离开电线地点 8m 以外，要有专人看守，并迅速组织抢修。

(8) 动机皮带轮绞伤的消减措施有哪些？

①长发员工必须将头发安置在工帽内。

②工服和袖口的纽扣必须扣齐。

③检查过程中要保持安全距离。

④电动机皮带轮要安装防护罩。

⑤擦拭电动机皮带轮轴油污时必须停机。

⑥要定期检查皮带轮固定螺栓。

⑦检查时不要戴手套，防止手套绞在皮带轮内，损伤手指。

(9) 配电箱发生弧光伤人的原因有哪些？

①分、合空气开关时没戴绝缘手套。

②分、合空气开关时没有侧身操作。

③用空气开关直接启、停抽油机。

④电路故障时违反规定强行启机。

⑤设备或井下故障时违反规定强行启机。

(10) 变压器接线处打火的原因有哪些？

①变压器接线头松动、虚接。

②变压器高压熔断器触头松动、虚接。

③变压器隔离开关触头松动、虚接。

（11）用指针式钳型电流表测电流有哪些安全注意事项？

①电流表要轻拿轻放，避免振动、击打，也不能随意拆卸。

②雨天操作时要戴好防护用具，以防触电。

③开控制箱门前要用试电笔进行验电，以防触电。

④测量过程中要平稳操作，注意不要接触电器设备裸露部位，以防止触电。

⑤操作人员必须穿戴好劳保用品。

参考文献

［1］陈刚．石油企业岗位练兵手册：采油工［M］．北京：石油工业出版社，2013．

［2］何显斌．采油作业实用技巧［M］．北京：石油工业出版社，2011.

［3］何显斌．油水井计量间操作实用手册［M］．北京：石油工业出版社，2017.

［4］王香增．采油工读本［M］．北京：石油工业出版社，2015.